无纸化考试专用

全国计算机等级考试教程

一级计算机基础及 MS Office 应用

策未来 编著

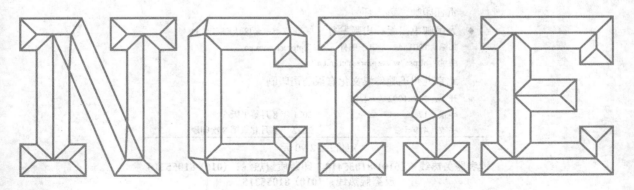

人民邮电出版社

北京

图书在版编目（CIP）数据

全国计算机等级考试教程. 一级计算机基础及MS Office应用 / 策未来编著. -- 北京：人民邮电出版社，2021.8（2022.8重印）
ISBN 978-7-115-56285-2

Ⅰ. ①全… Ⅱ. ①策… Ⅲ. ①电子计算机—水平考试—教材②办公自动化—应用软件—水平考试—教材 Ⅳ. ①TP3

中国版本图书馆CIP数据核字(2021)第062594号

内 容 提 要

本书严格依据教育部考试中心发布的《全国计算机等级考试一级计算机基础及 MS Office 应用考试大纲（2021 年版）》进行编写，旨在帮助考生（尤其是非计算机专业的初学者）学习相关内容，顺利通过考试。

本书共 6 章，主要内容包括计算机基础知识、计算机系统、Word 2016 的使用、Excel 2016 的使用、PowerPoint 2016 的使用，以及因特网基础与简单应用。书中所提供的例题、习题均源自无纸化考试题库。此外，本书还配套提供无纸化考试模拟软件，供考生模拟考试与练习使用。

本书可作为全国计算机等级考试的培训教材，也可作为学习计算机基础知识和 MS Office 的参考书。

♦ 编　　著　策未来
责任编辑　牟桂玲
责任印制　彭志环
♦ 人民邮电出版社出版发行　北京市丰台区成寿寺路 11 号
邮编　100164　电子邮件　315@ptpress.com.cn
网址　https://www.ptpress.com.cn
北京九州迅驰传媒文化有限公司印刷
♦ 开本：787×1092　1/16
印张：17.25　　　　　　2021 年 8 月第 1 版
字数：419 千字　　　　　2022 年 8 月北京第 8 次印刷

定价：52.90 元

读者服务热线：(010) 81055410　印装质量热线：(010) 81055316
反盗版热线：(010) 81055315
广告经营许可证：京东市监广登字 20170147 号

本书编委会

主　编：朱爱彬

副主编：龚　敏

编委组（排名不分先后）：

刘志强	尚金妮	张明涛	朱爱彬
范二朋	胡结华	钱　凯	方廷香
段中存	孙　文	龚　敏	李玫廷
蔡广玉	尹　海	王　超	荣学全
裴　健	赵宁宁	曹秀义	奚丹丹
刘　兵	王　勇	韩雪冰	王晓丽
何海平	刘伟伟	王　翔	詹可军

前 言

全国计算机等级考试由教育部考试中心主办,是国内影响较大、参加考试人数较多的计算机水平考试。该考试的根本目的在于以考促学,相对于其他考试,其报考门槛较低,考生不受年龄、职业、学历等背景的限制,任何人均可根据自己学习和使用计算机的实际情况,选考不同级别的考试。本书面向所有选考一级计算机基础及 MS Office 应用科目的考生。

一、为什么编写本书

对于全国计算机等级考试,一般从报名到参加考试的时间不足 4 个月,留给考生的复习时间有限,并且大多数考生是非计算机专业的学生或社会人员,基础比较薄弱,学习起来比较吃力。通过对考题的研究和对众多考生的调查分析,我们逐渐摸索出一些能够帮助考生提高学习效率和学习效果的方法。因此,我们编写了本书,将我们多年研究出的教学和学习方法贯穿全书,帮助考生巩固所学知识,顺利通过考试。

二、本书特色

1. 全新升级的教程

我们在深入研究教育部考试中心发布的《全国计算机等级考试一级计算机基础及 MS Office 应用考试大纲(2021 年版)》的基础上,组织一批名师编写了本书。本书采用无纸化题库资源,适用于 Windows 7、Windows 8、Windows 10 的系统环境,考生可以通过本书全面掌握新版考试大纲要求的考查内容。

2. 一学就会的教程

本书的知识体系经过精心设计,力求将复杂问题简单化,将理论难点通俗化,让考生一看就懂,一学就会。
- 针对初学者的学习特点及认知规律,精选内容,分散难点,降低学习难度。
- 例题丰富,深入浅出地讲解和分析基本概念和复杂理论,力求做到概念清晰、通俗易懂。
- 采用大量插图,并使用生活化的实例,将复杂的理论讲解得生动、易懂。
- 精心为考生设计学习方案,设置各种特色栏目引导和帮助考生学习。

3. 衔接考试的教程

在深入分析和研究历年考试真题的基础上,我们结合历年考试的命题规律选择内容、安排章节,坚持"多考多讲、少考少讲、不考不讲"的原则。在讲解各章的内容之前,详细介绍考试的重点和难点,从而帮助考生合理安排学习计划,做到有的放矢。

三、如何学习本书

1. 如何学习每章

本书的每章都安排了章前导读、本章评估、学习点拨、本章学习流程图、知识点详解、课后总复习、学习效果自评等固定板块。下面详细介绍如何合理地利用这些板块进行高效学习。

前言

栏目	说明	示例
章前导读	列出每章知识点，让考生明确学习内容，做到心中有数。	
本章评估	通过分析历年考试的真题，总结出每章内容在考试中的重要程度、考核类型、所占分值以及建议学习时间等重要参数，以便考生可以更加合理地制订学习计划。	
学习点拨	提示每章内容的重点和难点，为考生介绍学习方法，以便考生更有针对性地学习。	
本章学习流程图	提炼重要知识点，详细说明各知识点之间的关系，同时指出对每一个知识点应掌握的程度：了解、熟记、掌握、应用。	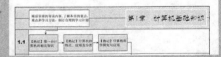
知识点详解	根据考试的需要，合理取舍，精选内容，结合巧妙设计的知识板块，使考生迅速把握重点，顺利通过考试。	
课后总复习及学习效果自评	学完每章的知识后，考生可通过"课后总复习"对所学知识进行检验，还可以对照"学习效果自评"对自己的掌握情况进行检查。	

2. 如何使用书中的栏目

本书设计了 3 个栏目，分别为"学习提示""请注意""请思考"。

（1）"学习提示"栏目

"学习提示"栏目是从对应模块中提炼的重点内容，考生可以通过它明确本部分内容的学习重点和需要掌握的程度。

（2）"请注意"栏目

"请注意"栏目主要用于提示考生在学习过程中容易忽视的问题，以引起考生的重视。

（3）"请思考"栏目

介绍完相应的知识点后，以"请思考"栏目的形式提出相关问题让考生思考，帮助考生举一反三。

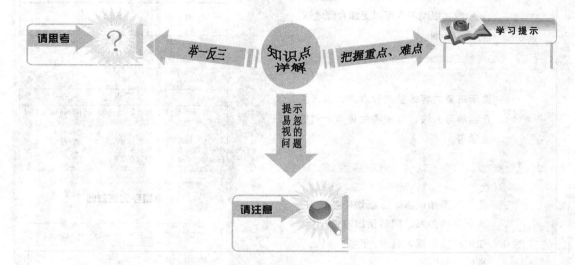

四、声明

本书中例题和课后总复习中所涉及的电子邮箱、网址链接、地名、人名、联系方式等信息均为虚拟，如有雷同，纯属巧合。

五、本书配套资源获取方法

本书配套有无纸化考试模拟软件，软件中包括"模拟考场""配书资源"等板块。本软件的获取方法：扫描图书封底的二维码，关注"职场研究社"微信公众号，回复"56285"，即可获取本软件的下载链接地址。本软件使用前，需联网激活，激活码为"OM6654887525"。

在备考的过程中，希望本书能够助考生一臂之力，帮助考生顺利通过该科目考试，成为一名合格的计算机应用人才。

由于编者水平有限，书中难免存在疏漏之处，欢迎广大读者批评指正。本书责任编辑的电子邮箱为 muguiling@ptpress.com.cn。

编　者

2021 年 1 月

目 录

第1章 计算机基础知识 …… 1
1.1 计算机概述 …… 3
- 1.1.1 计算机发展简史 …… 3
- 1.1.2 计算机的特点 …… 4
- 1.1.3 计算机的应用 …… 5
- 1.1.4 计算机的分类 …… 6
- 1.1.5 计算机科学研究与应用 …… 7
- 1.1.6 未来计算机的发展趋势 …… 8
- 1.1.7 信息技术简介 …… 10

1.2 信息的表示与存储 …… 10
- 1.2.1 数制的基本概念 …… 10
- 1.2.2 进制数间的转换 …… 11
- 1.2.3 计算机中的数据 …… 13
- 1.2.4 字符的编码 …… 14

1.3 多媒体技术简介 …… 17
- 1.3.1 多媒体的特点 …… 17
- 1.3.2 多媒体个人计算机 …… 18
- 1.3.3 媒体的数字化 …… 18
- 1.3.4 多媒体的数据压缩 …… 19

1.4 计算机病毒与防治 …… 20
课后总复习 …… 22

第2章 计算机系统 …… 24
2.1 计算机硬件系统 …… 26
- 2.1.1 计算机的硬件组成 …… 26
- 2.1.2 计算机的结构 …… 31
- 2.1.3 计算机的主要性能指标 …… 32

2.2 计算机软件系统 …… 32
- 2.2.1 程序设计语言 …… 33
- 2.2.2 软件系统的组成 …… 34

2.3 操作系统简介 …… 35
- 2.3.1 操作系统的相关概念 …… 35
- 2.3.2 操作系统的功能 …… 36
- 2.3.3 操作系统的发展 …… 36

- 2.3.4 常用操作系统简介 …… 37
- 2.3.5 文件系统 …… 38

2.4 Windows 7 操作系统 …… 42
- 2.4.1 初识 Windows 7 …… 43
- 2.4.2 Windows 7 操作系统版本简介 …… 44
- 2.4.3 Windows 基础操作与基本术语 …… 44
- 2.4.4 Windows 的基本要素 …… 47
- 2.4.5 文件与文件夹 …… 60
- 2.4.6 Windows 系统环境设置 …… 72
- 2.4.7 Windows 7 兼容性设置 …… 80
- 2.4.8 Windows 7 网络配置与应用 …… 83
- 2.4.9 系统维护与优化 …… 86

课后总复习 …… 88

第3章 Word 2016 的使用 …… 90
3.1 Word 的基础操作 …… 92
- 3.1.1 Word 的启动和退出 …… 92
- 3.1.2 Word 的窗口组成 …… 93
- 3.1.3 Word 文档操作 …… 94
- 3.1.4 文档的显示 …… 98

3.2 Word 编辑技术 …… 99
- 3.2.1 基础编辑 …… 99
- 3.2.2 复制和移动文本 …… 103
- 3.2.3 查找与替换 …… 105
- 3.2.4 多窗口编辑技术 …… 109

3.3 Word 文档排版技术 …… 110
- 3.3.1 设置字符格式 …… 110
- 3.3.2 设置段落格式 …… 113
- 3.3.3 设置特殊格式 …… 115

3.4 Word 表格排版技术 …… 121
- 3.4.1 创建表格 …… 121
- 3.4.2 表格操作 …… 122

3.4.3　修改表格结构 …………… 124
　　　3.4.4　设置表格格式 …………… 129
　　　3.4.5　表格内的数据操作 ……… 133
　3.5　页面排版 ……………………………… 135
　　　3.5.1　页面设置 ………………… 135
　　　3.5.2　打印与打印预览 ………… 139
　3.6　图形与图表 …………………………… 139
　　　3.6.1　插入图片 ………………… 139
　　　3.6.2　图片格式的设置 ………… 140
　　　3.6.3　编辑图形 ………………… 142
　　　3.6.4　使用文本框 ……………… 143
　　　3.6.5　插入 SmartArt 图形 …… 145
　课后总复习 …………………………………… 145

第 4 章　Excel 2016 的使用 …………… 147
　4.1　Excel 2016 概述 …………………… 149
　　　4.1.1　Excel 的基本功能 ……… 149
　　　4.1.2　Excel 的基本概念 ……… 149
　4.2　Excel 的基本概念和基础操作 …… 151
　　　4.2.1　单元格操作 ……………… 151
　　　4.2.2　工作表操作 ……………… 156
　　　4.2.3　数据输入 ………………… 158
　4.3　Excel 的格式设置 …………………… 161
　　　4.3.1　设置数字格式 …………… 161
　　　4.3.2　设置单元格格式 ………… 163
　　　4.3.3　设置条件格式 …………… 167
　　　4.3.4　使用单元格样式 ………… 167
　　　4.3.5　设置套用表格格式 ……… 167
　　　4.3.6　使用模板 ………………… 168
　4.4　公式和函数 …………………………… 168
　　　4.4.1　公式计算 ………………… 168
　　　4.4.2　复制公式 ………………… 170
　　　4.4.3　函数 ……………………… 172
　4.5　图表 …………………………………… 174
　　　4.5.1　基本概念 ………………… 174
　　　4.5.2　建立图表 ………………… 175
　　　4.5.3　图表的设置 ……………… 179

　4.6　Excel 的数据处理 …………………… 182
　　　4.6.1　建立数据清单 …………… 182
　　　4.6.2　排序 ……………………… 183
　　　4.6.3　筛选数据 ………………… 185
　　　4.6.4　分类汇总 ………………… 189
　　　4.6.5　数据合并 ………………… 190
　　　4.6.6　建立数据透视表 ………… 191
　4.7　保护数据 ……………………………… 192
　　　4.7.1　保护工作簿和工作表 …… 192
　　　4.7.2　隐藏工作簿和工作表 …… 194
　4.8　打印工作表和超链接 ………………… 195
　　　4.8.1　页面设置 ………………… 195
　　　4.8.2　打印预览 ………………… 196
　　　4.8.3　打印 ……………………… 197
　　　4.8.4　创建超链接 ……………… 197
　课后总复习 …………………………………… 198

第 5 章　PowerPoint 2016 的使用 …… 200
　5.1　PowerPoint 2016 概述 …………… 202
　　　5.1.1　PowerPoint 2016 软件简介 … 202
　　　5.1.2　PowerPoint 的启动和退出 … 202
　　　5.1.3　PowerPoint 窗口的组成 … 202
　　　5.1.4　PowerPoint 的视图 …… 203
　　　5.1.5　创建演示文稿 …………… 204
　5.2　幻灯片的基本操作 …………………… 207
　　　5.2.1　选定幻灯片 ……………… 208
　　　5.2.2　插入、删除和保存幻灯片 … 208
　　　5.2.3　改变幻灯片版式 ………… 209
　　　5.2.4　调整幻灯片的顺序 ……… 210
　5.3　修饰演示文稿 ………………………… 210
　　　5.3.1　用母版统一幻灯片的外观 … 210
　　　5.3.2　应用主题 ………………… 212
　　　5.3.3　设置背景 ………………… 213
　　　5.3.4　添加图形、表格和艺术字 … 216
　　　5.3.5　添加多媒体对象 ………… 216
　　　5.3.6　设置切换效果 …………… 217
　　　5.3.7　设置动画效果 …………… 218

5.4 输出演示文稿 …………………………… 219
   5.4.1 放映演示文稿 ……………………… 219
   5.4.2 将演示文稿打包成 CD ………… 221
   5.4.3 打印演示文稿 ……………………… 222
课后总复习 …………………………………… 222

第6章 因特网基础与简单应用 …………… 224

6.1 计算机网络的基本概念 ………………… 226
   6.1.1 计算机网络简介 …………………… 226
   6.1.2 计算机网络中的数据通信 ……… 226
   6.1.3 网络的形成与分类 ……………… 227
   6.1.4 网络拓扑结构 ……………………… 228
   6.1.5 网络的硬件设备 …………………… 229
   6.1.6 网络软件 …………………………… 229
   6.1.7 无线局域网 ………………………… 230
6.2 因特网的基础知识 ……………………… 230
   6.2.1 因特网概述 ………………………… 230
   6.2.2 因特网的基本概念 ……………… 231
   6.2.3 接入因特网 ………………………… 233

6.3 Internet Explorer 的应用 ……………… 234
   6.3.1 浏览网页的相关概念 …………… 234
   6.3.2 初识 IE ……………………………… 235
   6.3.3 浏览页面 …………………………… 237
   6.3.4 信息的搜索 ………………………… 242
   6.3.5 使用 FTP 传输文件 ……………… 243
6.4 电子邮件 ………………………………… 245
   6.4.1 E-mail 概述 ………………………… 245
   6.4.2 Outlook 2016 的基本设置 ……… 246
6.5 流媒体 …………………………………… 256
课后总复习 …………………………………… 257

附录 ……………………………………………… 259

附录 A 无纸化上机指导 …………………… 259
附录 B 全国计算机等级考试一级计算机
       基础及 MS Office 应用考试大纲
       专家解读 ……………………………… 262
附录 C 课后总复习参考答案 ……………… 265

第1章
计算机基础知识

章前导读

通过本章，你可以学习到：

◎ 计算机的发展、特点、应用及分类
◎ 计算机中数据的表示及存储
◎ 数制的概念、换算以及中西文编码的基础知识
◎ 多媒体技术
◎ 计算机病毒

本章评估	
重要度	★★
知识类型	理论
考核类型	选择题
所占分值	约13分
学习时间	2课时

学习点拨

作为一级计算机基础及MS Office应用课程的起始章，本章既是接触计算机知识的第一章，又是学习计算机技术的起点。

本章以理论内容为主，知识面较广，考点较多。但这些考点难度不大，所占分值较少，建议考生学习时注意把握全局，不必为某个知识点花费太多时间。

数制和编码的概念是本章最重要的部分。建议考生重点学习数制转换的内容，尤其是各种进制数转换为十进制数和十进制数转换为二进制数两个重要考点。

本章学习流程图

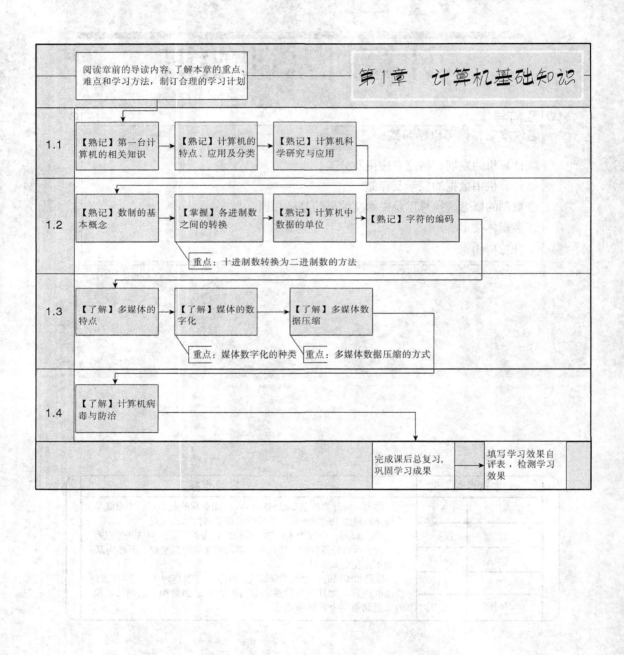

1.1　计算机概述

计算机俗称电脑,其英文是 Computer。它是一种能高速运算、具有内部存储能力、由程序控制其操作过程及自动进行信息处理的电子设备。目前,计算机已成为我们学习、工作和生活中使用最广泛的工具之一。

1.1.1　计算机发展简史

1946 年,世界上第一台电子数字积分式计算机(Electronic Numerical Integrator And Computer,ENIAC)在美国宾夕法尼亚大学研制成功。这台计算机结构复杂、体积庞大,但功能远不及现代的一台普通微型计算机。

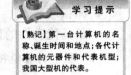

学习提示

【熟记】第一台计算机的名称、诞生时间和地点;各代计算机的元器件和代表机型;我国大型机的代表。

ENIAC 的诞生宣告了电子计算机时代的到来,其意义在于奠定了计算机发展的基础,开辟了计算机科学技术的新纪元。从第一台电子计算机诞生到现在,计算机技术经历了大型机阶段和微型机阶段。

在 ENIAC 的研制过程中,美籍匈牙利数学家冯·诺依曼总结并归纳了以下 3 点。

- 采用二进制。在计算机内部,程序和数据采用二进制代码表示。
- 存储程序控制。程序和数据存放在存储器中,即采用程序存储的概念。计算机执行程序时无须人工干预,能自动、连续地执行程序,并得到预期的结果。
- 计算机的 5 个基本部件。计算机具有运算器、控制器、存储器、输入设备和输出设备 5 个基本功能部件。

1　大型计算机时代

人们通常根据计算机所采用电子元器件的不同将计算机的发展过程划分为电子管、晶体管、集成电路及大规模/超大规模集成电路 4 个阶段,分别将各阶段的计算机称为第一代至第四代计算机。在这 4 个阶段的发展过程中,计算机的体积越来越小,功能越来越强,价格越来越低,应用越来越广泛。

(1) 第一代计算机(1946—1959 年)
- 主要元器件是电子管。
- 运算速度为每秒几千次到几万次,内存容量仅为 1 000 ~ 4 000B。
- 主要用于军事和科学研究。
- 体积庞大、造价昂贵、速度慢、存储容量小、可靠性差、不易掌握、维护困难。
- 最具代表性的机型为 UNIVAC-1。

(2) 第二代计算机(1959—1964 年)
- 主要元器件是晶体管。
- 运算速度提高到每秒几十万次,内存容量扩大到几十万字节。
- 应用已扩展到数据处理和事务处理。
- 体积小、质量轻、耗电量少、速度快、可靠性高、工作稳定。
- 最具代表性的机型为 IBM-7000 系列机。

(3) 第三代计算机(1964—1972 年)
- 主要元器件采用小规模集成电路(SSI)和中规模集成电路(MSI)。
- 主要用于科学计算、数据处理以及过程控制。
- 功耗、体积、价格等进一步下降,而速度及可靠性相应提高。
- 最具代表性的机型为 IBM-360 系列机。

(4) 第四代计算机(1972 年至今)
- 主要元器件采用大规模集成电路(LSI)和超大规模集成电路(VLSI)。
- 运算速度可达每秒几百万次至上亿次。
- 应用已扩展到社会各个领域。
- 体积、质量进一步减小,功耗进一步下降。
- 最具代表性的机型有 IBM 4300/3080/3090/9000 系列机。

2 我国计算机技术的发展概况

我国计算机技术研究起步晚、起点低,但随着改革开放的深入和国家对高新技术的扶持、对创新能力的提倡,计算机技术的水平正在逐步地提高。我国计算机技术的发展历程如下所述。
- 1956 年,开始研制计算机。
- 1958 年,第一台电子管计算机——103 型计算机研制成功。1959 年,104 型计算机研制成功,这是我国第一台大型通用电子数字计算机。1964 年,第二代晶体管计算机研制成功。1973 年,中国第一台百万次集成电路电子计算机研制成功。
- 1983 年,我国第一台亿次巨型计算机——"银河"诞生。1992 年,10 亿次巨型计算机——"银河Ⅱ"诞生。1997 年,每秒 130 亿次浮点运算、全系统内存容量为 9.15GB 的巨型机——"银河Ⅲ"研制成功。
- 1995 年,第一套大规模并行机系统——"曙光"研制成功。1998 年,"曙光 2000-Ⅰ"诞生,其峰值运算速度为每秒 200 亿次浮点运算。2000 年,"曙光 2000-Ⅱ"超级服务器问世,峰值速度达每秒 1117 亿次浮点运算,内存高达 50GB。
- 1999 年,"神威"并行计算机研制成功,其技术指标位居世界第 48 位。
- 2001 年,中国科学院计算所成功研制我国第一款通用 CPU——"龙芯"芯片。
- 2004 年,"曙光 4000A"高性能计算机研制成功。
- 2005 年,联想集团并购 IBM PC(Personal Computer,个人计算机)业务,一跃成为全球第三大 PC 制造商。
- 2008 年,我国自主研发制造的百万亿次超级计算机"曙光 5000"获得成功。
- 2009 年,国内首台百万亿次超级计算机"魔方"在上海正式对外运行。同年,我国第一台千万亿次超级计算机——"天河一号"亮相,其峰值运算速度达到千万亿次/秒。
- 2013 年 5 月,国防科技大学研制出"天河二号",其峰值运算速度达到亿亿次/秒。
- 2016 年 6 月,由国家并行计算机工程技术研究中心研制的"神威·太湖之光"成为世界上第一台突破 10 亿亿次/秒的超级计算机。

1.1.2 计算机的特点

作为人类智力劳动的工具,计算机具有以下特点。

(1) 处理速度快

现在运算速度高达 10 亿次/秒的计算机,使过去人工计算需要几年或几十年完成的科学计算能在几小时或更短时间内完成。

(2) 计算精度高

随着字长的增加和配合先进的计算技术,计算机的高精度计算能力解决了其他计算工具根本无法解决的问题。

【熟记】计算机的特点。

(3) 存储容量大

主存储器(内存)的容量越来越大;辅助存储器(外存)随着大容量的磁盘、光盘、优盘等外部存储器的发展,存储容量也越来越大。

(4) 可靠性高

计算机发展到今天,其可靠性很高,一般很少发生错误。人们通常所说的"计算机错误",其实大多是计算机的外设错误和人为造成的错误。

(5) 全自动工作

全自动工作指人们根据应用的需要,事先编制好程序,计算机在编制好的程序控制下自动工作,不需要人工干预,工作完全自动化。

(6) 适用范围广,通用性强

计算机预先将数据编制成计算机识别的编码,将问题分解成基本的算术运算和逻辑运算,再通过编制和运用不同的软件,就可以解决大部分复杂的问题。

1.1.3 计算机的应用

【熟记】计算机的应用领域。

计算机的应用主要分为数值计算和非数值计算两大类。信息处理、计算机辅助设计、计算机辅助教学、过程控制等均属于非数值计算。非数值计算的应用领域远远大于数值计算的应用领域。

据统计,目前计算机有 5 000 多种用途,并且以每年 300~500 种的速度增加。计算机的主要应用领域可以分为以下几类。

1 科学计算

科学计算也称数值计算,主要解决科学研究和工程技术中产生的大量数值计算问题。这是计算机最初的也是最重要的应用领域。

计算机"计算"能力的增强,推动了许多科学研究的发展,如人类基因序列分析计划、人造卫星的轨道测算等。

2 信息处理

所谓信息处理,是指对大量数据进行加工处理,如收集、存储、传送、分类、检测、排序、统计、输出等,再筛选出有用信息。信息处理是非数值计算,与科学计算不同,处理的数据虽然量大,但计算方法简单。

3 过程控制

过程控制又称实时控制,是指用计算机实时采集控制对象的数据,加以分析处理后,按系统要求对控制对象进行控制。工业生产领域的过程控制是实现工业生产自动化的重要手段。利用计算机代替人对生产过程进行监视和控制,可以大大提高劳动生产率。

4 计算机辅助设计和辅助制造

计算机辅助设计(Computer Aided Design,CAD)。在 CAD 系统的帮助下,设计人员能够实现最佳的设计模拟,提前做出设计判断,并能很快制作图纸。

计算机辅助制造(Computer Aided Manufacturing,CAM)。CAM 利用 CAD 输出的信息控制、指挥作业。

将 CAD、CAM 和数据库技术集成在一起,形成计算机集成制造系统(Computer Integrated Manufacturing Systems,CIMS)技术,可实现设计、制造和管理的自动化。

5 网络通信

网络通信是指通过电话交换网等方式将计算机连接起来,实现资源共享和信息交流。应用到计算机通信主要有以下几个方面。

①网络互联技术。
②路由技术。
③数据通信技术。
④信息浏览技术。
⑤网络技术。

6 人工智能

人工智能(Artificial Intelligence,AI)是指用计算机模拟人类的学习过程和探索过程。人工智能的应用主要有以下几个方面。

①自然语言理解。
②专家系统。
③机器人。
④定理自动证明。

7 多媒体

多媒体是指文本、图形、图像、音频、视频、动画等多种信息表示和传输的载体。多媒体技术是指应用计算机对上述多种媒体信息进行综合处理和管理,使多种媒体信息建立逻辑连接,集成一个具有交互性系统的技术。多媒体技术不仅拓宽了计算机的应用领域,而且其与人工智能技术相结合,还促进了虚拟现实、虚拟制造等技术的发展,使人们在虚拟的环境中可以感受真实的场景,体验产品的功能与性能。

8 嵌入式系统

把处理器芯片嵌入计算机设备中完成特定处理任务的系统称为嵌入式系统。嵌入式系统的应用主要有以下几个方面。

①消费电子产品。
②工业制造系统。

1.1.4 计算机的分类

【熟记】计算机的常见分类方法。

依照不同的标准,计算机有多种分类方法,常见的分类方法有以下几种。

1 按性能分类

按计算机的主要性能,如字长、存储容量、运算速度、外部设备以及允许同时使用一台计算机的用户数量等,计算机可分为超级计算机、大型计算机、小型计算机、微型计算机、工作站和服务器 6 类。这是最常用的分类方法。

(1)超级计算机(也称巨型机)主要用于气象、太空、能源和医药等领域以及战略武器研制的复杂计算中,如美国的 Cray-1、Cray-2、Cray-3 等计算机,我国的"银河""曙光""神威"等计算机。

(2)大型计算机主要应用于大型软件企业、商业管理和大型数据库,也可用作大型计算机网络的主机,如 IBM 4300、IBM 9000 系列。

(3)小型计算机的价格低廉,适合中小型单位使用,如 DEC 公司的 VAX 系列,IBM 公司的 AS/4000 系列。

(4)微型计算机(也称个人计算机)小巧、灵活,一次只允许一个用户使用,如台式机、笔记本计算机、便携机、掌上计算机、PDA 等。

(5)工作站主要应用于图像处理、计算机辅助设计以及计算机网络等领域。

(6)服务器通过网络对外提供服务。相对于普通 PC 来说,其对稳定性、安全性、性能等方面的要求更高。

2 按处理数据的类型分类

按处理数据的类型,可将计算机分为数字计算机、模拟计算机和混合计算机。

(1)数字计算机处理以"0""1"表示的二进制数字。数字计算机的运算精度高,存储量大,通用性好。

(2)模拟计算机处理的数据是连续的,运算速度快,但精度低,通用性差。

(3)混合计算机集以上二者特点于一身。

3 按使用范围分类

按使用范围,计算机可以分为专用计算机和通用计算机。

(1)专用计算机专门为某种需求而研制,不能用作其他用途。它的效率高、精度高、运行速度快。

(2)通用计算机适用于一般应用领域,即我们常说的"计算机"。

1.1.5 计算机科学研究与应用

目前,计算机在科学技术的各个领域得到了广泛应用,在工业、农业、军事、商业以及家庭生活之中随处可见,随着科学的飞速发展和全球范围内新技术革命的不断兴起,计算机科学研究涉及人工智能、网格计算、中间件技术、云计算等方面。

1 人工智能

人工智能主要研究、开发能以与人类智能相似的方式做出反应的智能机器,主要技术包括机器人、指纹识别、人脸识别、自然语言处理等。人工智能让计算机的行为更接近人类,以实现人机交互。

2 网格计算

随着科学的进步,世界上每时每刻都产生海量的数据信息。面对这样巨大的数据量,即使是高性能计算机,也感到束手无策。于是,人们把目光投向了数亿台在大部分时间里处于闲置状态的 PC。假如发明一种技术,自动搜索到这些 PC,并将它们并联起来,它们所形成的计算能力,肯定会超过许多高性能计算机。网格计算就来源于这种思想。

网格计算是针对复杂科学计算的新型计算模式,这种模式利用互联网,把分散在不同地理位置的计算机组织成一个"虚拟的超级计算机",其中每一台参与计算的计算机就是一个"节点",而整个计算是由成千上万个"节点"组成的"一张网格"。

网格计算的特点如下。
- 能够提供资源共享,实现应用程序的互相连接。
- 协同工作,共同处理一个项目。
- 基于国际的开放技术标准。
- 可以提供动态的服务,能够适应变化。

3 中间件技术

中间件是介于应用软件和操作系统之间的系统软件。中间件抽象了典型的应用模式,应用软件制造者可以基于标准的中间件进行再开发。中间件有多种类型,如交易中间件、消息中间件、专有系统中间件、面向对象中间件、数据访问中间件、远程过程调用中间件、Web 服务器中间件、安全中间件等。

中间件的特点如下。
- 满足大量应用的需要。
- 运行于多种硬件和 OS 平台。
- 支持分布式计算,提供跨网络、硬件和 OS 平台的透明性应用或服务的交互。
- 支持标准的协议。
- 支持标准的接口。

4 云计算

云计算(Cloud Computing)是基于互联网的相关服务的增加、使用和交付模式,通常涉及通过互联网来提供动态易扩展且经常是虚拟化的资源。美国国家标准与技术研究院(National Institute of Standards and Technology,NIST)定义:云计算是对基于网络的、可配置的共享计算资源池能够方便地、按需访问的一种模式。这些共享计算资源池包括网络、服务器、存储、应用和服务等资源,这些资源可以通过最小化的管理和交互开销被快速提供和释放。

云计算的特点是超大规模、虚拟化、高可靠性、强通用性、高可扩展性、按需服务、价格低廉。

1.1.6 未来计算机的发展趋势

21 世纪是人类走向信息社会的世纪,是网络的时代,是超高速信息公路建设取得实质性进展并进入应用的时代。那么,计算机的发展趋势是什么?未来新一代计算机的类型是什么?

1 计算机的发展趋势

(1)巨型化

巨型化是指计算机向高速运算、大存储容量和强功能的方向发展。巨型计算机的运算能力一般在每秒百亿次以上、内存容量在几百吉字节以上。巨型计算机的发展集中体现了计算机科学技术的发展水平,推动了计算机系统结构、硬件和软件的理论和技术、计算数学以及计算机应用等多个科学分支的发展,主要用于尖端科学技术和军事、国防系统等的研究开发。

(2)微型化

因大规模、超大规模集成电路的出现,计算机迅速向微型化方向发展。微型化是指计算机系统的体积更小、功能更强、可靠性更高、携带更方便、价格更便宜、适用范围更广。因为微型计算机可以渗透到仪表、家电、导弹弹头等小型机无法进入的领域,所以20世纪80年代以来,它的发展异常迅速。

(3)网络化

计算机网络是计算机技术发展的又一重要分支,是现代通信技术与计算机技术相结合的产物。网络化就是利用现代通信技术和计算机技术,将分布在不同地点的计算机连接起来,按照网络协议互相通信,共享软件、硬件和数据资源。

(4)智能化

第五代计算机要实现的目标是"智能",让计算机来模拟人的感觉、行为、思维过程,使计算机具有视觉、听觉、语言、推理、思维、学习等能力,成为智能化计算机。

2. 未来新一代的计算机

(1)模糊计算机

在实际生活中,人们大量使用模糊概念,如"走快一些""再来一点""休息片刻"中的"一些""一点""片刻"等都是不精确的说法,这些模糊信息都需要处理。目前,一般计算机只能进行精确运算,而不能处理模糊信息,而模糊计算机除具有一般计算机的功能外,还具有学习、思考、判断和对话的能力,可以立即辨识外界物体的形状和特征,甚至可以帮助人从事复杂的脑力劳动。

早在1990年,日本松下公司就把模糊计算机安装在洗衣机上,它可以根据衣服的脏污程度以及布料类型调节洗衣程序。我国有些品牌的洗衣机也装上了模糊逻辑芯片。后来,人们又把模糊计算机安装在吸尘器里,它可以根据灰尘量以及地毯厚薄程度调整吸尘器的功率。此外,模糊计算机还用于地震灾情判断、疾病医疗诊断、发酵工程控制、海空导航巡视、地铁管理等多个方面。

(2)生物计算机

微电子技术和生物工程这两项高科技的互相渗透为研制生物计算机提供了可能。利用DNA的化学反应,通过它和酶的相互作用,可以使一种基因代码通过生物化学的反应转变为另一种基因代码,转变前的基因代码可以作为输入数据,反应后的基因代码可以作为运算结果。利用这一过程可以研制一种新型的生物计算机。科学家认为,生物计算机的发展可能要经历一个较长的过程。

(3)光子计算机

光子计算机是一种用光信号进行数字运算、信息存储和处理的新型计算机,运用集成电路技术,把光开关、光存储器等集成在一块芯片上,再用光导纤维连成计算机。1990年1月底,贝尔实验室研制成功世界上第一台光子计算机。光子计算机的关键技术为光存储技术、光互联技术、光集成元器件。除贝尔实验室外,日本和德国的一些公司也投入巨资研制光子计算机,预计未来将出现更先进的光子计算机。

(4)超导计算机

超导技术的发展使科学家想到用超导材料来替代半导体制造计算机。超导计算机具有超导逻辑电路和超导存储器,运算速度是传统计算机无法比拟的。美国科学家已经成功地将5 000个超导单元装置集成在一个小于$10cm^3$的主机内,制成一个简单的超导计算机,它每秒能执行2.5亿条指令。研制超导计算机的关键是要有一套维持超低温的设备。

(5)量子计算机

量子计算机中的数据用量子位存储。由于量子有叠加效应,一个量子位可以是0或1,也可以既是0又是1,因此一个量子位可以存储2个数据。同样数量的存储位,量子计算机的存储量比传统的电子计算机大许多。传统计算机与量子计算机之间的区别是,传统计算机遵循众所周知的经典物理规律,而量子计算机则遵循独一无二的量子动力学规律,因而成为一种信息处理的新模式,同时量子计算机能够实现量子并行计算。2020年12月4日,中国科学技术大学的潘建伟等人成功构建76个光子的量子计算原型机"九章",其求解数学算法高斯玻色取样只需200秒。

1.1.7 信息技术简介

信息同物质、能源一样重要,是人类生存和社会发展的基本资源。数据处理之后产生的结果为信息,信息具有针对性、实时性,是有意义的数据。信息技术是指应用在信息加工和处理中的科学、技术与工程的训练方法与管理技巧,上述方面的技巧和应用;计算机以及与人、机的交互作用,与之相应的社会、经济和文化等多种事物。目前,信息技术主要指一系列与计算机相关的技术。

一般来说,信息技术包括信息基础技术、信息系统技术和信息应用技术。

(1)信息基础技术

信息基础技术是信息技术的基础,包括新材料、新能源、新元器件的开发和制造技术。

(2)信息系统技术

信息系统技术是指有关信息的获取、传输、处理、控制的设备和系统的技术。感测技术、通信技术、计算机与智能技术和控制技术是它的核心和支撑技术。

(3)信息应用技术

信息应用技术是针对种种实用目的的技术,如信息管理、信息控制、信息决策等技术。

信息技术在社会各个领域得到了广泛的应用,显示出强大的生命力。展望未来,现代信息技术将向数字化、多媒体化、高速度、网络化、宽频带、智能化等方向发展。

1.2 信息的表示与存储

计算机科学中的信息通常被认为是能够用计算机处理的有意义的内容或消息,它们以数据的形式出现,如数值、文字、语言、图形、图像等。信息不仅维系着人类的生存和社会的发展,而且在不断地推动着经济的发展。

1.2.1 数制的基本概念

【熟记】数制的基本概念。

人们在生产实践和日常生活中创造了许多种表示数的方法,常用的有十进制、钟表计时中使用的六十进制等。这些数的表示规则称为数制。

使用 R 个基本符号(如 $0,1,2,3,4,\cdots,R-1$)来表示数值,按 R 进位的方法进行计数,称为 R 进位计数制,简称 R 进制。数值中固定的基本符号称为数码。对于任意具有 n 位整数、m 位小数的 R 进制数,有同样的基数 R、位权 R^i(其中 $i=-m \sim n-1$)和按权展开表示式。

每个数码的实际值=数码的值×位权。而"按权展开"的意义就是求整个数的值,即整个数的实际值=每个数码的实际值相加。所以,按权展开就是每个数码的实际值相加的和,即每个数码本身的值×位权,然后相加。

了解了计数制的规律后,下面具体介绍二进制数、八进制数、十进制数和十六进制数,如表1-1所示。

表 1-1　　　　　　　二进制数、八进制数、十进制数和十六进制数的特点

类别	特点	类别	特点
二进制	● 基数为2，位权为2^i ● 两个数码：0~1 ● 逢二进一 ● 表示形式：10B、$(10)_2$	十进制	● 基数为10，位权为10^i ● 10个数码：0~9 ● 逢十进一 ● 表示形式：9D、$(9)_{10}$
八进制	● 基数为8，位权为8^i ● 8个数码：0~7 ● 逢八进一 ● 表示形式：77O、$(77)_8$	十六进制	● 基数为16，位权为16^i ● 16个数码：0~9 和 A~F ● 逢十六进一 ● 表示形式：FFH、$(FF)_{16}$

注：$i = -m \sim n-1, m, n$ 为自然数，m 和 n 分别代表数的小数部分、整数部分的位数。

二进制、十进制、十六进制是学习"数制"最基本的内容，要求考生能做到：在一定数值范围内直接写出二进制、十进制和十六进制的对应关系。表1-2列出了十进制数0~15对应的二进制数和十六进制数。

表 1-2　　　　　　　十进制数 0~15 对应的二进制数和十六进制数

十进制	二进制	十六进制	十进制	二进制	十六进制
0	0000	0	8	1000	8
1	0001	1	9	1001	9
2	0010	2	10	1010	A
3	0011	3	11	1011	B
4	0100	4	12	1100	C
5	0101	5	13	1101	D
6	0110	6	14	1110	E
7	0111	7	15	1111	F

1.2.2 进制数间的转换

【掌握】各进制数之间的转换。

1 非十进制数转换为十进制数

非十进制数转换为十进制数的方法是按权展开。

【例1-1】二进制数110.01的基数为2，位权为2^i（其中$i = -2 \sim 2$），转换为十进制数时，按权展开：

$$(110.01)_2 = 1 \times 2^2 + 1 \times 2^1 + 0 \times 2^0 + 0 \times 2^{-1} + 1 \times 2^{-2} = (6.25)_{10}$$

十六进制数B7E的基数为16，位权为16^i（其中$i = 0 \sim 2$），转换为十进制数时，按权展开：

$$(B7E)_{16} = 11 \times 16^2 + 7 \times 16^1 + 14 \times 16^0 = (2942)_{10}$$

2 十进制数转换为 R 进制数

将十进制数转换为R进制数时，可将此数分成整数与小数两部分分别转换，然后拼接起来即可。

十进制整数转换为二进制整数的方法是"除二取余法"，按以下操作步骤进行转换。

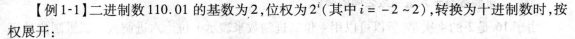 把十进制数除以2得一个商和余数，商再除以2又得一个商和余数……依次除下去，直到商是0为止。

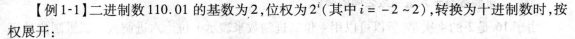 以最先除得的余数为最低位，最后除得的余数为最高位，从最高位到最低位依次排列，便得到这个十进制整数的等值二进制整数。

十进制小数转换为二进制小数采用"乘二取整法",按以下操作步骤进行转换。

步骤1 把十进制数乘以2得一个新数:若整数部分为1,则二进制纯小数相应位为1;若整数部分为0,则相应位为0。

步骤2 从高位向低位逐次进行,直到满足精度要求或乘2后的小数部分是0为止。

【例1-2】将十进制数$(125.8125)_{10}$转换为二进制数。

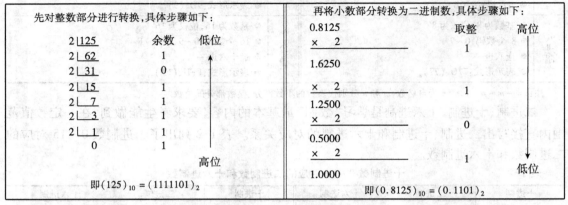

因此,$(125.8125)_{10}$转换结果为$(1111101.1101)_2$。

同理,十进制转换为八进制就是整数部分采用"除八取余法",小数部分采用"乘八取整法";十进制转换为十六进制时,整数与小数分开进行转换,整数部分采用"除十六取余法",小数部分采用"乘十六取整法"。

【例1-3】将十进制数$(2606)_{10}$转换为十六进制数。

```
 16 | 2606        余数      低位
 16 |  162         14       E     ↑
 16 |   10          2             |
         0         10       A     |
                                  高位
```

即$(2606)_{10} = (A2E)_{16}$。

3 二进制数与十六进制数之间的转换

由于16是2的4次幂,所以可以用4位二进制数来表示1位十六进制数。二进制数对应的十六进制数参见表1-2。

(1)十六进制数转换为二进制数

对每1位十六进制数,用与其等值的4位二进制数代替。

【例1-4】将十六进制数$(1AC0.6D)_{16}$转换为二进制数。

1	A	C	0	.	6	D
0001	1010	1100	0000	.	0110	1101

即$(1AC0.6D)_{16} = (1\ 1010\ 1100\ 0000.\ 0110\ 1101)_2$。

 请注意　　在二进制数中,整数部分最左边的零、小数部分最右边的零都是没有实际意义的,书写时可以省略。

(2)二进制数转换为十六进制数

二进制数转换为十六进制数的方法是从小数点开始,整数部分向左、小数部分向右每 4 位分成 1 节,整数部分最高位不足 4 位或小数部分最低位不足 4 位时补"0",然后将每节依次转换为十六进制数,再把这些二进制数连接起来,即为等值十六进制数。

【例 1-5】将二进制数$(10111100101.00011001101)_2$转换为十六进制数。

0101	1110	0101	.	0001	1001	1010
5	E	5	.	1	9	A

即$(101\ 1110\ 0101.\ 0001\ 1001\ 101)_2 = (5E5.19A)_{16}$。

同理,由于 8 是 2 的 3 次幂,所以可以用 3 位二进制数来表示 1 位八进制数。

【例 1-6】将八进制数$(2731.62)_8$转换为二进制数。

2	7	3	1	.	6	2
010	111	011	001	.	110	010

即$(2731.62)_8 = (010\ 111\ 011\ 001.\ 110\ 010)_2$。

请注意　不同进制数转换的小技巧:考生可以利用 Windows 自带的"计算器"(单击"开始"→"所有程序"→"附件"→"计算器")进行转换。

1.2.3 计算机中的数据

1 计算机中数据的常用单位

在计算机内部,指令和数据都是用二进制数 0 和 1 表示的,因此,计算机系统中信息存储、处理也都是以二进制数为基础的。下面介绍计算机中二进制数的单位。

学习提示
【熟记】数据在计算机内的常用单位及其之间的换算。

位(bit)	一个二进制位,称为位(bit),是计算机中数据的最小单位,表示为 bit
字节(B)	8 位二进制数编为一组,称为一个字节(Byte)。字节是信息处理的最基本单位,表示为 B
字(Word,W)	字是由若干字节组成的(通常取字节的整数倍),反映计算机的计算能力和计算精度

现代计算机中存储数据是以字节作为处理单位的,如一个 ASCII 码(西文字符、数字)用一个字节表示,而一个汉字和国标图形字符需用两个字节表示。实际使用中,由于这样的单位表示的量太小,所以常用 KB、MB、GB 和 TB 作为数据的存储单位。常见的存储单位如表 1-3 所示。

表 1-3　　　　　　　　常见的存储单位

单位	名称	含义	说明
bit	位	表示 1 个 0 或 1,称为 1bit	最小的数据单位
B	字节	1B = 8bits	数据处理的基本单位
KB	千字节	$1KB = 1\ 024B = 2^{10}B$	适用于文件大小计量
MB	兆字节	$1MB = 1\ 024KB = 2^{20}B$	适用于内存、软盘、光盘的容量计量
GB	吉字节	$1GB = 1\ 024MB = 2^{30}B$	适用于硬盘的容量计量
TB	太字节	$1TB = 1\ 024GB = 2^{40}B$	适用于硬盘的容量计量

2 计算机数据类型

计算机使用的数据可分为两类:数值数据和字符数据(非数值数据)。

在计算机中，不仅数值数据是用二进制数来表示的，字符数据（如各种字符和汉字）也都用二进制数进行编码。

1.2.4 字符的编码

字符包括西文字符（字母、数字、各种符号）和中文字符，指所有不可做算术运算的数据。由于计算机是以二进制数的形式存储和处理数据的，因此字符也必须按特定的规则进行编码才能被计算机识别。

【了解】ASCII 的分类的大小。
【应用】比较常用 ASCII。

所谓"编码"，就是用二进制数来表示数据的代码。

1 西文字符的编码

计算机中常用的字符（西文字符）编码有两种：EBCDIC 和 ASCII。IBM 系列大型计算机采用 EBCDIC，微型计算机采用 ASCII。下面主要介绍 ASCII。

ASCII 是美国信息交换标准代码（American Standard Code for Information Interchange）的英文缩写。该编码被国际标准化组织（ISO）采纳，作为国际通用的信息交换标准代码，是目前在微型机中普遍使用的字符编码。

ASCII 分为 7 位码和 8 位码两个版本。

7位码	● 国际通用码，称 ISO-646 标准 ● 占用一个字节，最高位置为 0 ● 编码范围为 00000000B ~ 01111111B ● 表示 $2^7 = 128$ 个不同的字符	8位码	● 占用一个字节，最高位置为 1，是扩展了的 ASCII，通常各个国家都将该扩展的部分作为自己国家语言文字的代码 ● 编码范围为 00000000B ~ 11111111B ● 表示 $2^8 = 256$ 个不同的字符

表 1-4 中对大小写英文字母、阿拉伯数字、标点符号、控制符等特殊符号规定了编码，表中每个字符都对应一个数值，称为该字符的 ASCII 值。其排列次序为 $b_6 b_5 b_4 b_3 b_2 b_1 b_0$，$b_6$ 为最高位，b_0 为最低位。

表 1-4　　　　　　　　　　128 个字符所对应的 7 位 ASCII

$b_3 b_2 b_1 b_0$	$b_6 b_5 b_4$							
	000	001	010	011	100	101	110	111
0000	NUL	DLE	SP	0	@	P	`	p
0001	SOH	DC1	!	1	A	Q	a	q
0010	STX	DC2	"	2	B	R	b	r
0011	ETX	DC3	#	3	C	S	c	s
0100	EOT	DC4	$	4	D	T	d	t
0101	ENQ	NAK	%	5	E	U	e	u
0110	ACK	SYN	&	6	F	V	f	v
0111	BEL	ETB	'	7	G	W	g	w
1000	BS	CAN	(	8	H	X	h	x
1001	HT	EM	)	9	I	Y	i	y
1010	LF	SUB	*	:	J	Z	j	z
1011	VT	ESC	+	;	K	[	k	{
1100	FF	FS	,	<	L	\	l	|
1101	CR	GS	-	=	M	]	m	}
1110	SO	RS	.	>	N	^	n	~
1111	SI	US	/	?	O	_	o	DEL

从 ASCII 表中可以看出，共有 34 个非图形字符（又称为控制字符）。例如，回车的符号是

CR(Carriage Return),编码是 0001101。其余 94 个可打印字符也称为图形字符,在这些字符中,从小到大的排列有 0~9、A~Z、a~z,且小写字母比大写字母的 ASCII 值大 32,即位 b_5 为 0 或 1,这有利于大、小写字母之间的编码转换。有些特殊的字符编码是容易记忆的,例如,"A"字符的编码为 1000001,对应的十进制数是 65;"B"字符的编码为 1000010,对应的十进制数是 66。

计算机内部用一个字节(8 位二进制)存放一个 7 位 ASCII,最高位为 0。

2 汉字的编码

为使计算机可以处理汉字,需要对汉字进行编码。计算机进行汉字处理的过程,实际上是各种汉字编码之间的转换过程。汉字编码有汉字输入码、汉字内码、汉字字形码、汉字地址码等。下面分别介绍各种汉字编码。

【了解】国标码与区位码、内码的转换。

(1) 汉字输入码

汉字输入码是为使用户能够使用西文键盘输入汉字而编制的编码,也叫外码。

汉字输入码有许多种不同的编码方案,大致分为以下几类。

- 音码:以汉语拼音字母和数字为汉字编码。例如,全拼输入法和双拼输入法。
- 形码:根据汉字的字形结构对汉字进行编码。例如,五笔字型输入法。
- 音形码:以拼音为主,辅以字形字义进行编码。例如,自然码输入法。
- 数字码:直接用固定位数的数字给汉字编码。例如,区位输入法。

同一个汉字在不同的输入码编码方案中的编码一般也不同。例如,使用全拼输入法输入"嵌"字,就要输入编码"qian"(然后选字);而用五笔字型输入法,则输入"mafw"。

(2) 汉字内码

汉字内码是为在计算机内部对汉字进行处理、存储和传输而编制的编码,不论采用何种输入码,输入的汉字在计算机内部都要先转换为统一的汉字内码,然后才能在计算机内进行传输、处理。

目前,对应于国标码,一个汉字的内码也用两个字节存储。因为 ASCII 是西文的机内码,为不使汉字内码与 ASCII 发生混淆,就把国标码每个字节的最高位置 1 作为汉字内码。

国标码与内码之间的关系	内码 = 汉字的国标码 + $(8080)_{16}$

【例 1-7】汉字"大"的国标码是 $(3473)_{16}$,将国标码加上 $(8080)_{16}$,即可得到它的内码。

$$3473_{16} \quad 国标码$$
$$+ 8080_{16}$$
$$B4F3_{16} \quad 内码$$

(3) 汉字字形码

汉字字形码是存放汉字字形信息的编码,它与汉字内码一一对应。每个汉字的字形码是预先存放在计算机内的,存放的位置常称为汉字库。当输出汉字时,计算机根据内码在汉字库中查到其字形码,得知字形信息,然后就可以显示或打印输出。

描述汉字字形的方法主要有点阵字形法和轮廓字形法两种。

点阵字形法是用一个排列成方阵黑白交错的点来表示汉字。点阵字形法优点是方法简单,缺点是放大后会出现锯齿现象

轮廓字形法是采用数学方法描述汉字的轮廓曲线,如中文在 Windows 下采用的 TrueType 字库。轮廓字形法优点是字形精度高,缺点是输出前要经过复杂的数学运算处理

下面具体介绍点阵字形法。

由于汉字是由笔画组成的"方块字",所以无论汉字笔画是多少,都可以写在相同大小的方框里。如果用 m 行 n 列小圆点组成这个方框(称为点阵),那么每一个汉字都可以用点阵中的某些点组成。图 1-1 所示的是汉字"工"字的 16×16 点阵字形。

计算机用一组二进制数表示一个点阵。当某一点的二进制数为 1 时,该点表示为黑点,是 0 时为白点。一个 16×16 点阵有 256 个点,需要 $16 \times 16 \div 8 = 32$ 字节的存储空间。同理,24×24 点阵的汉字输出码需要 $24 \times 24 \div 8 = 72$ 字节的存储空间,32×32 点阵的汉字输出码需要 $32 \times 32 \div 8 = 128$ 字节的存储空间。

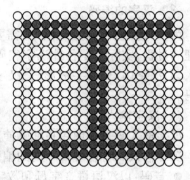

图 1-1 汉字"工"字的 16×16 点阵字形

显然,点阵中行、列数越多,字形的质量越好,锯齿也就越小,但存储汉字输出码所占用的存储容量也越大。汉字字形通常分为通用型和精密型两类。

● 通用型汉字字形点阵分为简易型 16×16 点阵、普通型 24×24 点阵、提高型 32×32 点阵 3 种。

● 精密型汉字字形用于常规的印刷排版,字形点阵一般在 96×96 点阵以上,占用的字节量较大,通常都采用信息压缩存储技术。

(4)汉字地址码

汉字地址码是指汉字库(这里主要指汉字字形的点阵式字模库)中存储汉字字形信息的逻辑地址码。在汉字库中,字形信息都是按一定顺序(大多数按照标准汉字国标码中汉字的排列顺序)连续存放在存储介质中的,所以汉字地址码也大多是连续有序的,而且与汉字内码之间有着简单的对应关系,从而简化了汉字内码到汉字地址码的转换。

(5)各种汉字编码之间的关系

汉字的输入、输出和处理的过程,实际上是汉字的各种编码之间的转换过程。

汉字通过汉字输入码输入计算机,然后通过输入字典转换为内码,以内码的形式进行存储和处理。在汉字通信过程中,处理机将汉字内码转换为适合于通信用的交换码,以实现通信处理。

在汉字的显示和打印输出过程中,处理机根据汉字内码计算出地址码,按地址码从汉字库中取出汉字字形码,实现汉字的显示或打印输出。图 1-2 表示了这些编码在汉字信息处理系统中的地位及它们之间的关系。

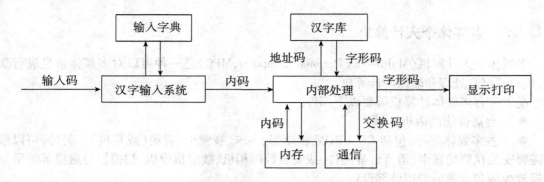

图 1-2 各种汉字编码之间的关系

1.3 多媒体技术简介

多媒体技术的实质就是将以各种形式存在的媒体信息数字化,用计算机对它们进行组织加工,并以友好的形式交互地提供给用户使用。随着网络技术的发展,多媒体技术被广泛应用在商业、教育、文化娱乐等领域。本节将简单介绍多媒体技术的知识。

1.3.1 多媒体的特点

【了解】多媒体的概念及特点。

与传统媒体相比,多媒体具有交互性、集成性、多样性、实时性等特点。

(1) 交互性

交互性是指多媒体系统向用户提供交互式使用、加工和控制信息的手段,从而可应用于更加广阔的领域,为用户提供了更加自然的信息存取手段。在多媒体系统中,用户可以主动地编辑、处理各种信息,实现人机交互功能。交互可以增加人们对信息的注意力和理解力,延长信息的保存时间,这也是多媒体技术的关键特征。

(2) 集成性

多媒体技术集成了许多单一的技术,如图像处理技术、声音处理技术等。多媒体能够同时表示和处理多种信息,但对用户而言,它们是集成一体的。这种集成包括信息的统一获取、存储、组织、合成等方面。

(3) 多样性

多媒体信息的多样性,不仅指图像、声音等形式的多样性,同时也指媒体输入、传播、再现和展示手段的多样性。多媒体技术使得人们的思维不再局限于顺序、单调和狭小的范围,它扩大了计算机所能处理的信息空间,使计算机不仅能处理数值、文本等,还能得心应手地处理更多种类的信息。

(4) 实时性

实时性是指在多媒体系统中,声音及视频图像都是实时的,这是多媒体系统的关键技术之一。多媒体系统能够综合地处理带有时间关系的媒体,如音频、视频和动画,甚至是实况信息媒体,这就意味着多媒体系统在处理信息时能够满足严格的时序要求和很高的速度要求。

1.3.2 多媒体个人计算机

多媒体个人计算机(Multimedia Personal Computer,MPC)是一种可以对多媒体信息进行获取、编辑、存储、处理和输出的计算机。

配置一台多媒体计算机需要以下部件。

● 一台高性能的微机。

● 一些多媒体硬件,包括CD-ROM驱动器、声卡、视频卡、音箱(或耳机)。另外,可以根据需要安装视频捕获卡、语音卡等插件,或安装数码相机、数字摄像机、扫描仪与触摸屏等采集与播放视频和音频的专用外部设备。

● 相应软件,包括支持多媒体的操作系统(如Windows XP/Vista/7等)、多媒体开发工具和压缩/解压缩软件等。

1.3.3 媒体的数字化

在计算机和通信领域,最基本的媒体有声音和图像。

1 声音的数字化

计算机系统通过输入设备输入声音信号,通过采样、量化将其转换为数字信号,然后通过输出设备输出。采样是指每隔一段时间对连续的模拟信号进行测量,每秒的采样次数即为采样频率。采样频率越高,声音的还原性就越好。量化是指将采样后得到的信号转换为相应的数值,并以二进制数的形式表示。量化位数一般为8位、16位。量化位数越大,采集到的样本精度越高,所需的存储空间也就越大。

采样和量化过程中使用的主要硬件是模拟/数字转换器(A/D转换器,实现模拟信号到数字信号的转换)和数字/模拟转换器(D/A转换器,实现数字信号到模拟信号的转换)。

经过采样、量化后,还需要进行编码,即将量化后的数值转换为二进制码组。编码是将量化的结果用二进制数的形式表示。有时也将量化和编码过程统称为量化。

最终产生的音频数据量按照以下公式计算。

音频数据量(B) = 采样时间(s) × 采样频率(Hz) × 量化位数(b) × 声道数 ÷ 8

存储声音信息的文件格式有很多种,包括WAV文件、MIDI文件、VOC文件、AU文件以及AIF文件等。

2 图像的数字化

图像是媒体中最基本、最重要的数据,图像有黑白图像、灰度图像、彩色图像、摄影图像等。在自然界中,景和物有两种形态,即动和静。静态图像根据其在计算机中生成的原理不同,分为矢量图形和位图图像两种。动态图像根据获取方式的不同分为视频和动画。

(1)静态图像的数字化

一幅图像可以近似地看成是由许多点组成的,因此它的数字化通过采样和量化就可以得到。图像的采样是指采集组成一幅图像的点。量化是指将采集到的信息转换为相应的数值。组成一幅图像的每个点称为一个像素,每个像素的值表示其颜色等属性信息。存储图像颜色的二进制数的位数,称为颜色深度。

(2) 动态图像的数字化

人眼看到的一幅图像消失后,图像还会在视网膜上滞留几毫秒,动态图像正是依据这样的原理,将静态图像以每秒 n 幅的速度播放,当 $n \geqslant 25$ 时,显示在人眼中就是连续的画面。

(3) 点位图和矢量图

表达或生成图像通常有点位图和矢量图两种方法。点位图是指将一幅图像分成很多小像素,每个像素用若干二进制位表示像素的颜色等属性信息。矢量图是指用一些指令来表示一幅图,如画一条 200 像素长的红色直线、画一个半径为 100 像素的圆等。

(4) 文件格式

图像文件的格式包括 BMP、GIF、TIF、PNG、WMF、DXF 等。

视频文件格式包括 AVI、MOV 等。

1.3.4 多媒体的数据压缩

由于多媒体信息数字化后数据量非常大,因而需要经过压缩才能满足实际需求。数据压缩分为无损压缩和有损压缩两种类型。

学习提示
【熟记】多媒体数据压缩的方式。

1 无损压缩

无损压缩是利用数据的统计冗余进行压缩,又称可逆编码,其原理是统计被压缩数据中重复数据的出现次数并进行编码。无损压缩能够确保解压后的数据不失真,是对原始对象的完整复制。它的主要特点是压缩比较小,广泛应用于文本数据、程序以及重要图形和图像的压缩。常用的无损压缩编码方法如下。

(1) 行程编码

行程编码(Run-Length Encoding,RLE)简单直观,编码和解码速度快;其压缩比与压缩数据本身有关,行程长度大,压缩比就大。它适用于计算机绘制的图像,如 BMP、AVI 格式文件。对于彩色照片,由于色彩丰富,采用行程编码压缩比会较小。

(2) 熵编码

根据信源符号出现概率的分布特性进行码率压缩的编码方式称为熵编码,也称统计编码。其目的是在信源符号和码字之间建立一一对应关系,以便在恢复时能准确地再现原信号,同时要使平均码长或码率尽量小。熵编码包括霍夫曼编码和算术编码。

霍夫曼编码依据字符出现的概率来构造异字头的平均长度最短的码字,又称最佳编码。它将文件中出现频率较高的符号用短的位序列替代,而将那些很少出现的符号,用较长的位序列替代,一般用来压缩文本和程序文件。

算术编码与其他编码方法的不同之处在于,其直接将整个输入的消息编码为一个小数 n ($0 \leqslant n < 1.0$)。

算术编码的优点是每个传输符号不需要被编码成整数"比特"。虽然算术编码实现方法复杂一些,但通常算术编码的性能优于霍夫曼编码。

人们每天从互联网接收的信息中,图像和视频占据了大部分,JPEG 和 MPEG 作为常见的图像、视频格式,具有占据存储空间小、清晰度高等优点,被广泛应用于互联网信息传播中。JPEG 标准是为静态图像所建立的第一个国际数字图像压缩标准,也是至今应用最广的图像压缩标准。JPEG 标准可以提供有损压缩,其压缩比是其他传统压缩算法无法比拟的。MPEG 标准是一种高效的压缩标准,它规定了声音数据和电视图像数据的编码和解码过程、声音和数据之间的同步等问题。MPEG-1 和 MPEG-2 标准为数字电视标准;MPEG-4 是基于内容的压缩编码标准;MPEG-7是"多媒体内容描述接口标准";MPEG-21是有关多媒体框架的协议。

2. 有损压缩

有损压缩又称不可逆编码,是指压缩后的数据不能够完全还原成压缩前的数据,与原始数据不同但是非常接近的压缩方法。有损压缩也称破坏性压缩,以损失文件中某些信息为代价来换取较大的压缩比,其损失的信息多是对视觉和听觉感知不重要的信息,但压缩比通常较大,常用于音频、图像和视频的压缩。典型的有损压缩编码方法如下。

(1)预测编码

预测编码根据离散信号之间存在着一定相关性的特点,利用前面一个或多个信号对下一个信号进行预测,然后对实际值和预测值之差进行编码和传输。在接收端把差值与实际值相加,恢复原始值。在同等精度下,用比较少的"比特"进行编码,以达到压缩的目的。预测编码中典型的压缩方法有脉冲编码调制(PCM)、差分脉冲编码调制(DPCM)、自适应差分脉冲编码调制(ADPCM)等。

(2)变换编码

变换编码是指先对信号进行某种函数变换,从一种信号空间变换到另一种信号空间,然后再对信号进行编码。变换编码包括变换、变换域采样、量化和编码4个步骤。典型的变换有离散余弦变换(DCT)、离散傅里叶变换(DFT)、沃尔什-哈达玛变换(WHT)、小波变换等。量化将处于取值范围X的信号映射到一个较小的取值范围Y中,压缩后的信号比原信号所需的比特数少。

(3)基于模型编码

如果把预测编码和变换编码基于波形的编码称为第一代编码技术,则基于模型编码就是第二代编码技术。其基本思想:在发送端,利用图像分析模块对输入图像提取紧凑和必要的描述信息,得到一些数据量不大的模型参数;在接收端,利用图像综合模块重建原图像,对图像信息进行合成。

(4)分形编码

分形编码是利用分形几何中的自相似原理来实现的。首先对图像进行分块,然后寻找各块之间的相似形(由仿射变换确定,一旦找到了每块的仿射变换,就保存这个仿射变换的系数)。由于每块的数据量远大于仿射变换的系数,因而图像得以大幅度压缩。

(5)矢量量化编码

矢量量化编码是在图像、语音信号编码技术中研究较多的新型量化编码方法之一。矢量量化是一种限失真编码,其原理仍可用信息论中的信息率失真函数理论来分析。

1.4 计算机病毒与防治

计算机病毒是一种人为制造的、在计算机运行中能对计算机信息或系统起破坏作用的程序。这种程序轻则影响计算机运行速度,使计算机不能正常运行;重则使计算机瘫痪,给用户带来不可估量的损失。

在《中华人民共和国计算机信息系统安全保护条例》中曾对计算机病毒下过明确的定义。

【了解】计算机病毒的概念、特点、分类及防治。

计算机病毒	编制或者在计算机程序中插入的破坏计算机功能或者毁坏数据,影响计算机使用,并能自我复制的一组计算机指令或者程序代码

1　计算机病毒的特点

- 破坏性:计算机病毒可以破坏系统、删除或修改数据,甚至格式化整个磁盘、占用系统资源、降低计算机运行效率。
- 寄生性:计算机病毒寄生在其他程序之中,当执行这个程序时,病毒就起破坏作用,而未启动这个程序之前,它是不易被人发觉的。
- 传染性:计算机病毒不但本身具有破坏性,而且具有传染性,一旦病毒被复制或产生变种,其传播速度之快令人难以置信。
- 潜伏性:有些病毒像定时炸弹,发作时间是预先设计好的。例如"黑色星期五"病毒,不到预定时间根本觉察不到,等到条件具备的时候,一下子就"爆炸"开来,对系统进行破坏。
- 隐蔽性:计算机病毒具有很强的隐蔽性,有的可以通过病毒软件检查出来,有的根本查不出来,这类病毒处理起来通常很困难。

2　计算机感染病毒后的常见症状

计算机病毒虽然很难检测,但只要细心留意计算机的运行状况,就可以发现计算机感染病毒时的一些异常情况。具体如下。

- 磁盘文件数目无故增多。
- 系统的内存空间明显变小。
- 文件的日期/时间值被修改(用户自己并没有修改)。
- 可执行文件的长度明显增加。
- 正常情况下可以运行的程序却突然因内存不足而不能装入。
- 程序加载或执行时间明显变长。
- 计算机经常出现死机现象或不能正常启动。
- 显示器上经常出现一些莫名其妙的信息或异常现象。

3　计算机病毒的分类

从已发现的计算机病毒来看,小的病毒程序只需几十条指令,不到百字节,而大的病毒程序简直像一个操作系统,由上万条指令组成。计算机病毒一般可分成 5 种主要类型。

- 引导区型病毒:主要通过优盘在 DOS 操作系统里传播。一旦硬盘中的引导区被病毒感染,病毒就试图感染每一个插入计算机的从事访问的磁盘的引导区。
- 文件型病毒:它是文件的感染者。它隐藏在计算机存储器里,通常它感染扩展名为 COM、EXE、DRV、OVL、SYS 等的文件。
- 混合型病毒:它有引导区型病毒和文件型病毒的特征。
- 宏病毒:它一般是指用 BASIC 语言书写的病毒程序,寄存在 Microsoft Office 文档的宏代码中,影响 Word 文档的各种操作。
- Internet 病毒(网络病毒):此类病毒大多是通过 E-mail 传播的,它破坏特定扩展名的文件,并使邮件系统变慢,甚至导致网络系统崩溃。"蠕虫"病毒是其典型代表。

4　计算机病毒的清除

一旦发现计算机染上病毒,一定要及时清除,以免造成损失。清除病毒的方法有两种:一是手动清除;二是借助反病毒软件清除。

用手动方法消除病毒不仅烦琐,而且对技术人员的素质要求很高,只有具备计算机专业知识的人员,才能采用此方法。

利用反病毒软件清除是当前比较流行的方法。反病毒软件通常提供较好的界面与提示,不会破坏系统中的正常数据,使用相当方便。但遗憾的是,反病毒软件只能检测出已知的病毒并将其清除,很难处理新的病毒或病毒变种,所以各种反病毒软件都要随着新病毒的出现不断地升级。目前国内常用的反病毒软件有360杀毒、金山毒霸、KILL、瑞星和江民等。

5 计算机病毒的预防

当计算机感染病毒后,再去想办法杀毒,这实际上已经是亡羊补牢了。我们要像"讲究卫生,预防疾病"一样,对计算机病毒采取预防为主的方针,并从切断其传播途径入手。计算机病毒主要通过移动存储设备(如软盘、光盘、优盘或移动硬盘)和计算机网络两大途径进行传播,可以采取以下几条预防措施。

- 专机专用:重要部门应专机专用,禁止与任务无关的人员接触该系统,以防止潜在的病毒传入。
- 利用写保护:对那些保存有重要数据文件且不需要经常写入的系统,应使其处于写保护状态,以防止病毒的侵入。
- 固定启动方式:对配有硬盘的计算机,应该从硬盘启动系统,如果非要用软盘启动系统,则一定要保证系统软盘无病毒。
- 慎用从网上下载的软件:从网上下载的软件一定要检测后再用,更不要随便打开陌生人发来的电子邮件。
- 分类管理数据:各类数据文档和程序应分类保存。
- 建议备份:对软件复制副本,定期备份重要的文件,以免遭受病毒危害后无法恢复。
- 采用防病毒卡或病毒预警软件:在计算机上安装防病毒卡或个人防火墙预警软件。
- 定期检查:定期用反病毒软件对计算机系统进行检测,发现病毒应及时清除。
- 准备系统启动盘:为了防止计算机系统被病毒攻击而无法正常启动,应准备系统启动盘。系统染上病毒无法正常启动时,用系统盘启动,然后用反病毒软件杀毒。

课后总复习

选择题

1. 第一台电子计算机是1946年在美国研制的,该机的英文缩写名是(　　)。
   A) ENIAC　　　　　　B) EDVAC　　　　　　C) EDSAC　　　　　　D) MARK – Ⅱ
2. 第二代计算机采用的主要元器件是(　　)。
   A) 电子管　　　　　　B) 小规模集成电路　　C) 晶体管　　　　　　D) 大规模集成电路
3. 十进制数511用二进制数表示为(　　)。
   A) 111011101B　　　　B) 111111111B　　　　C) 100000000B　　　　D) 100000011B
4. 下列一组数据中最大的数是(　　)。
   A) 2270　　　　　　　B) 1FFH　　　　　　　C) 1010001B　　　　　D) 789
5. 下列叙述中,正确的一项是(　　)。
   A) R 进制数相邻两位数相差 R 倍　　　　B) 十进制数转换为二进制数采用的是按权展开法

C)存储器中存储的信息即使断电也不会丢失　　　　D)汉字的内码就是汉字的输入码
6. 100 个 24×24 点阵的汉字字模信息所占用的字节数是(　　)。
   A)2 400　　　　　B)7 200　　　　　C)57 600　　　　　D)73 728
7. 对应 ASCII 表的值,下列叙述中正确的一项是(　　)。
   A)"9"＜"#"＜"a"　　B)"a"＜"A"＜"#"　　C)"#"＜"A"＜"a"　　D)"a"＜"9"＜"#"
8. 7 位 ASCII 共有(　　)个字符。
   A)128　　　　　　B)256　　　　　　C)512　　　　　　D)1024
9. 汉字"中"的十六进制的内码是(D6D0)$_{16}$,那么它的国标码是(　　)。
   A)(5650)$_{16}$　　　B)(4640)$_{16}$　　　C)(5750)$_{16}$　　　D)(C750)$_{16}$
10. 下面关于计算机病毒的叙述中,不正确的一项是(　　)。
    A)计算机病毒是一个标记或一条命令
    B)计算机病毒是人为制造的一个程序
    C)计算机病毒是一种通过磁盘、网络等媒介传输,并能感染其他程序的程序
    D)计算机病毒是能够实现自我复制,并借助一定的媒体存在的具有潜伏性、传染性和破坏性的程序

学习效果自评

本章考点很多,考查范围也很广,在考试中一般以选择题的方式出现。下表是对本章比较重要的知识点进行的小结,考生可以用它来检查自己对这些知识点的掌握情况。

掌握内容	重要程度	掌握要求	自评结果
第一台计算机	★★	名称及诞生时间、地点	□不懂　□一般　□没问题
大型机发展的4个阶段	★	每代计算机采用的元器件及代表机型	□不懂　□一般　□没问题
计算机的应用	★	能根据例子判断所属应用领域	□不懂　□一般　□没问题
计算机的特点及分类	★	计算机的特点、分类原则与各自的代表机型	□不懂　□一般　□没问题
进制数的转换	★★★★	十进制数转二进制数	□不懂　□一般　□没问题
	★★	非十进制数转十进制数	□不懂　□一般　□没问题
	★★	二进制数、十六进制数之间的转换	□不懂　□一般　□没问题
西文编码	★	ASCII 的概念与分类	□不懂　□一般　□没问题
	★★★★	常用ASCII及其大小比较	□不懂　□一般　□没问题
汉字编码	★★★	国标码与内码的转换	□不懂　□一般　□没问题
	★★★	点阵字形码存储空间的计算	□不懂　□一般　□没问题
多媒体知识	★★★	多媒体数字化与数据压缩的种类	□不懂　□一般　□没问题
计算机病毒知识	★★★	病毒的定义与防治	□不懂　□一般　□没问题

第2章
计算机系统

章前导读

通过本章，你可以学习到：
◎ 计算机硬件系统的组成
◎ 计算机软件系统的组成
◎ 操作系统的基本概念、功能、组成及分类
◎ Windows 7 操作系统的基本概念、基本操作和应用

本章评估	
重要度	★★
知识类型	理论+应用
考核类型	选择题+操作题
所占分值	选择题：约6分 操作题：10分
学习时间	6课时

学习点拨

本章的重点内容是计算机的操作系统与操作系统的发展。

本章将主要介绍计算机的硬件系统和操作系统。通过对本章进行学习，可以进一步了解计算机。

本章学习流程图

		第2章 计算机系统
	阅读章前的导读内容，了解本章的重点、难点和学习方法，制订合理的学习计划	
2.1	【了解】计算机的硬件组成 → 【了解】计算机的结构 → 【了解】计算机的主要性能指标	
2.2	【了解】软件的概念及程序设计语言 → 【掌握】软件系统及其组成	
2.3	【掌握】操作系统的概念 → 【了解】操作系统的功能 → 【掌握】操作系统的发展及常用操作系统 → 【掌握】文件系统	
2.4	【熟记】Windows 7操作系统的基础知识 → 【熟记】Windows基本操作 → 【了解】Windows基本要素及文件（文件夹） → 【熟记】Windows 7系统设置及网络配置与应用 → 【熟记】系统维护与优化	
	重点：Windows 7的操作和设置	
	完成课后总复习，巩固学习成果 → 填写学习效果自评表，检测学习效果	

2.1 计算机硬件系统

计算机系统由硬件（Hardware）系统和软件（Software）系统两大部分组成。硬件系统主要包括运算器、控制器、存储器、输入设备、输出设备、接口和总线等，软件系统主要包括系统软件和应用软件。

2.1.1 计算机的硬件组成

计算机有运算器、控制器、存储器、输入设备和输出设备5个基本部件，以存储器为中心，其硬件系统的组成如图2-1所示。

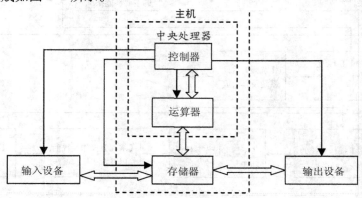

图2-1　计算机硬件系统的组成

计算机的基本工作原理是应用冯·诺依曼原理，将程序和数据都事先存放在计算机的存储器中，此后计算机在程序的控制下自动完成算术运算和逻辑运算。各部分的功能如下。

（1）运算器

运算器也称为算术逻辑部件（Arithmetic and Logic Unit，ALU），是执行各种运算的装置。主要功能是对二进制数码进行算术运算或逻辑运算。运算器由一个加法器、若干个寄存器和一些控制线路组成。

（2）控制器

控制器（Control Unit，CU）是计算机的神经中枢，指挥计算机各个部件自动、协调地工作。主要功能是按预定的顺序不断取出指令进行分析，然后根据指令要求向运算器、存储器等各部件发出控制信号，让其完成指令所规定的操作。

（3）存储器

存储器（Memory）是计算机中用来存放程序和数据的装置，它具备存储数据和取出数据的功能。存储器可分为两大类：一类是内部存储器，另一类是外部存储器。

请注意　存储数据是指向存储器里"写入"数据，取出数据是指从存储器里"读出"数据。读/写操作统称为对存储器的访问。

(4)输入/输出设备

输入设备(Input Device)的主要功能是把准备好的数据、程序、命令及各种信号信息转变为计算机能接受的电信号送入计算机。

输出设备(Output Device)的主要功能是将计算机处理的结果或工作过程按人们需要的方式输出。

下面具体介绍各种硬件设备。

> **学习提示**
> 【熟记】CPU 和存储的基本概念;ROM 和 RAM 的区别;磁盘存储容量计算公式;输入/输出设备的识别。

1 中央处理器

中央处理器(Central Processing Unit,CPU)(见图 2-2)是体积小、元器件集成度非常高、功能强大的芯片,故又称微处理器(Micro-Processor Unit,MPU)。它是计算机系统的核心,计算机所发生的全部动作都受 CPU 的控制。

CPU 在计算机中的地位类似于人的大脑,CPU 品质的高低直接决定计算机系统的档次高低。CPU 的性能指标主要有字长与主频。

CPU 主要由运算器和控制器两大部件组成,还包括若干个寄存器和高速缓冲存储器(Cache),它们通过内部总线连接。Cache 是为了解决 CPU 与内存(RAM)速度不匹配而设计的,一般在几十千字节到几百千字节之间,存取速度为 15~35ns。

图 2-2　INTEL 的 CPU

2 存储器

存储器(Memory)是存放程序和数据的部件,可存储原始数据、中间计算结果及命令等信息。下面先介绍与存储相关的两个概念。

存储地址	存储器是由许许多多个二进制位的线性排列构成的,为了存取到指定位置的数据,通常用 1B 作为一个存储单元,并给每个字节编上号码,这个号码称为该数据的存储地址(Address)
存储容量	存储器可容纳的二进制信息量称为存储容量。基本单位是 B,此外,还有 KB、MB、GB 和 TB

计算机的存储器可分为内部存储器(又称为主存储器,简称内存储器、内存或主存)和外部存储器(又称为辅助存储器,简称外存储器、外存或辅存)。

(1)主存储器

主存储器是用来暂时存放处理程序、待处理的数据和运算结果的主要存储器,直接和中央处理器交换信息,故称为主存,由半导体集成电路构成。

只读存储器 (ROM)	(1)特点 ● 其中的信息只能读出不能写入,且只能被 CPU 随机读取 ● 内容永久性,断电后信息不会丢失,可靠性高 (2)用途 主要用来存放固定不变的控制计算机的系统程序和数据,如常驻内存的监控程序、基本 I/O 系统、各种专用设备的控制程序和有关计算机硬件的参数表等 (3)分类 ● 可编程的只读存储器(PROM) ● 可擦除、可编程的只读存储器(EPROM) ● 掩模型只读存储器(MROM)

随机存取存储器（RAM）	(1) 特点 ● CPU 可以随时直接对其读写。当写入时，原来存储的数据被冲掉 ● 加电时信息完好，但断电后数据会消失，且无法恢复 (2) 用途 存储当前使用的程序、数据、中间结果及与外存交换的数据 (3) 分类 ● 静态 RAM(SRAM)：集成度低、价格高、存取速度快、不需刷新 ● 动态 RAM(DRAM)：集成度高、价格低、存取速度较慢、需刷新

（2）辅助存储器

在一个计算机系统中，除有主存储器外，一般还有辅助存储器，用于存储暂时不用的程序和数据。目前，常用的辅助存储器有硬盘、光盘和优盘，硬盘属于磁盘。下面简单介绍磁盘存储器和光盘存储器。

磁盘存储器	简称磁盘，它包括磁盘驱动器（由主轴与主轴电机、读写磁头、磁头移动和控制电路等组成）、磁盘控制器和磁盘片 3 部分

为了能在磁盘片上的指定区域读写数据，必须将磁盘划分为若干个有编号的区域。为此，将磁盘记录区划分为若干个记录信息的同心圆，称为磁道。

磁道编号	磁道从外向内依次编号，最外一条磁道为 0 磁道，里面的磁道编号依次递增
磁道、盘面、扇区的关系	每个磁盘片有两个盘面，每个盘面有多条磁道，每条磁道又分为若干扇区。扇区是磁盘存储数据的最小单位，一般每个扇区的容量是 512 字节

了解磁盘的结构之后，就不难理解磁盘容量的计算了。

磁盘的存储容量可用以下公式计算。

磁盘存储容量	磁盘存储容量 = 磁道数 × 扇区数 × 扇区内字节数 × 盘面数 × 磁盘片数

① 硬盘。硬磁盘简称硬盘，通常采用温彻斯特技术，故也称为温彻斯特盘（温盘）。硬盘的容量大、转速快、存取速度快，如图 2-3(a) 所示。

② USB 移动硬盘。USB 移动硬盘的优点是体积小、质量轻、容量大、存取速度快，可以通过 USB 接口即插即用，如图 2-3(b) 所示。

③ 优盘。又称 U 盘、拇指盘，如图 2-3(c) 所示。它是利用闪存（Flash Memory）在断电后还能保持存储的数据不丢失的特点制成的。其优点是质量轻、体积小、即插即用。优盘有基本型、增强型和加密型 3 种。

(a) 硬盘

(b) USB 移动硬盘

(c) 优盘

图 2-3　各类辅助存储器

④ 光盘。光盘（Optical Disk）是利用光学原理存储信息的圆盘，需要用光盘驱动器（简称光驱）来读写。根据存储容量的不同，光盘可分为 CD 光盘和 DVD 光盘两大类。

● CD 光盘：存储容量一般达 650MB，单倍速为 150Mbit/s。它还可以分为只读型光盘（CD - ROM）、一次性写入光盘（CD - R）和可擦除型光盘（CD - RW）。

● DVD 光盘：存储容量极大，120mm 的单面单层 DVD 盘片的容量为 4.7GB。DVD 光盘可以分为 DVD－ROM、DVD－R、DVD－RAM、DVD－Video、DVD－Audio 等。

③ 输入设备

输入设备是将原始信息（数据、程序、命令及各种信号）送入计算机的设备。微机常用输入设备的种类和功能如下。

（1）键盘

键盘是最常用、最基本的一种输入设备，用户通过按键将各种命令、程序和数据送入计算机。目前微机上比较流行的是 101 键的标准键盘。

键盘分为 4 个区域，各区域的功能说明如表 2-1 所示。

表 2-1　　　　　　　　　　4 个键盘区的功能说明

键盘区	功能说明
基本键盘区（主键盘）	键盘区下方面积较大的部分，共有 58 个键。含有 26 个英文字母键、数字键、标点符号键、特殊符号键、空格键"Space"、制表键"Tab"、大写锁定键"Caps Lock"、上挡键"Shift"、控制键"Ctrl"、换挡键"Alt"、回格键"BackSpace"、回车键"Enter"等
特殊功能键区	由键盘最上一行 12 个特殊功能键"F1"～"F12"、退出键"Esc"、打印屏幕键"Print Screen"、滚动锁定键"Scroll Lock"、暂停/中断键"Pause/Break"组成
编辑键与光标移动键区	位于键盘中间偏右部分，由上、下、左、右箭头 4 个键与插入键"Insert"、删除键"Delete"等组成
数字小键盘区	在键盘区右部，由数字锁定键"Num Lock"、光标移动/数字键、四则运算符号键、回车键"Enter"组成

键盘中的一些按键本身有特殊功能，也是我们经常用到的，下面进行简单的介绍，如表 2-2 所示。

表 2-2　　　　　　　　　　特殊功能键

按键	名称	说明
Esc	退出键	退出当前操作，或当前操作行的命令作废
Tab	制表键	默认定位 8 个字符，即按一次此键光标右移 8 个字符位的距离
Caps Lock	大写锁定键	这是一个开关键，一般开机后，按此键奇数次，指示灯亮，处于大写字母锁定状态，键入的字母为大写字符。若指示灯灭，则键入的字母均为小写字符
Shift	上挡键	键盘上有许多双字符，即键面上有两个字符，直接按这些键取键面标记的下部字符；按住"Shift"键再按这些键，则取键面标记的上部字符。另外用"Shift"键和字母键的组合，可以实现大小写之间的切换
Ctrl	控制键	与其他键组合出各种控制命令。在有些操作系统中，用户可自己定义
Alt	换挡键	与其他键组合出各种控制命令。在有些操作系统中，用户可自己定义
BackSpace	回格键	按一下光标退一个字符位，删除光标所在位置的前一个字符
Enter	回车键	一般用于结束一行命令或字符的输入，即不论光标在任何位置，按该键，则光标移至下一行行首
Space	空格键	键盘上最长的一个键，位于基本键盘区中下方，长条形，无符号。按一下，光标右移一位。注意按此键，光标右移，屏幕上虽然没有显示，但该空白处有字符——与其他字符等效的"空"符号
Print Screen	打印屏幕键	把屏幕当前显示的内容在已联机的打印机上打印出来

(续表)

按键	名称	说明
Insert	插入键	在光标所在位置插入
Delete	删除键	删除光标所在位置之后的字符。注意和"BackSpace"键区分
End	结束键	将光标移至本行最后一个字符位
Home	起始键	将光标移至本行第一个字符位
Page Up	上页(向上翻页)	将光标移至上一屏的同一位置
Page Down	下页(向后翻页)	将光标移至下一屏的同一位置
F1 ~ F12	定义函数功能键	"F1"~"F12"这些功能键可以由用户自行定义。一般大多数应用程序对它们都有定义,如"F1"键为帮助、"F2"键为保存等
Pause Break	暂停/中断键	—
Scroll Lock	滚动锁定键	—
↑、↓、←、→	方向键	控制光标上、下、左、右移动

(2) 鼠标

鼠标(Mouse)也是计算机常用的输入设备。它用来移动显示器上的鼠标指针选择菜单或单击按钮,向主机发出各种操作命令,是绘图的好帮手。

根据结构,鼠标可分为机械鼠标和光电鼠标两大类。机械鼠标通过一个橡胶滚动球把位置的移动转换为0/1信号。光电鼠标通过底部的一个光电检测器来确定位置,如图2-4所示。

(a) 机械鼠标　　　　　　　　　　　(b) 光电鼠标

图2-4　鼠标

(3) 其他输入设备

除键盘和鼠标外,输入设备还有扫描仪、条形码阅读器、光学字符阅读器(OCR)、触摸屏、手写笔、话筒和数码相机等。

4. 输出设备

输出设备将计算机处理和计算后所得的数据信息传送到外部设备,并转化成人们所需要的表示形式。在微机系统中,最常用的输出设备是显示器和打印机。有时根据需要还可以配置其他输出设备,如绘图仪等。

(1) 显示器

显示器(Monitor)又称监视器。它是计算机必不可少的外部设备之一,用于显示输出各种数据。

常用的显示器有阴极射线管显示器(CRT)和液晶显示器(LCD)两种,如图2-5所示。

显示器还必须配置显示适配器,简称显示卡,主要用于控制显示屏幕上字符与图形的输出。显示器主要参数有像素与点距、分辨率、尺寸等。

(a) CRT　　　　(b) LCD

图2-5　显示器

(2) 打印机

打印机是计算机的主要输出设备,它的种类和型号很多,按印字的方式可分为以下两大类。
- 击打式打印机:利用机械动作,将印字活字压向打印纸和色带进行印字。针式打印机属于击打式打印机,如图2-6(a)所示。
- 非击打式打印机:非击打式打印机是靠电磁的作用实现打印的。喷墨打印机[见图2-6(b)]、激光打印机[见图2-6(c)]、热敏打印机和静电打印机等都属于此类。喷墨打印机是应用最普遍的非击打式打印机。

(a)针式打印机　　　　(b)喷墨打印机　　　　(c)激光打印机

图 2-6　常用的打印机

(3)其他输出设备

其他输出设备还有绘图仪、声音输出设备(音箱或耳机)、视频投影仪等。

(4)其他输入/输出设备

目前,不少设备同时集成了输入/输出两种功能,如调制解调器、光盘刻录机等。

2.1.2　计算机的结构

计算机的结构反映了计算机各个组成部件之间的连接方式。

1 直接连接

运算器、存储器、控制器和外部设备4个组成部件之间的任意2个组成部件,相互之间基本上都有单独的连接线路。冯·诺依曼于1952年研制的计算机ISA基本上就采用了直接连接的结构。

2 总线结构

现代的计算机普遍采用总线结构。总线是一级连接各个部件的公共通信线,包括运算器、控制器、存储器和输入/输出设备之间进行信息交换和控制传递需要的全部信号。

图2-7所示的是微型计算机总线结构,系统总线把CPU、存储器、输入/输出设备连接起来,使微型计算机系统结构简洁、灵活、规范。

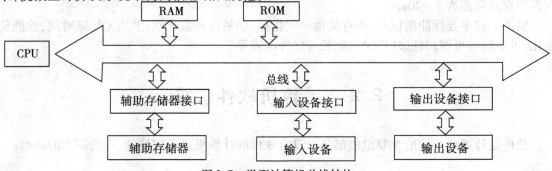

图 2-7　微型计算机总线结构

根据信号的性质,可以将总线分为以下 3 部分。
(1)数据总线

数据总线是在存储器、运算器、控制器和输入/输出设备部件之间传输数据信号的公共通路。数据总线的位数是计算机的一个重要指标,它体现了传输数据的能力,通常与 CPU 的位数相对应。

(2)地址总线

CPU 向主存储器和输入/输出设备接口传送地址信息的公共通路。由于地址总线传输地址信息,所以地址总线的位数决定了 CPU 可以直接寻址的内存范围。

(3)控制总线

控制总线是在存储器、运算器、控制器和输入/输出设备部件之间传输控制信号的公共通路。

2.1.3 计算机的主要性能指标

计算机的好与不好取决于其性能,但评价标准是什么呢?显然,评定一种计算机的优劣,不能只依据一两项指标,一般是需要综合考虑的。下面就介绍计算机的几项核心性能指标。

(1)字长

字长是指计算机 CPU 能够直接处理的二进制数据的位数。字长越长,运算精度越高,处理能力越强。

通常,字长总是 8 的整数倍,如 8 位、16 位、32 位、64 位等。

(2)时钟频率

时钟频率也叫主频,是指计算机 CPU 的时钟频率。一般主频越高,计算机的运算速度就越快。主频的单位为兆赫兹(MHz)或吉赫兹(GHz)。

(3)运算速度

通常所说的计算机的运算速度(平均运算速度),是指每秒所能执行的加法指令的条数。一般用百万次/秒来描述。它是用于衡量计算机运算速度快慢的指标。

(4)存储容量

存储容量分内存容量与外存容量。这里主要指内存容量。

内存容量越大,处理数据的范围就越广,运算速度一般也就越快,处理能力就越强。

(5)存取周期

存取周期是 CPU 从内存中存取数据所需的时间。存取周期越短,运算速度越快。目前,内存的存储周期为 7～70ns。

除了上述主要性能指标外,还有其他一些指标,如系统的兼容性、平均无故障时间、性能价格比、可靠性与可维护性、外部设备配置与软件配置等。

2.2　计算机软件系统

软件是计算机系统的重要组成部分。没有软件的计算机是不完整的、用处不大的机器。

2.2.1 程序设计语言

程序设计语言是用来编写计算机程序的,是人们与计算机交流的语言。按其指令代码的类型,程序设计语言可分为机器语言、汇编语言和高级语言。

1 机器语言

计算机的指令系统也称为机器语言。

机器语言具有以下主要特征:
- 它是计算机唯一能识别并且直接执行的语言;
- 每条指令是由0、1组成的一串二进制代码,可读性差、不易记忆;
- 用它编写的程序执行速度快,占用内存空间少;
- 编写程序难且繁,易出错,难调试、修改;
- 直接依赖于机器;
- 由于不同型号(或系列)计算机的指令系统不完全相同,故可移植性差。

总之,机器语言效率高,但不易掌握和使用。

2 汇编语言

用比较容易识别、记忆的助记符代替机器语言的二进制代码。这种符号化的机器语言叫作汇编语言,也称为符号语言。

汇编语言有以下主要特征:
- 指令一般采用相近英语词汇的缩写,如加法运算的指令为ADD(加),减法运算的指令为SUB(减);
- 在编写程序时,比指令编码容易记忆,出错时也容易修改;
- 汇编语言其实就是用代码表示的机器语言,同机器语言一样,都依赖于具体的机器;
- 计算机不能直接识别和执行汇编语言源程序,汇编语言源程序必须经过汇编过程翻译成机器语言程序(称目标程序),才能被执行。

3 高级语言

高级语言是接近于生活语言的计算机语言。常见的高级语言有BASIC语言、FORTRAN语言、C语言和Pascal语言等。和汇编语言源程序一样,高级语言源程序不能直接被计算机识别和执行,必须由翻译程序把它翻译成机器语言后才能被执行。

翻译程序按翻译的方法分为解释方式和编译方式两种。

(1) 解释方式

解释方式是在程序的运行中,将高级语言逐句解释为机器语言,解释一句,执行一句,所以运行速度较慢。例如BASIC源程序的执行就是采用这种方式。

(2) 编译方式

编译方式是用相应的编译程序先把源程序编译成机器语言的目标程序,再把目标程序和各种标准库函数连接装配成一个完整的可执行机器语言程序,然后执行。简单而言,一个高级语言源程序必须经过"编译"和"连接装配"两步后才能成为可执行的机器语言程序。

尽管编译的过程复杂一些,但它形成的可执行文件可以反复执行,速度较快。目前,常用的编译程序有C、C++、Visual C++、Visual Basic等高级语言。

2.2.2 软件系统的组成

软件系统是为运行、管理和维护计算机而编制的各种程序、数据和文档的总称。

1 系统软件

系统软件由一组控制计算机系统并管理其资源的程序组成,提供操作计算机最基础的功能。没有系统软件,就无法使用应用软件。

【熟记】软件的分类及其对应的例子。

常见的系统软件有操作系统、数据库管理系统、语言处理系统和服务性程序等。

(1) 操作系统

操作系统(Operating System,OS)是系统软件的重要组成和核心部分,是管理计算机软件和硬件资源、调度用户作业程序和处理各种中断,保证计算机各个部分协调、有效工作的软件。

操作系统通常包括5个功能模块:处理器管理、内存管理、信息管理、设备管理和用户接口。

根据功能和规模不同,操作系统可分为批处理操作系统、分时操作系统及实时操作系统等;根据同时管理的用户数不同,操作系统可分为单用户操作系统和多用户操作系统。其发展过程如下。

- 单用户操作系统。
- 批处理操作系统。
- 分时操作系统。
- 实时操作系统。
- 网络操作系统。
- 微机操作系统。

(2) 数据库管理系统

用户通常把要处理的数据按一定的结构组织成数据库文件,再由相关的数据库文件组成数据库。数据库管理系统(Data Base Management System,DBMS)就是对数据库完成建立、存储、筛选、排序、检索、复制、输出等一系列管理的计算机软件。例如,用于微型计算机里的小型数据库管理软件有 FoxPro、Visual FoxPro、Access 等,大型数据库管理软件有 Oracle、Sybase、DB2、Informix 等。

(3) 语言处理系统

目前,计算机程序是用接近生活语言源的计算机高级语言编写的,但计算机系统并不认识高级语言命令。高级语言源程序必须经过编译系统翻译成由0和1组成的机器语言后,才能被计算机识别和运行。因此,计算机要执行一种高级语言源程序,就必须配置该种语言的编译系统。FORTRAN、COBOL、PASCAL、C、BASIC、LISP 都是语言处理系统。

(4) 服务性程序

用于计算机的检测、故障诊断和排除的程序统称为服务性程序。例如,软件安装程序、磁盘扫描程序、故障诊断程序以及纠错程序等。

2 应用软件

应用软件是为解决某一具体问题而编制的程序。根据服务对象的不同,应用软件可以分为通用软件与专用软件。

(1) 通用软件

为解决某一类问题所设计的软件称为通用软件。例如以下软件。

- 针对文字处理、表格处理、电子演示、电子邮件收发等办公问题的办公软件(如 WPS、Microsoft Office 等)。
- 用于财务会计业务的财务软件。
- 用于机械设计制图的绘图软件(如 AutoCAD)。
- 用于图像处理的软件(如 Photoshop)。

(2)专用软件

专门适应特殊需求的软件称为专用软件。例如,用户自己组织人力开发的能自动控制车床,并能将各种事务性工作集成起来的软件。

2.3 操作系统简介

操作系统是人与计算机之间通信的桥梁,它直接运行在裸机上,是对计算机硬件系统的第一次扩充。只有在操作系统的支持下,计算机才能运行其他软件。用户可以通过操作系统提供的命令和交互功能实现各种访问计算机的操作。

2.3.1 操作系统的相关概念

【了解】操作系统的概念。

操作系统中的重要概念有进程、线程、内核态和用户态。

(1)进程

进程是程序的一次执行过程,是一个正在执行的程序,是系统进行调度和资源分配的一个独立单位。一个程序被加载到内存,系统就创建了一个进程,或者说进程是一个程序与其数据一起在计算机上顺利执行时所发生的活动。

为了提高 CPU 的利用率,为了控制程序在内存中的执行过程,就引入了"进程"的概念。

在 Windows、UNIX、Linux 等操作系统中,用户可以看到当前正在执行的进程。有时"进程"又称为"任务"。图 2-8 所示是 Windows 7 的任务管理器(按"Ctrl"+"Shift"+"Esc"组合键可打开该界面)。

图 2-8　Windows 7 的任务管理器

(2）线程

线程是"进程"中某个单一顺序的控制流，也被称为轻量进程，是 CPU 调度和分派的基本单位。线程基本不拥有系统资源，只拥有在运行中必不可少的资源，一个线程可以创建和撤销另一个线程，同一个进程中的多个线程之间可以并发执行。

CPU 是以时间片轮询的方式为进程分配处理时间的。计算机的多线程是指 CPU 会分配给每一个线程极少的运行时间，时间一到，当前线程就交出所有权，所有线程被快速地切换执行。因为 CPU 的执行速度非常快，所以在执行的过程中，用户认为这些线程是"并发"执行的。

(3）内核态和用户态

计算机的特权态即内核态，拥有计算机中所有的软硬件资源，普通态即用户态，其访问资源的数量和权限均受到限制。

由于内核态享有最大权限，其安全性和可靠性尤为重要。一般能够运行在用户态上的程序就让它在用户态中执行。

2.3.2 操作系统的功能

操作系统可以控制计算机上运行的所有程序并管理所有计算机资源，是底层的软件。

【了解】操作系统的功能。

安装操作系统管理的硬件资源有 CPU、内存、外存和输入/输出设备。操作系统管理的软件资源为文件。操作系统管理的核心就是资源管理，即有效地发掘资源、监控资源、分配资源和回收资源。

安装操作系统的目的有两个：首先是方便用户使用计算机，用户通过操作系统提供的命令和服务去操作计算机，而不必去直接操作计算机的硬件；其次，操作系统尽可能地使计算机系统中的各项资源得到充分、合理的利用。

操作系统提供了存储器管理、处理机管理、设备管理、文件管理和作业管理 5 个方面的功能。

任何一个需要在计算机上运行的软件都需要合适的操作系统支持，因此人们把基于操作系统的软件作为一个"环境"。不同的操作系统环境下的各种软件有不同的要求，并不是任何软件都可以随意地在计算机上被执行。例如 Microsoft Office 软件是 Windows 环境下的办公软件，它并不能运行于其他操作系统环境。

2.3.3 操作系统的发展

操作系统并不是与计算机硬件一起诞生的，它是人们在使用计算机的过程中，为了满足提高资源利用率、增强计算机系统性能两大需求，伴随着计算机技术本身及其应用的日益发展，而逐步地形成和完善起来的。

操作系统的发展大致经历了以下 6 个阶段。

第一阶段：人工操作方式（1946 年第一台计算机诞生至 20 世纪 50 年代中期）。

第二阶段：单道批处理操作系统（20 世纪 50 年代后期）。

第三阶段：多道批处理操作系统（20 世纪 60 年代中期）。

第四阶段：分时操作系统（20 世纪 70 年代）。

第五阶段：实时操作系统（20 世纪 70 年代）。

第六阶段:现代操作系统(20世纪80年代至今)。

2.3.4 常用操作系统简介

1 DOS

DOS(Disk Operating System)是Microsoft公司在20世纪70年代研制的配置在PC上的单用户命令行(字符)界面操作系统。DOS的特点是简单易学,硬件要求低,但存储能力有限,现已被Windows替代。

2 Windows

Microsoft公司的Windows操作系统是基于图形用户界面的操作系统。Microsoft公司从1983年开始开发Windows,并于1985年和1987年分别推出Windows 1.03版和2.0版,受当时硬件和DOS的限制,它们没有取得预期的成功。但Microsoft公司于1990年5月推出的Windows 3.0在商业上取得了惊人的成功,这是Microsoft公司在操作系统上垄断地位形成的开始。其后推出的Windows 3.1引入了TureType矢量字体,增加了对象链接和嵌入技术(OLE)以及多媒体支持,但此时的Windows必须运行于MS-DOS上,因此并不是严格意义上的操作系统。

Microsoft公司于1995年推出了Windows 95,它可以独立运行而无须DOS支持,Windows 95在Windows 3.1基础上做了诸多重大改进,包括支持网络和多媒体、支持即插即用(Plug and Play)、32位线性寻址的内存管理和良好的向下兼容性等。随后Microsoft公司又推出了Windows 98和网络操作系统Windows NT。

2000年,Microsoft公司发布的Windows 2000有Professional(专业版)及Server(服务器版)两大系列。Server系列包括Windows 2000 Server、Advanced Server和Data Center Server。2001年10月25日,Microsoft公司又发布了Windows XP,其中的XP是Experience(体验)的缩写。2003年,Microsoft公司发布了Windows 2003,增加了无线上网等功能。

2005年,Microsoft公司又发布了Vista(Windows 2005)。该产品对操作系统核心进行了全新修正,界面比以往的Windows操作系统有了很大的改进,设置也较为人性化,但是Vista存在的问题是兼容性较差,一些软件还不能运行。此外,硬件配置要求也比较高。

Windows 7主要围绕针对笔记本计算机的特有设计、基于应用服务的设计、用户的个性化、视听娱乐的优化、用户易用性的新引擎5个重点进行设计。

2011年,Microsoft公司向外界展示了Windows 8。2012年10月25日,Microsoft公司宣布将Windows 8 Metro界面正式改名为Windows UI。通过Windows 8,Microsoft公司对已经面市二十多年的Windows操作系统进行了重大调整。

2014年10月1日,Microsoft公司对外展示了新一代操作系统,将它命名为Windows 10。Windows 10在易用性和安全性方面有了极大的提升,除了针对云服务、智能移动设备等新技术进行融合,还对固态硬盘、高分辨率屏幕等硬件进行了优化完善与支持。

3 UNIX

UNIX是一种发展比较早的操作系统,在操作系统市场一直占有较大的份额。UNIX的优点是可移植性好,可运行于许多不同类型的计算机,可靠性和安全性较高,支持多任务、多处理、多用户、网络管理和网络应用;缺点是缺乏统一的标准,应用程序不够丰富并且不易学习,这些都限制了UNIX的普及应用。

4 Linux

Linux 是一种源代码开放的操作系统,用户可以通过 Internet 免费获取 Linux 及其生成工具的源代码,然后进行修改。

Linux 实际上是从 UNIX 发展起来的,与 UNIX 兼容,能够运行大多数的 UNIX 工具软件、应用程序和网络协议。Linux 还支持多任务、多进程和多 CPU。

Linux 版本众多,厂商们利用 Linux 的核心程序,加上外挂程序,就变成了现在的各种 Linux 版本。现在主要流行的版本有 Red Hat Linux、Turbo Linux 等。我国自主研发的有红旗 Linux、统信 UOS 和中标麒麟等。

5 OS/2

1987 年,IBM 在推出 PS/2 的同时,发布了为 PS/2 设计的操作系统——OS/2。在 20 世纪 90 年代初,OS/2 的整体技术水平超过了当时的 Windows 3.x,但因缺乏大量的应用软件支持而失败。

6 Mac OS

Mac OS 是在苹果公司的 Power Macintosh 机及 Macintosh 一族计算机上使用的操作系统。它是最早成功的基于图形用户界面的操作系统,具有较强的图形处理能力,因与 Windows 缺乏较好的兼容性影响了普及。

7 Novell NetWare

Novell NetWare 是一种基于文件服务和目录服务的网络操作系统,主要用于构建局域网。

2.3.5 文件系统

计算机是以文件(File)的形式组织和存储数据的。计算机文件是用户赋予了名字并存储在磁盘上的信息的有序集合。

在 Windows 中,文件夹是组织文件的一种方式,用户可以把同一类型或同一用途的文件保存在一个文件夹中,大小由系统自动分配。

1 文件的基本概念

(1)文件名

在计算机中,每一个文件都有文件名。文件名是存取文件的依据,即按名存取。文件名分为文件主名和扩展名两部分,如图 2-9 所示。一般来说,文件主名为有意义的词语或数字,以便用户识别。例如,Windows 中记事本的文件名为 Notepad.exe。

×××××××××××××××.×××
　　　文件主名　　　　　扩展名

图 2-9 文件名

不同操作系统的文件命名规则有所不同。Windows 是不区分大小写的,而 UNIX 的文件主名和扩展名是区分大小写的。

文件名中可以使用的字符包括汉字字符、26 个大小写英文字母、0~9 共 10 个阿拉伯数字和一些特殊字符。

文件名中不能使用的符号有 <、>、/、\、|、:、"、*、?。

不能使用的文件名还有 Aux、Com2、Com3、Com4、Con、Lpt1、Lpt2、Prn、Nul。因为系统已经对这些文件名进行了定义。

(2)文件类型

在绝大多数的操作系统中,文件的扩展名表示文件的类型,不同类型文件的处理方式是不同的。不同的操作系统中表示文件类型的扩展名并不相同,常见的文件扩展名及其含义如表 2-3 所示。

表 2-3　　　　　　　　　　　　文件扩展名及其含义

文件类型	扩展名	含义
可执行程序	exe、com	可执行程序文件
源程序文件	c、cpp	程序设计语言的源程序文件
目标文件	obj	源程序文件经编译后生成的目标文件
MS Office 文档文件	docx、xlsx、pptx	Microsoft Office 中 Word、Excel、PowerPoint 创建的文档
图像文件	bmp、jpg、gif	图像文件,不同的扩展名表示不同格式的图像文件
流媒体文件	wmv、rm	能通过 Internet 播放的流媒体文件,不需下载整个文件即可播放
压缩文件	zip、rar	压缩文件
音频文件	wav、mp3、mid	音频文件,不同的扩展名表示不同格式的音频文件
网页文件	html、asp	一般来说,前者是静态的,后者是动态的

一般来说,用户没有必要记住特定应用文件的扩展名。在进行文件保存操作时,软件通常会在文件主名后自动追加正确的文件扩展名。借助扩展名通常可以判定用于打开该文件的应用软件。

(3)文件属性

除文件名以外,文件还有文件大小、占用空间等文件属性。使用鼠标右键单击文件夹或文件对象,弹出图 2-10(a)所示的属性对话框,其属性如下。

①只读:设置为只读属性的文件只能被读取,不能被修改。

②隐藏:如果设置了隐藏属性,则隐藏的文件和文件夹是浅灰色的,一般情况下是不显示的。

③存档:任何一个新创建或修改的文件都有存档属性。例如,单击图 2-10(a)所示属性对话框中的"高级"按钮,会弹出图 2-10(b)所示的"高级属性"对话框。

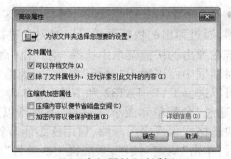

(a)文件属性对话框　　　　　　　　　　(b)"高级属性"对话框

图 2-10　文件属性

(4)文件名中的通配符

通配符是用来代表其他字符的符号,通配符有"?"和"*"两种。其中通配符"?"用来表示任意的一个字符,通配符"*"表示任意的多个字符。

（5）文件操作

一个文件中所存储的可能是数据，也可能是程序的代码，不同格式的文件通常都会有不同的应用和操作。常用的文件操作有建立文件、打开文件、写入文件、删除文件和属性更改等。

在 Windows 中，文件的快捷菜单中存放了有关文件的大多数操作，用户只需要使用鼠标右键单击，在弹出相应的快捷菜单中进行操作。

2 目录结构

（1）磁盘分区

一个新硬盘安装到计算机上后，往往要将磁盘划分成几个分区，即把一个磁盘驱动器划分成几个逻辑上独立的驱动器，如图 2-11 所示。磁盘分区被称为卷，如果不分区，则整个磁盘就是一个卷。

对磁盘实行分区的目的有两个：

● 硬盘容量很大，分区后便于管理；

● 不同分区内安装不同的系统，如 Windows 7、Linux 等。

在 Windows 中，一个硬盘可以分为磁盘主分区和磁盘扩展分区（也可以只有一个主分区），扩展分区可以分为一个或几个逻辑分区。每一个主分区或逻辑分区就是一个逻辑驱动器，它们各自的盘符如图 2-11 所示。

磁盘分区后还不能直接使用，必须进行格式化。格式化的目的：

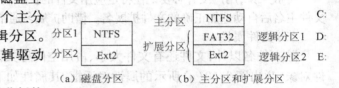

图 2-11 磁盘分区

● 把磁道划分成一个个扇区，每个扇区大多占 512 字节；

● 安装文件系统，建立根目录。

为了管理磁盘分区，系统提供了以下两种启动计算机管理程序的方法。

● 使用鼠标右键单击桌面上"计算机"图标，再选择"管理"命令。

● 选择"开始"→"控制面板"→"系统和安全"→"管理工具"→"计算机管理"命令。

在 Windows 7 中，有以下两种方法可以对卷进行管理。

● 在安装 Windows 7 时，可以通过安装程序来建立、删除或格式化磁盘主分区或逻辑分区。

● 在"计算机管理"窗口中，对磁盘分区进行管理，如图 2-12 所示。使用鼠标右键单击某驱动器，通过弹出的快捷菜单可以对磁盘进行操作。

若在弹出的快捷菜单中选择"格式化"命令，则打开"格式化 H:"对话框，如图 2-13 所示。在该对话框中可以输入"卷标"名称，即为格式化后的磁盘重新命名；通过"文件系统"下拉列表框可以选择 FAT、FAT32 和 NTFS 等 3 种文件系统格式，通常 NTFS 文件系统的磁盘性能更强大；通过"分配单元大小"下拉列表框可以选择实际需要的分配单元大小，还可以选择是否使用快速格式化或启用压缩，启用压缩能节省磁盘空间，但是磁盘访问速度会降低。参数设置完成后，单击"确定"按钮，系统再一次警告"格式化会清除该卷上的所有数据"。单击"确定"按钮，开始格式化磁盘。

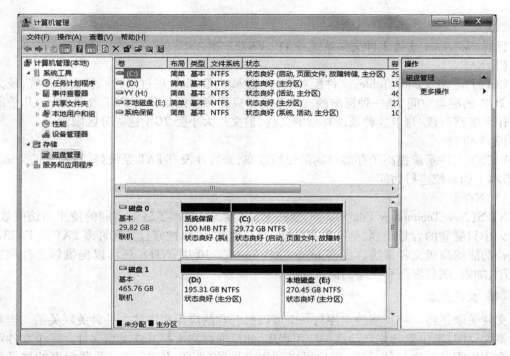

图 2-12 "计算机管理"窗口

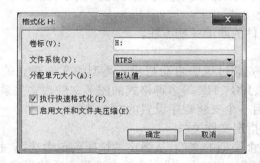

图 2-13 "格式化 H:"对话框

(2) 目录结构

一个磁盘上的文件成千上万,如果把所有文件都存放在根目录下,势必会造成许多不便。用户可以在根目录下建立子目录,在子目录下建立更低一级的子目录,形成树状的目录结构,然后将文件分类存放到目录中。这种目录结构像一棵倒置的树,树根为根目录,树中每一个分支为子目录,树叶为文件。同名文件可以存放在不同的目录中,但不能放在同一目录中。

(3) 目录路径

当一个磁盘的目录结构被建立后,所有的文件可以分门别类地存放在所属的目录中,若要访问不同目录下的文件,则需要通过目录路径来访问。

目录路径有两种:绝对路径和相对路径。

- 绝对路径:从根目录开始,依序到该文件之前的路径名称。
- 相对路径:从当前目录开始到某个文件之前的路径名称。

3. Windows 文件系统

目前,Windows 支持 3 种文件系统:FAT、FAT32 和 NTFS。

(1) FAT

FAT(File Allocation Table,文件配置表)是由 MS-DOS 发展过来的一种文件系统,最大可管理 2GB 的磁盘空间,是一种标准的文件系统。只要将分区划分为 FAT 文件系统,几乎所有的操作系统都可读/写以这种系统存储的文件,但文件大小受 2GB 这一分区限制。

(2) FAT32

FAT32 文件系统提高了存储空间的使用效率,兼容性没有 FAT 系统好,只能通过 Windows 9X 版本上的系统进行访问。

(3) NTFS

NTFS(New Technology File System,新技术文件系统)兼顾了磁盘空间的使用与访问效率,文件大小只受卷的容量限制,是一种高性能、安全性高、可靠性好且具有许多 FAT 或 FAT32 所不具备功能的高级文件系统。在 Windows XP/Vista/7/10 中,NTFS 还可以提供如文件和文件夹权限、加密、磁盘配额和压缩的高级功能。

4. 文件关联

文件关联是将一种类型的文件与一个可以打开它的应用程序建立一种关联关系。当双击该类型文件时,系统就会先启动这一应用程序,然后通过它来打开该类型文件。一个文件可以与多个应用程序发生文件关联,用户可以利用文件的"打开方式"进行关联程序的选择。例如,BMP 文件在 Windows 中的默认关联程序是"画图"程序,当用户双击 BMP 文件时,系统会启动"画图"程序打开这个文件。

下面具体介绍设置文件关联的一些方法。

(1) 安装新应用程序

大部分应用程序会在安装过程中自动与相关类型的文件建立关系,如 ACDSee 图片浏览程序通常会与 BMP、GIF、JPG、TIF 等多种格式的图形文件建立关系。

注意:系统只确认最后一个安装程序设置的文件关联。

(2) 利用"打开方式"指定文件关联

使用鼠标右键单击某个类型的文件,从弹出的快捷菜单中选择"打开方式"→"选择程序"命令,弹出"打开方式"对话框。在"程序"列表框中选择合适的程序,如果同时勾选下方的"始终使用选择的程序打开这种文件"复选框,单击"确定"按钮后,该类型文件就与程序重新建立默认关联,即当双击此类文件时,将自动启动相关联的程序来打开这类文件。否则,系统只是这一次用该程序打开文件,即一次性关系。

2.4 Windows 7 操作系统

计算机从最初为解决复杂数学问题而发明的计算工具到今天成为比较全能的信息处理设备,已经深深地影响着人们的生活。很难想象,如果没有计算机,世界将变成什么样。在操作系统市场,Windows 操作系统占据近 90% 的份额,其中,Windows 7 是 Microsoft 公司推出的 PC 操作系统,它的市场份额已经超过 50%。

2.4.1 初识 Windows 7

Windows 7 在硬件性能要求、系统性能、可靠性等方面，都颠覆了以往的 Windows 操作系统，是继 Windows 95 以来 Microsoft 公司的另一个非常成功的产品。

Windows 7 可以在现有计算机平台上提供出色的性能体验，1.2GHz 双核处理器、1GB 内存、支持 WDDM 1.0 的 DirectX 9 显卡就能够让 Windows 7 顺畅地运行，并满足用户日常使用需求，它对硬盘空间的占用是 Windows Vista 的 2/3，因此用户就更容易接受。虽然 Windows 7 可以在低配置或较早的平台中顺畅运行，但这并不代表 Windows 7 缺少对新兴硬件的支持。

Windows 7 是第二代具备完善 64 位支持的操作系统，面对配备 8～12 GB 物理内存、多核多线程处理器，Windows XP 已无力支持，Windows 7 全新的架构可以将硬件的性能发挥到极致。

1 易用性

在 Windows 7 中，一些运用多年的基本操作方式已经得到了彻底的改进。例如任务栏、窗口控制方式的改进，半透明的 Windows Aero 外观，为用户带来了新的操作体验。

（1）全新的任务栏

Windows 7 全新的任务栏融合了快速启动栏的特点，每个窗口对应的任务按钮图标都能根据用户的需要随意排序，单击 Windows 7 任务栏中的任务按钮就可以方便地预览各个窗口内容，并进行窗口切换，或者当鼠标指针掠过图标时，各图标会高亮显示不同的色彩，其颜色根据图标本身的色彩而定，如图 2-14、图 2-15 所示。

图 2-14 移动任务按钮

图 2-15 单击任务按钮

（2）任务栏窗口动态缩略图

通过任务栏应用程序对应的窗口动态缩略预览图标，用户可以轻松地找到需要的窗口。

（3）自定义任务栏通知区域

在 Windows 7 中自定义任务栏通知区域图标非常简单，只需要通过鼠标指针的简单拖动就可以隐藏、显示和对图标进行排序。

（4）快速显示桌面

固定在屏幕右下角的"显示桌面"按钮可以让用户轻松返回桌面，当鼠标指针悬停在该图标上时，所有打开的窗口都会透明化，这样可以快捷地浏览桌面，单击该按钮就会切换到桌面，如图 2-16 所示。

图 2-16 显示桌面

2 硬件基本要求

①1GHz 或更快的 32 位（x86）或 64 位（x64）处理器。
②1GB 物理内存（32 位）或 2GB 物理内存（64 位）。
③16GB 可用硬盘空间（32 位）或 20GB 物理内存（64 位）。
④DirectX 9 图形设备（WDDM 1.0 或更高版本的驱动程序）。
⑤屏幕纵向分辨率不低于 768 像素。

2.4.2 Windows 7 操作系统版本简介

Windows 7 操作系统是 Microsoft 开发的操作系统,核心版本号为 Windows NT 6.1。Windows 7 可供家庭及商业工作环境、笔记本计算机、平板计算机、多媒体中心等使用。

Windows 7 共有 6 个版本。

(1) Windows 7 Starter(初级版):这是功能最少的版本,缺乏 Aero 特效功能,没有 64 位支持,也没有 Windows 媒体中心和移动中心等,对更换桌面背景有限制。它主要用于类似上网本的低端计算机,通过系统集成或者 OEM 计算机上预装获得,并限于某些特定类型的硬件。

(2) Windows 7 Home Basic(家庭普通版):这是简化的家庭版,支持多显示器,有移动中心,限制部分 Aero 特效,没有 Windows 媒体中心,缺乏 Tablet 支持,没有远程桌面,只能加入但不能创建家庭网络组(Home Group)等。

(3) Windows 7 Home Premium(家庭高级版):面向家庭用户,满足家庭娱乐需求,包含所有桌面增强和多媒体功能,如 Aero 特效、多点触控功能、媒体中心、建立家庭网络组、手写识别等,不支持 Windows 域、Windows XP 模式、多语言等。

(4) Windows 7 Professional(专业版):面向软件爱好者和小企业用户,满足办公开发需求,包含加强的网络功能,如活动目录和域支持、远程桌面等,另外还有网络备份、位置感知打印、加密文件系统、演示模式、Windows XP 模式等功能。64 位可支持更大的内存(192GB)。

(5) Windows 7 Enterprise(企业版):面向企业用户的高级版本,满足企业数据共享、管理、安全等需求。其包含多语言包、UNIX 应用支持、BitLocker 驱动器加密、分支缓存(BranchCache)等,通过与 Microsoft 公司有软件保证合同的企业进行批量许可出售。

(6) Windows 7 Ultimate(旗舰版):拥有所有功能,与企业版基本是相同的产品,仅仅在授权方式及其相关应用及服务上有区别,面向高端用户和软件爱好者。专业版用户和家庭高级版用户可以付费通过 Windows 随时升级(WAU)服务升级到旗舰版。

Windows 7 采用的是 Windows NT 6.1 的核心技术,具有运行可靠、稳定而且速度快的特点,外观也焕然一新,用鲜艳的色彩基调,使用户有良好的视觉享受。Windows 7 系统还增强了多媒体性能,使媒体播放器与系统完全融为一体,用户无须安装其他多媒体播放软件就可以播放和管理各种格式的音频和视频文件。Windows 7 增加了众多的新技术和新功能,使用户能轻松地完成各种管理和操作。

下面讲解 Windows 7 中文版操作系统的基础操作。为方便讲述,以下 Windows 均指 Windows 7。

2.4.3 Windows 基础操作与基本术语

1 安装、启动和退出 Windows

(1) Windows 7 的安装

安装 Windows 7 可以通过多种方式进行,通常使用光盘安装法、模拟光驱安装法、硬盘安装法、优盘安装法、软件引导安装法、VHD 安装法 6 种方式。Windows 7 内置了高度自动化的安装程序向导,使整个安装过程变得简便、易操作。用户只需输入少量的个人信息,按安装程序向导的提示即可成功安装 Windows 7。

（2）Windows 的启动

开机后，计算机会启动 Windows，屏幕上显示图2-17所示的 Windows 桌面。

图 2-17　Windows 启动后的桌面

Windows 的桌面占满整个屏幕，这是进入 Windows 后供用户操作的第一个界面，在 Windows 下进行的工作都要由此开始。

（3）Windows 的退出

如果想结束本次 Windows 操作，就需要退出 Windows。正常退出 Windows 的操作步骤如下。

步骤　单击"开始"按钮 ，再单击 关机 按钮，如图2-18 所示。

图 2-18　退出 Windows 的步骤

　请注意　通常不要直接关闭计算机的电源，否则很可能造成数据丢失、计算机硬件被破坏等后果。正确的做法是先通过以上方法关闭 Windows 系统，然后关闭显示器和其他设备，最后拔掉电源。

45

如果有文档在退出 Windows 之前没有保存,Windows 的安全关闭功能会提示用户保存文档,如图 2-19 所示。单击 保存(S) 按钮保存修改,防止数据丢失。

图 2-19　提示保存修改

2　Windows 的基本术语

下面简要介绍 Windows 中的基本术语,后面的章节还会进行详细的介绍。

（1）应用程序与文档

应用程序与应用软件不是同一概念,它是指一个完成指定功能的计算机程序。

文档是由应用程序所创建的任何一组相关信息的集合,是包含格式和内容的文件。例如,用于文字处理的 Microsoft Word 就是一个应用程序,用它制作的一份简历就是一个文档。

（2）文件与文件夹

文件是一组信息的集合,可以是文档、应用程序,还可以是快捷方式,甚至是设备。例如,存储在计算机中的一篇文章、一首歌曲、一部电影,其实就是一个个文件。Windows 中几乎所有信息都是以文件的形式存储在计算机中的。

文件夹是组织文件的一种方式,用来存放各种不同类型的文件,还可以包含下一级文件夹。文件夹和文件的关系好比房子与房子里的东西,房子就相当于一个大文件夹,它包括几间小屋子（文件夹）,小屋里有柜子,柜子里有箱子,箱子里有盒子……这里的柜子、箱子和盒子都相当于文件夹,文件夹存在的目的就是存放文件。

（3）图标

Windows 操作系统是一种图形操作系统,图标是 Windows 中各种元素的图形标记。图标的下面通常配以文字说明,如标记对象的名称。被选定或处于激活状态的图标颜色会变深,其文字说明会悬浮在鼠标指针下方显示。

对图标进行操作就是对对象本身进行操作,双击图标可以打开相应的窗口。

（4）快捷方式

快捷方式是指向对象（系统直接管理的各种资源,包括文件、文件夹、程序、设备等）的指针,快捷方式文件内存放着它所指向对象的指针信息。

快捷方式图标类似其链接对象的图标,只是左下角多了一个小黑箭头。双击快捷方式图标,系统会启动相应的应用程序,或打开对应的文件或文件夹。

（5）桌面

桌面相当于办公桌,是平时的工作平台。桌面是指 Windows 所占据的屏幕空间,也可以理解为窗口、图标、对话框等工作项所在的屏幕背景。

（6）窗口

如果说桌面是工作平台,那窗口就是为某一项工作而设置的"小工作平台"。Windows 特点之一就是窗口操作。

（7）菜单

菜单就像"菜谱"一样,为 Windows 提供了丰富的"菜肴"——菜单命令。菜单主要有开始菜单、下拉菜单和快捷菜单 3 种。

（8）对话框

对话框是向系统传达命令，系统反馈信息的"传令官"。对话框包含的元素有文本框、单选按钮、复选框、列表框、微调框、命令按钮等。

（9）选定

选定一个对象通常是指对该对象做标记而不产生任何动作。

（10）组合键

2个或3个键组合在一起使用，通常用"+"连接各键。如按"Ctrl"+"C"组合键时，先按住"Ctrl"键不放，再按"C"键，然后同时放开。

2.4.4 Windows 的基本要素

我们已经掌握了一些 Windows 最基础的操作与术语，下面将具体介绍 Windows 的基本要素，如桌面、窗口、对话框、菜单等，并介绍它们的简单操作方法。

1 桌面

桌面是 Windows 开始工作的地方，也是工作完成后返回的地方。下面介绍 Windows 的桌面。

（1）桌面图标

Windows 桌面上的图标一部分是安装 Windows 后自动出现的，另一部分是安装其他软件时自动添加的。当然，用户也可以添加自己的图标。常见的 Windows 桌面上的主要图标及其功能如表 2-4 所示。

表 2-4　　　　　　　　Windows 桌面上的主要图标及其功能

图标	项目名称	功能
	Administrator	存放用户在 Windows 中创建的文档文件，如文档、图形、表单和其他文件
	计算机	用于查看并管理计算机内的一切软件、硬件资源程序
	网络	用于查看网络上的其他计算机
	回收站	用于存放被删除的文件和删除后未被恢复的文件（前一个图标表示回收站是空的，后一个图标表示回收站内有文件）
	Internet Explorer	启动网页浏览器，它是由操作系统自动添加到桌面上的

如果想恢复系统默认的图标，可执行下列操作。

①使用鼠标右键单击桌面，在弹出的快捷菜单中单击"个性化"命令。

②在弹出的对话框中单击"更改桌面图标"。

③弹出"桌面图标设置"对话框，如图 2-20 所示。

④在"桌面图标"选项组中勾选"计算机""回收站"等复选框，单击"确定"按钮，返回"个性化"对话框。

⑤关闭"个性化"对话框，这时就可以看到系统默认的图标了。

如果需要调整桌面图标的位置，可在桌面的空白处使用鼠标右键单击，在弹出的快捷菜单中选择"排序方式"命令，在弹出的子菜单中包含多种排列方式，如名称、大小、项目类型和修改日期等，如图 2-21 所示。

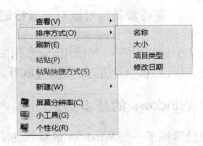

图 2-20 "桌面图标设置"对话框　　　　图 2-21 "排序方式"命令

（2）任务栏

顾名思义,任务栏就是管理一个个"任务"的工具。任务栏位于桌面底行,由图 2-22 所示的各部分组成。

图 2-22 Windows 的任务栏

● "开始"按钮：单击它可以打开"开始"菜单。

● 快速启动栏：放置着最常用的快捷方式,它们"随时待命"准备"执行任务"。用户也可以将自己常用的快捷方式拖动到这里。

● 任务按钮：表示正在运行的程序。处于按下状态的代表前台活动的程序。凡是正在运行的程序,任务栏上都有相应的按钮,而关闭程序后,相应任务按钮也随之消失。可单击某个任务按钮切换程序。

● 系统托盘：存放系统开机状态下常驻内存的一些程序,如音量控制按钮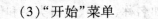、输入法按钮及系统时钟等。

用户可以对任务栏进行一些简单调整。

①改变任务栏的大小。

将鼠标指针指向任务栏的边框处,当鼠标指针变为双向箭头形状时,拖动鼠标指针即可调整任务栏的大小。

②移动任务栏的位置。

将鼠标指针指向任务栏的空白处,拖动鼠标指针出现虚线框,将其拖动到指定位置(任务栏只能处于桌面左右两侧或上下两端)后,松开鼠标左键即可。

注意：在对任务栏进行调整之前,需要解除"锁定任务栏"命令。具体操作方式：使用鼠标右键单击任务栏,在弹出的快捷菜单中取消"锁定任务栏"命令的选择,如图 2-23 所示。

（3）"开始"菜单

"开始"菜单包括 Windows 所有的命令,可谓功能强大。要

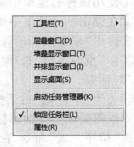

图 2-23 解除"锁定任务栏"命令

执行一个菜单命令,必须打开层层的级联菜单,如打开"录音机"程序的操作方式:单击"开始"→"所有程序"→"附件"→"录音机"命令,如图2-24所示。

图 2-24　打开 Windows 的"录音机"程序

如何打开、关闭"开始"菜单呢?

①打开"开始"菜单的3种方法。

方法 1:单击"开始"按钮　。

方法 2:按"Windows 徽标"键　。

方法 3:按"Ctrl"+"Esc"组合键。

②关闭"开始"菜单的3种方法。

方法 1:再次单击"开始"按钮　。

方法 2:单击桌面上"开始"菜单以外的任意位置。

方法 3:按"Esc"键。

如果需要改变"开始"菜单的样式时,可使用鼠标右键单击任务栏的空白处,或者单击"开始"按钮　,在弹出的快捷菜单中选择"属性"命令,打开"任务栏和「开始」菜单属性"对话框,在"「开始」菜单"选项卡中选择自己需要的菜单样式。

2　窗口

在 Windows 操作系统中,窗口是最具特色、使用最频繁的要素。"窗口"这个要素不仅常出现在 Windows 中,在 Windows 环境下的其他应用软件中也会大量出现。

(1)窗口的类型

Windows 中有各式各样的窗口,包含的内容也不尽相同。窗口主要分为以下两种类型。

● 文档窗口:出现在相应的应用程序窗口中,共享应用程序的菜单栏。文档窗口有自己的标题栏,它最大化时将共享应用程序的标题栏。

● 应用程序窗口:表示一个正在运行的程序。应用程序窗口可以含有多个文档窗口。

(2) 窗口的组成

虽然不同应用程序所打开的窗口会有些差异,但窗口的组成大同小异。以文件夹窗口为例,窗口的组成如图 2-25 所示。

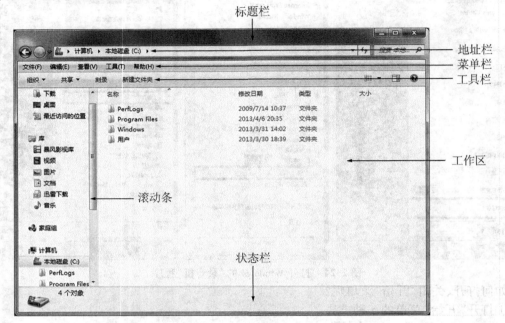

图 2-25　窗口的组成

窗口中各组成要素介绍如下。

① 标题栏。

标题栏位于窗口最上边,标题栏最右边是窗口的"最小化"按钮、"最大化"按钮(或"还原"按钮)和"关闭"按钮。

② 地址栏。

地址栏是一个下拉列表框,其中显示的是当前的文件路径。打开此下拉列表框,可以从中选择所需的文件夹。

③ 菜单栏。

菜单栏位于地址栏下方,其中列出了可选用的菜单项。单击它们可显示应用程序提供的菜单命令。

④ 工具栏。

工具栏位于菜单栏之下,一般是可选的,用户可通过"查看"菜单选择显示或关闭工具栏。工具栏中的每一个小图标对应下拉菜单中的一个常用命令,有些窗口有多个工具栏。

⑤ 工作区。

工作区是用户完成操作任务的区域。

⑥ 滚动条。

当窗口无法显示所有内容时,窗口的右边框(或下边框)就会出现一条垂直(或水平)的滚动条,使用滚动条可以查看刚才看不到的内容。

⑦ 状态栏。

状态栏位于窗口底端,显示与当前操作、当前系统状态有关的信息。与工具栏一样,可在

"查看"菜单中选择是否显示它。

(3)窗口的操作

①打开窗口。

方法1:选定要打开的窗口图标,然后双击它。

方法2:在选定的图标上使用鼠标右键单击,在弹出的快捷菜单中选择"打开"命令,如图2-26所示。

②查看窗口的内容。

当窗口中的文本、图形或图标占据的空间超过显示的窗口空间时,窗口的下边框和(或)右边框会出现滚动条。使用滚动条可以方便地查看窗口中的所有内容。

使用以下方法可以查看窗口中没有显示部分的内容。

方法1:单击滚动条两端的"向下滚动"按钮▼或"向上滚动"按钮▲,使窗口的内容向上或向下滚动一行,可查看没有显示的内容。

图2-26 选择"打开"命令

方法2:按住鼠标左键拖动滑块,可以快速地滚动窗口内容。

方法3:单击滚动条中没有滑块的位置来滚动窗口内容。每单击一次,可移动一屏窗口的内容。

请注意 在滚动查看窗口内容时,滑来滑去的矩形块就是滑块。滑块的大小由当前屏的内容在整个窗口内容中的比例决定。

③移动窗口的位置。

同时打开了多个窗口时,可能需要移动一个或多个窗口,为桌面上的其他工作留出空间。可以使用鼠标或键盘来移动窗口。这里重点介绍使用鼠标移动窗口的方法。将鼠标指针移到标题栏上,按住鼠标左键不放,拖动鼠标指针,将窗口拖到新的位置。

④调整窗口的大小。

方法1:可以单击位于窗口标题栏右边的 ▬ 按钮、▢ 按钮和 ▢ 按钮,也可以使用控制菜单中的"最小化""最大化""还原"命令,它们的功能是等效的。

● "最大化"命令:将窗口放大到填满整个屏幕,以显示出窗口中更多内容。

● "最小化"命令:将窗口缩小为任务栏中的一个任务按钮,暂时不使用又不想关闭该窗口时使用。

● "还原"命令:使窗口返回到被最大化之前的尺寸。

当窗口为全屏幕尺寸时,▬ 按钮和 ▢ 按钮都可以使用;当窗口是其他尺寸时,标题栏中显示的是 ▢ 按钮而不是 ▢ 按钮。

方法2:拖动窗口的边框,可以任意调整窗口的大小。当将鼠标指针移动到窗口四周的边框上时,指针会变为双向箭头形状,此时按住鼠标左键拖动就可以调整窗口的大小;当鼠标指针指向窗口的右下角图标 时,鼠标指针也会变为双向箭头形状,拖动它可以同时调整窗口的宽与高。

⑤窗口间的切换。

Windows能同时打开多个应用程序。每个应用程序启动后,任务栏中会相应地打开一个代表该应用程序的按钮。当多个应用程序窗口在Windows桌面上打开时,一般来说,在最上面的窗口(或标题栏颜色较深的窗口)为当前应用程序窗口,并且它在任务栏上的任务按钮是处于按下状态的。可以通过下列方法切换窗口。

方法1:单击所要切换窗口中的任意位置。

方法2:单击所要切换窗口在任务栏中的相应任务按钮。

方法3:反复按"Alt"+"Tab"组合键或"Alt"+"Esc"组合键可以切换应用程序窗口,反复按"Ctrl"+"F6"组合键可以切换文档窗口。

⑥排列窗口。

Windows提供了层叠窗口、横向平铺窗口和纵向平铺窗口3种排列窗口的方式,如图2-27所示。

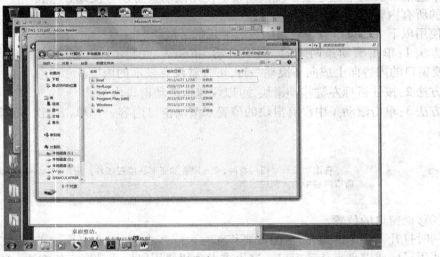

(a)层叠窗口

(b)横向平铺窗口

图2-27 3种排列窗口的方式

（c）纵向平铺窗口

图 2-27　3 种排列窗口的方式（续）

改变 Windows 窗口排列方式的方法：使用鼠标右键单击任务栏上的空白位置，弹出一个快捷菜单，选择"层叠窗口""横向平铺窗口""纵向平铺窗口"3 个命令中的一个，改变已打开窗口的排列方式。

⑦关闭窗口。

使用完一个窗口后，应立即关闭它。这可以加速 Windows 的运行，节省内存，并保持桌面整洁。

方法 1：单击窗口中的 ❌ 按钮。

方法 2：双击窗口中的控制图标。

方法 3：单击标题栏中的控制图标，打开本窗口的控制菜单，单击"关闭"命令。

3　对话框

对话框也是一种窗口，但它比较特殊。执行命令时，如果 Windows 需要用户提供更详细的操作数据，就会打开一个对话框，与用户进行交互操作。对话框是由一些特殊的要素组成的，下面就来介绍这些要素。

（1）标题栏

标题栏位于对话框的最上方，系统默认是深蓝色，左侧标明了对话框的名称，右侧有"关闭"按钮，有的还有"帮助"按钮。

（2）文本框

在文本框中输入数据，就可以将该数据传递给 Windows，如图 2-28 所示。

（3）列表框

Windows 已经将可以输入的数据种类整理好，将结果放在列表框中，用户可以直接选择，如图 2-29 所示。

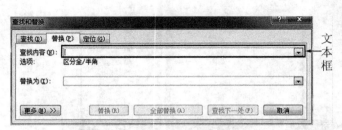

图 2-28　文本框示例　　　　图2-29　列表框示例

（4）单选按钮

单选按钮就是多个选项中一次只能选择一个且必须选一个的按钮。 状态表示选中此按钮， 状态表示未选中此按钮。

（5）复选框

复选框就是在多个选项中可以同时选择多个的按钮，所选择的选项的功能是相加的。选择 按钮后，按钮变成 状态，再次单击 按钮就表示取消选择此选项。

（6）选项卡

以"文件夹选项"对话框为例，它是由3个页面组成的，每一个页面就是一个对话框，只不过 Windows 将它们重叠放在一起而已。这类多页对话框的每一个页面上都有自己的选项卡，只要在该页面的选项卡上单击，就可以显示该页内容。

（7）命令按钮

对话框中的每个按钮都对应着某项功能，按钮上标明该按钮的作用，单击相应的按钮可以执行相应的操作，如退出对话框（单击"关闭"按钮）、确认在对话框中所做的操作（单击"确定"按钮）、取消对话框中所做的操作（单击"取消"按钮）等。

"文件夹选项"对话框中的主要要素如图 2-30 所示。

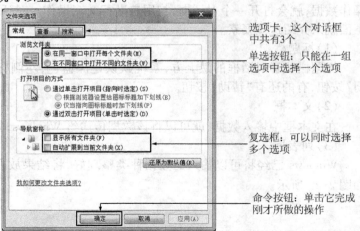

图 2-30　"文件夹选项"对话框

4 菜单

(1) 菜单的标记约定

菜单中的特殊标记代表不同的含义，如图2-31所示。

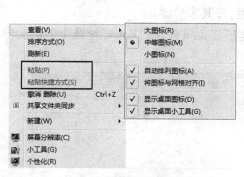

(a) 菜单的标记　　　　　　　　(b) "复制到文件夹"命令

图2-31　菜单中的特殊标记

① 暗淡的命令：表示该菜单命令当前不可用，如图2-31(a)所示的"粘贴"和"粘贴快捷方式"命令。

② 前有复选标记（☐）：出现在菜单命令前的复选标记表示这是一个开关式的切换命令。☑ 表示该命令处于开启状态。

③ 前有单选标记点（●）：表示当前选项是同组选项中的排他性选项，如图2-31(a)所示的"大图标""中等图标""小图标"命令，只能选其中的一个且必须选一个命令，当前选中的是"中等图标"查看方式。

④ 括号内的字母：它是该菜单命令的字母键。在鼠标指针指向该命令所在菜单的同时按字母键，会执行该菜单命令。

⑤ 后带省略号(…)：表示选择这样一个菜单命令后会打开一个对话框，要求输入必需的信息。如果选择图2-31(b)所示的"复制到文件夹"命令，则会打开"复制项目"对话框。

⑥ 后带有组合键：表示按该组合键，可以不打开菜单而直接执行该菜单命令。如图2-31(a)所示的"撤销删除"命令的组合键是"Ctrl"+"Z"，在不打开此菜单的情况下，按该组合键可直接执行"撤销删除"命令。

⑦ 后带三角形(▶)：表示该菜单命令有一个级联菜单，指向它会弹出下一级菜单。如图2-31(a)所示的"查看"命令，它打开了下一级菜单。

⑧ 向下的双箭头：菜单中有许多命令没有显示，会出现一个双箭头，单击它会显示所有菜单命令。

(2) 打开菜单

在Windows中，菜单有"开始"菜单、菜单栏的下拉菜单和对象的快捷菜单3种。它们各有各的打开方式,且通常都有多种打开方式,前面已经介绍了"开始"菜单的打开方式,下面介绍其他两种菜单的打开方式。

①打开下拉菜单。

方法1:单击菜单栏上相应的菜单名。

方法2:按"Alt"+字母组合键。

方法3:按"Alt"键或"F10"键激活菜单栏,按其字母键。

方法4:激活菜单栏,用左、右箭头键选定所需菜单名,按"Enter"键或上下箭头键。

下拉菜单如图2-32所示。

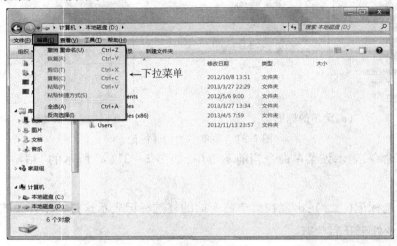

图2-32 下拉菜单

②打开快捷菜单。

方法1:使用鼠标右键单击所选对象。

方法2:选定所需对象,按"Shift"+"F10"组合键。

方法3:选定所需对象,按"快捷菜单"键 ≡(只有Windows键盘才有此键)。

快捷菜单如图2-33所示。

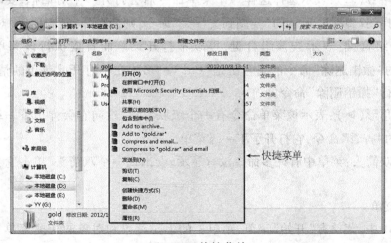

图2-33 快捷菜单

(3) 选择菜单项

打开菜单后,单击菜单中的菜单命令,或用上、下箭头键移动反色条到所选菜单命令处,按"Enter"键。

对于那些有快捷键的菜单命令,还可以按其快捷键,而不用打开菜单。如"文件"下拉菜单中的"打开"命令,可通过按"Ctrl"+"O"组合键来激活。

(4) 关闭菜单

单击菜单以外的任何地方、按"Esc"键或"Alt"键都可以关闭菜单。

5 剪贴板及其使用

剪贴板是 Windows 系统为了在程序与文件之间传递信息,在内存中开辟的临时存储区。Windows 剪贴板是一种比较简单、开销较小的进程间通信(Inter-Process Communication,IPC)机制。该机制是系统预留一块全局共享内存,暂存在各进程间进行交换的数据;一个全局共享内存块由提供数据的进程创建,同时进程将要传送的数据移到或复制到该内存块;接收数据的进程(也可以是提供数据的进程本身)获取此内存块的句柄,并完成对该内存块数据的读取。Windows 的剪贴板可存放 12 条信息,可以是文本、图形、声音或者其他形式的信息。表 2-5 列出了使用剪贴板时所用的术语及其含义。

表 2-5　　　　　　　　　　　剪贴板术语及其含义

术语	含义	菜单命令	组合键
复制	在剪贴板上生成与所要复制的信息一致的信息,源信息保持不变	编辑→复制	Ctrl + C
剪切	将所要剪切的信息从原位置移到剪贴板上,源信息从原来位置消失	编辑→剪切	Ctrl + X
粘贴	将临时存放在剪贴板的信息传到指定位置去。信息粘贴后,剪贴板中的内容依旧不变,故信息可多次粘贴	编辑→粘贴	Ctrl + V

下面以复制或剪切文本信息为例,介绍使用剪贴板的操作步骤。

步骤1 选择要复制或剪切的信息。

步骤2 单击"编辑"→"复制"或"剪切"命令。

步骤3 将光标定位到目标文档需要插入的位置。

步骤4 单击"编辑"→"粘贴"命令。

另外,Windows 系统还提供了将整个屏幕或某个活动窗口复制到剪贴板上的操作。若要复制整个屏幕,按"Print Screen"键;若要复制某个活动窗口,按"Alt"+"Print Screen"组合键即可。

粘贴的实现方式有以下两种。

(1) "嵌入"交换实现

选定对象,选择"编辑"菜单中的"复制"或"剪切"命令,切换到目的位置,选择"编辑"→"选择性粘贴"命令。在"选择性粘贴"对话框中的"形式"列表框中选择嵌入的格式,如选择图 2-34 中的"带格式文本(RTF)"。

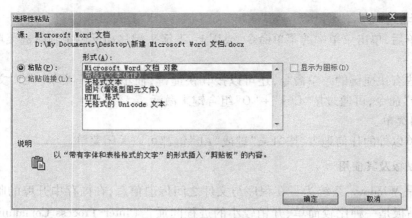

图 2-34　用户可选择粘贴的格式

（2）"链接"交换实现

选定对象，选择"编辑"菜单中的"复制"或"剪切"命令，切换到目的位置，选择"编辑"→"粘贴链接"命令。这样可以创建一个与源文件的链接，并将以默认格式显示源对象。如果希望按指定的格式链接交换，可选择"选择性粘贴"命令，在"选择性粘贴"对话框中，选择指定的格式，然后选中"粘贴链接"单选按钮。

6 输入文字的方法

Windows 提供了微软拼音－简捷 2010、微软拼音－新体验 2010 等键盘输入方法。此外还可以安装其他中文输入法，比较常用的有五笔字型输入法、搜狗输入法等。

【掌握】中文输入法及输入法的切换方法。

（1）切换输入法

在默认情况下，Windows 是关闭中文输入法的。要想输入汉字，首先要打开中文输入法。方法有两种，这里以打开微软拼音－简捷 2010 为例。

① 鼠标方式。

单击系统托盘中的输入法按钮 ，在弹出的输入法菜单中单击某个输入法（如微软拼音－简捷 2010），如图 2-35 所示。

② 键盘方式。

按"Ctrl"+"Space"组合键启动或关闭中文输入法，当系统安装多种中文输入法时，就不能保证一定能切换到微软拼音－简捷 2010，这时按"Ctrl"+"Shift"组合键可以切换输入法。此时，系统托盘中的输入法图标变为 状态，说明微软拼音－简捷 2010 输入法已经成功启动。

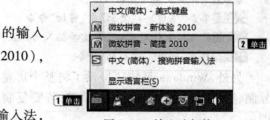

图 2-35　输入法切换

Ctrl + Space	启动或关闭中文输入法
Ctrl + Shift	在各种输入法之间切换

（2）汉字输入过程

输入法切换好后，就可以在"记事本"或其他应用程序中输入汉字。

微软拼音－简捷 2010 是一种拼音输入法。微软拼音－简捷 2010 从第一次按英文字母（小写状态下），就开始拼音输入过程了。例如，要输入"亲爱的妈妈"，可以输入"qin'ai'de'

ma'ma",然后按结束键(如空格键或"Enter"键)。
● 空格键、标点符号键:将以词为单位转换输入字符串。
● "Enter"键:将以字为单位转换输入信息。

系统分析、变换输入的字符串后,把结果显示在相应的输入信息的位置,如图2-36所示。

拼音输入法好学易用,但最大的问题就是重码多。输入一个拼音,同音字都会出现,这时需要按候选框中的提示数字来选择。读者如果有兴趣,可以学习五笔字型输入法,熟练掌握此输入法后能快速、准确地输入汉字。

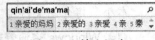

图2-36 输入汉字

(3) 英文输入过程

除按"Ctrl"+"Space"组合键进行中英文之间的切换外,还可以在不关闭微软拼音－简捷2010输入法的情况下实现中英文之间的切换。其方法:单击输入工具栏中的 中 按钮,当按钮变为 英 时,表示当前是英文输入状态。注意:键盘处于大写状态时也是英文输入状态。

(4) 全角和半角

汉字需占两个字节,占用两个标准字符位置(全角);英文字母、数字和标点符号只需占一个字节,占用一个标准字符位置(半角)。在处理汉字时,为了使文章更加整齐,可以使英文字母、数字和标点符号占用两个标准字符位置(全角)。

当输入法工具栏中的"全/半角"切换按钮为 ☽ 状态时,表示处于半角方式,英文字母、数字和标点符号占用一个标准字符位置;当按钮变为 ○ 状态时,表示处于全角方式,英文字母、数字和标点符号占用两个标准字符位置。

| Shift + Space | 切换全角/半角 |

(5) 输入符号

在输入文章时,需要输入一些标点符号。智能ABC输入法提供了英文标点符号与中文标点符号输入方式。当输入法工具栏中的中/英文标点符号切换按钮处于 。 状态时,可输入的是中文标点符号;当为 , 状态时,可输入的是英文标点符号。

中/英文标点符号间的切换方式:单击中/英文标点符号切换按钮或按"Ctrl"+"."(点号)组合键。

| Ctrl + . | 切换中英文标点符号 |

表2-6列出中/英文标点之间的对应关系。

表2-6　　　　　　　　　　中/英文标点之间的对应关系

英文	中文	英文	中文	英文	中文	英文	中文	英文	中文	英文	中文
,	,	.	。	/	/	;	;	'	'	`	`
<	<	>	>	?	?	:	:	"	"	~	~
-	-	=	=	\	、	—	—	+	+	|	|
!	!	@	·	#	#	$	¥	%	%	^	……
&	&	*	*	(	(						

2.4.5 文件与文件夹

计算机资源大多是以文件的形式存放在计算机内的,而文件夹是组织管理文件的一种方式。用户可以根据不同的分类方法,把文件分别放在不同的文件夹内,方便查询。

本小节将介绍文件与文件夹的基本概念,并重点讲述如何管理文件与文件夹。

1 Windows 资源管理器简介

对文件进行操作时,一般会先进入"计算机"。实际上"计算机"中管理文件的功能比较简单。相对而言,Windows 资源管理器则是一个功能强大的程序,用户可以在这里迅速地执行文件,建立、查找、移动和复制文件或文件夹等。

从界面上看,Windows 资源管理器和"计算机"比较相似;从功能上看,两者都可以管理文件(文件夹)。请注意:后者仅是一个特殊的文件夹,而前者是一个管理文件(文件夹)的程序。

(1)"Windows 资源管理器"窗口

"Windows 资源管理器"窗口如图 2-37 所示。

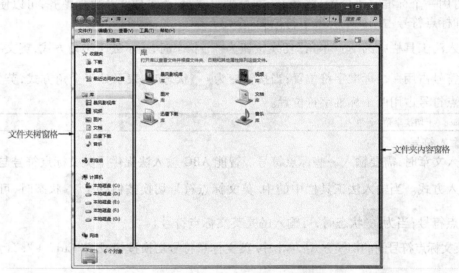

图 2-37 "Windows 资源管理器"窗口

①文件夹树窗格:显示整个文件夹树。单击此窗格中的文件夹,右边的窗格会显示此文件夹中的所有文件和文件夹。

前面带有▶图标的文件夹包括下一级文件夹。单击▶图标,系统就会展开此文件夹,并以树状目录形式显示其中的所有子文件夹,同时▶图标变成了◢图标。再单击◢图标,系统会折叠该文件夹的目录树。

②文件夹内容窗格:文件夹内容窗格又称主窗口,用以显示在左边选定文件夹中的所有文件。

将鼠标指针放在两个窗格之间,此时鼠标指针变成双向箭头形状,按住鼠标左键拖动可以重新分配两个窗格的宽度。

（2）Windows 资源管理器的启动与退出

启动与退出 Windows 资源管理器就是打开与关闭"Windows 资源管理器"窗口。打开"Windows 资源管理器"窗口的方法有以下两种。

方法 1：单击"开始"按钮 ，打开"开始"菜单，单击"所有程序"→"附件"→"Windows 资源管理器"命令，此时显示"库"的资源。

方法 2：用鼠标右键单击任一文件夹，弹出快捷菜单，单击"打开 Windows 资源管理器"命令。启动 Windows 资源管理器后，文件夹内容窗格中显示的是该文件夹内的文件。

如果暂时不使用 Windows 资源管理器，应关闭它，而不是将它最小化，以节省系统资源，其关闭方法与关闭一般窗口和程序无异。

（3）利用 Windows 资源管理器选定文件或文件夹

对文件或文件夹执行任何操作之前，要首先选定文件或文件夹。

①选定单个文件或文件夹：直接单击文件或文件夹，即可选定单个文件或文件夹。

②选定连续的文件或文件夹。

方法 1：选定第一个文件或文件夹，然后按"Shift"键，再单击最后一个目标文件或者文件夹，就可以选定二者及其之间的所有文件以及文件夹。

方法 2：在窗口空白处，按住鼠标左键拖动鼠标指针，此时会出现一个虚线框，且框内所有对象都将高亮显示。当所选对象都高亮显示后，释放鼠标左键，就可以选定某一区域的文件和文件夹了。

③选定不连续排列的文件或文件夹：按住"Ctrl"键，逐个单击目标文件或文件夹。

④选定所有文件或文件夹：选定"文件夹内容窗格"内的所有文件或文件夹有两种方法。

方法 1：单击"Windows 资源管理器"窗口中的"编辑"→"全选"命令。

方法 2：按"Ctrl"+"A"组合键。

请思考 如何选定一些连续的文件或文件夹，再加上一个不连续的文件？

（4）改变 Windows 资源管理器的查看方式

默认情况下，Windows 资源管理器只显示文件名及每个文件的图标。但用户可以改变查看方式，以便查看更多文件信息。"查看"菜单用于改变查看方式，包括"内容""平铺""超大图标""大图标""中等图标""小图标""列表""详细信息"。不同的查看方式只是文件或文件夹的图标显示效果不同而已。

为了在同一文件夹内方便地查找文件，可以用以下方法改变文件的排列顺序。

- 单击"查看"→"排序方式"→"名称"命令，按文件名的字母顺序排列文件。
- 单击"查看"→"排序方式"→"类型"命令，按文件类型的字母顺序排列文件。
- 单击"查看"→"排序方式"→"大小"命令，按文件的大小排列文件。
- 单击"查看"→"排序方式"→"修改日期"命令，按文件修改日期的顺序排列文件。

2 文件与文件夹的重要操作

文件与文件夹的基本操作是本章重点内容之一，同时也是操作计算机最常用的技术之一。

下面介绍文件与文件夹的6项操作:复制/粘贴、移动/粘贴、删除、新建、重命名和改变属性。

(1)文件夹选项设置

在对文件或文件夹操作之前,要在"文件夹选项"对话框中进行必要的设置。

打开"文件夹选项"对话框的方法有以下两种。

方法1:选择"开始"→"设置"→"控制面板"命令,在控制面板中双击"文件夹选项"图标。

方法2:双击"计算机"图标,在"计算机"窗口中选择"工具"→"文件夹选项"命令,打开"文件夹选项"对话框。该对话框中有"常规""查看""搜索"3个选项卡,分别介绍如下。

● "常规"选项卡:设置文件夹的常规属性,如图2-38所示。

"常规"选项卡的"浏览文件夹"选项组用来设置文件夹的浏览方式,设定打开多个文件夹时是在同一窗口中打开还是在不同的窗口中打开;"打开项目的方式"选项组用来设置文件夹的打开方式,设定文件夹是通过单击还是双击打开;"导航窗格"选项组用来设置文件夹显示的视图方式。

● "查看"选项卡:设置文件夹的显示方式,如图2-39所示。

在"查看"选项卡的"文件夹视图"选项组中,可单击"应用到文件夹"和"重置文件夹"两个按钮,对文件夹的视图进行设置。

图2-38 "常规"选项卡

图2-39 "查看"选项卡

"高级设置"列表框中列出了一些有关文件和文件夹的高级设置选项,用户可根据实际情况选择需要的选项,然后单击"应用"按钮即可完成设置。例如,是否显示隐藏文件和文件夹、是否隐藏已知文件类型的扩展名等。

● "搜索"选项卡:更改文件夹搜索方式,如图2-40所示。

"搜索"选项卡的"搜索内容"选项组中,可选中"在有索引的位置搜索文件名和内容(I)。在没有索引的位置,只搜索文件名。"或"始终搜索文件名和内容(此过程可能需要几分钟)"单选按钮来设置搜索内容的方式。

"搜索"选项卡的"搜索方式"选项组中,可勾选"在搜索文件夹时在搜索结果中包括子文件夹""查找部分匹配""使用自然语言搜索""在文件夹中搜索系统文件时不使用索引(此过程可能需要较长的时间)"4个复选框来设置搜索方式。

"搜索"选项卡的"在搜索没有索引的位置时"选项组中,可勾选"包括系统目录"或"包括压缩文件(ZIP、CAB…)"两个复选框进行设置。

图 2-40 "搜索"选项卡

(2)复制/移动文件或文件夹

请思考 复制文件或移动文件是经常性的操作。复制和移动的最大区别是什么呢?

● 复制文件指原来位置上的源文件保留不动,而在指定的位置上建立源文件副本。
● 移动文件又称剪切文件,是指源文件从原来位置上消失,而出现在指定位置上。

复制/移动文件或文件夹的方法很多。虽然方法不同,但操作的流程和要求都是一致的。图 2-41 所示为复制/移动操作流程。

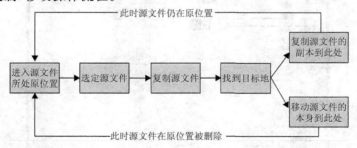

图 2-41 复制/移动操作流程

完成以上流程的方法大致可分成3类:复制/剪切菜单命令法、复制到文件夹/移动到文件夹菜单命令法和拖动法。

①复制/剪切菜单命令法。

复制/剪切菜单命令法、复制到文件夹/移动到文件夹菜单命令法和拖动法3种方法没有本质上的区别,实现效果是一样的,同时还可以交叉使用,如表 2-7 所示。

表2-7　　　　　　　　　复制/剪切菜单命令法示意

步骤1	步骤2：对源文件进行操作		步骤3	步骤4
	复制	剪切（移动）		粘贴
选定源文件	"编辑"→"复制"命令	"编辑"→"剪切"命令	找到目标地	"编辑"→"粘贴"命令
	"编辑"→"复制到文件夹"命令	"编辑"→"移动到文件夹"命令		"复制"/"移动"按钮
	"Ctrl"+"C"组合键	"Ctrl"+"X"组合键		"Ctrl"+"V"组合键

下面演示具体的操作步骤。

步骤1 选定要复制/移动的文件或文件夹，如图2-42所示。

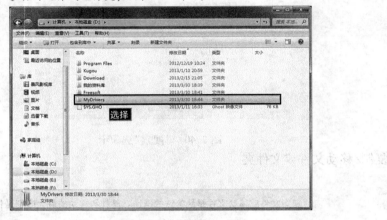

图2-42　复制/移动文件或文件夹步骤1

步骤2 选择"编辑"→"复制"命令，或者选择"编辑"→"剪切"命令，或者使用各自的组合键，包括"Ctrl"+"C"和"Ctrl"+"X"组合键，如图2-43所示。

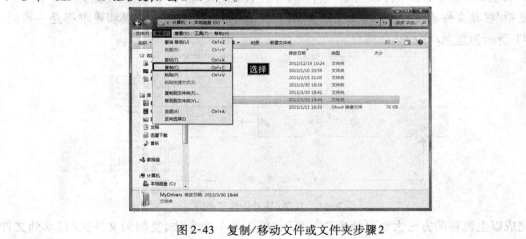

图2-43　复制/移动文件或文件夹步骤2

步骤3 进入目标文件夹，如图2-44所示。

计算机系统　第2章

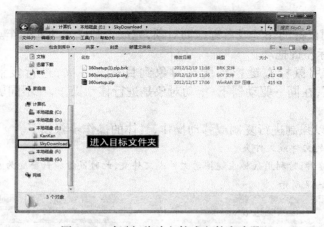

图 2-44　复制/移动文件或文件夹步骤3

步骤4 选择"编辑"→"粘贴"命令，或者按"Ctrl"+"V"组合键，如图 2-45 所示。

图 2-45　复制/移动文件或文件夹步骤4

②复制到文件夹/移动到文件夹菜单命令法。

Windows 资源管理器中的"复制到文件夹"和"移动到文件夹"两个菜单命令分别用于完成复制和移动操作。操作步骤：首先选定目标文件，然后单击"编辑"→"复制到文件夹"或"移动到文件夹"命令，将分别弹出图 2-46 所示的两个对话框，在文件夹树窗格中选定目标文件夹（还可以利用"新建文件夹"按钮新建目标文件夹），单击"复制"或"移动"按钮完成操作。

图 2-46　"复制项目"对话框和"移动项目"对话框

65

③拖动法。

拖动法就是使用鼠标的左键或右键拖动对象,完成复制或移动的操作。

方法 1:使用鼠标左键拖动。

选定对象后,使用鼠标左键拖动所选对象到目标文件夹,进行复制或移动操作。在 Windows 默认情况下,在同一驱动器下,拖动对象是进行移动操作,在不同驱动器下,则是进行复制操作。

除此之外,还可以强制进行复制或移动操作,具体的操作步骤如下。

步骤1 选定要复制的文件或文件夹。

步骤2 按住"Ctrl"键,同时利用鼠标左键拖动文件或文件夹,此时鼠标指针会变为 ➕ 复制到 本地磁盘 (D:),表示此时进行复制操作,如图 2-47 所示。

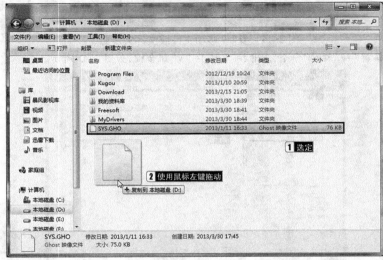

图 2-47　使用鼠标左键拖动复制文件或文件夹步骤1、步骤2

步骤3 松开鼠标左键,完成复制,如图 2-48 所示。

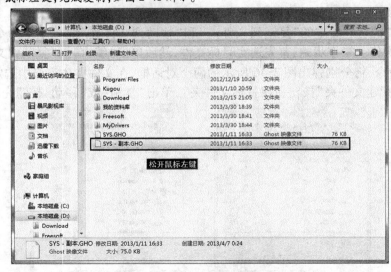

图 2-48　使用鼠标左键拖动复制文件或文件夹步骤3

方法 2：使用鼠标右键拖动。

使用鼠标右键拖动的方法与使用鼠标左键拖动的方法相似，只是在使用鼠标右键拖动动作完成后，系统会弹出一个快捷菜单，如图 2-49 所示，此时选择相应的"复制到当前位置"或"移动到当前位置"命令即可。

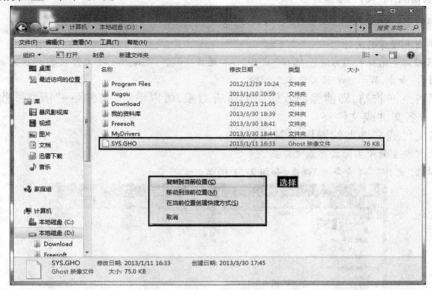

图 2-49　使用鼠标右键拖动复制/移动文件或文件夹

　如果目标文件夹与源文件夹是同一文件夹，复制文件的副本文件名前会加"复件"字样；如果目标文件夹与源文件夹不同，但目标文件夹中已存在与复制或移动的文件名相同的文件，系统弹出"是否替换"对话框，提示用户做出决定。

（3）删除文件或文件夹

按以下步骤操作可删除文件或文件夹。

步骤1 选定要删除的文件或文件夹。

步骤2 使用下列任意一种方法删除文件或文件夹。

● 选择"文件"→"删除"命令。

● 直接用鼠标左键拖动到回收站。

● 打开要删除对象的快捷菜单，选择"删除"命令。

● 按"Delete"键。

步骤3 弹出"删除文件"对话框，单击"是"按钮，删除文件或文件夹；单击"否"按钮，则不删除，如图 2-50 所示。

图 2-50　"删除文件"对话框

　删除文件夹时 Windows 会删除该文件夹中的所有文件。上面的删除方法是将文件或文件夹放入了回收站，被删除的文件或文件夹可以从回收站恢复。选定文件或文件夹后，按"Shift" + "Delete"组合键，可将文件或文件夹永久性删除。

(4)还原/清除删除的对象

Windows 中被删除的对象临时存放在回收站中,也就是继续存放在硬盘中。如果想恢复它们,可以从回收站中取出;如果确定不再需要它们,可以将其清除,这样会节省硬盘空间。

还原/清除删除文件的操作步骤如下。

步骤1 双击"回收站"图标 ,打开"回收站"窗口。

步骤2 单击要还原的文件。

步骤3 根据需要选择相应命令。选择"文件"→"还原"命令,Windows 将文件恢复到原来的位置;选择"文件"→"删除"命令,Windows 将文件永久删除。

如果想清空回收站,即清除回收站中的所有对象,可以单击"文件"→"清空回收站"命令。

(5)重命名文件或文件夹

重命名文件或文件夹的操作步骤如下。

步骤1 选定要重新命名的文件或文件夹。

步骤2 单击"文件"→"重命名"命令,如图 2-51 所示。

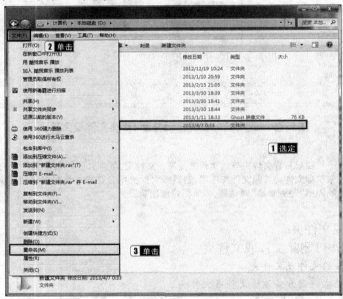

图 2-51　重命名步骤1、步骤2

此时文件或文件夹的名字周围出现细线框且进入编辑状态,如图 2-52 所示。

图 2-52　进入编辑状态

步骤3 在细线框中输入新名字,或者将光标定位到要修改的位置,修改文件名,如图 2-53 所示。

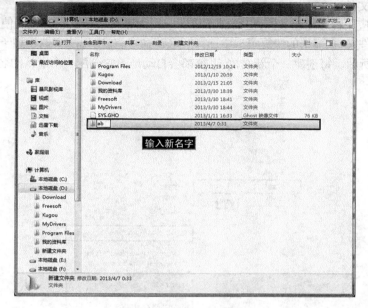

图 2-53　重命名步骤3

步骤4 按"Enter"键,或者单击该名字细线框外任意位置即可完成重命名,如图 2-54 所示。

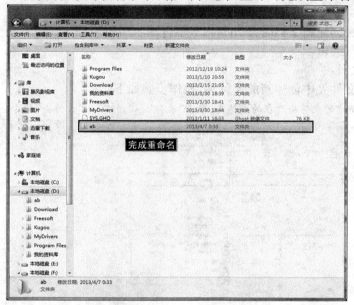

图 2-54　重命名步骤4

除选择"文件"→"重命名"命令外,还可以使用其他方法使文件或文件夹的名字进入编辑状态。

方法1:在要重命名的文件或文件夹上单击鼠标右键,在弹出的快捷菜单中选择"重命名"命令,输入名字。

方法2:在要重命名的文件或文件夹上单击鼠标左键,再单击一次文件名,输入名字(注意:不要双击,否则将会打开文件或文件夹)。

方法3：选定要重命名的文件或文件夹，按"F2"键，输入名字。

(6) 创建新文件

用户可启动应用程序新建文档，也可以不启动应用程序直接建立新文档。使用鼠标右键单击桌面或者某个文件夹，在弹出的快捷菜单中选择"新建"命令，在出现的文档类型子菜单中选择一种类型，如图2-55所示。每创建一个新文档，系统都会自动地给它分配一个默认的名字。

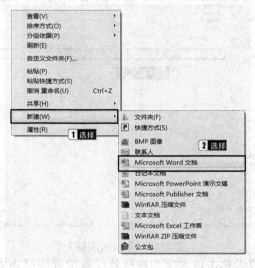

图 2-55　创建新文件

使用上述方法创建新文档时，Windows 7不自动启动应用程序。可双击文档图标，启动相应的应用程序进行编辑。

(7) 创建新文件夹

可以在当前文件夹中创建新的文件夹，操作步骤如下。

步骤1 打开要新建的文件夹所在的文件夹，单击"文件"→"新建"→"文件夹"命令，如图2-56所示。

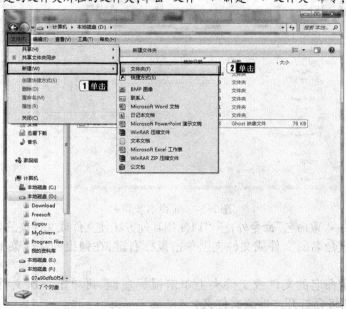

图 2-56　创建新文件夹步骤1

步骤2 在文件夹内容窗格中出现名为"新建文件夹"的新文件夹,并且它的名字处于可编辑状态。输入新的文件夹名后,按"Enter"键(或单击其他位置),如图2-57所示。

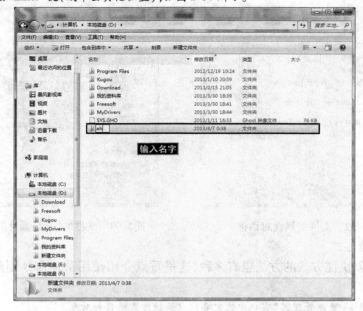

图2-57　创建新文件夹步骤2

除选择"文件"→"新建"→"文件夹"命令外,还可以使用快捷菜单命令创建新文件夹,操作步骤如下。

步骤1 打开要新建的文件夹所在的文件夹。

步骤2 在文件夹内容窗格中的空白处单击鼠标右键,弹出图2-58所示的快捷菜单,选择"新建"→"文件夹"命令。

步骤3 输入新的文件夹名后,按"Enter"键(或单击其他位置)确认。

另外,还可以用创建新文件夹的操作步骤新建某些类型的文件,如 BMP 图像、Microsoft Word 文档、Microsoft PowerPoint 演示文稿、文本文档、Microsoft Excel 工作表等类型的文件,也可以创建快捷方式。

(8) 设置文件或文件夹属性

Windows 中的文件或文件夹都有自己的属性,包括大小和占用空间等。使用鼠标右键单击文件或文件夹,在其快捷菜单中选择"属性"命令,就可以打开该文件或文件夹的属性对话框,如图2-59所示。

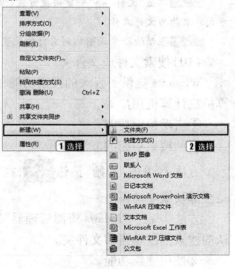

图2-58　快捷菜单

● 只读:具有只读属性文件夹内的文件只能被读取,不能被修改,删除时会给出提示信息。

● 隐藏:设定了隐藏属性的文件夹在默认情况下不显示。如果设置了"显示隐藏文件",则隐藏的文件或文件夹呈浅色,以区别于普通文件或文件夹。

● 存档:任何一个新创建或修改的文件都具有存档属性。单击图2-59 中的"高级"按钮,弹出图2-60所示的"高级属性"对话框,可在该对话框中设置存档属性。

图 2-59 文件的属性对话框

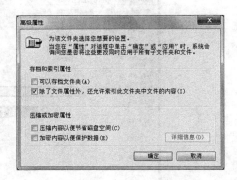

图 2-60 文件的"高级属性"对话框

(9) 创建快捷方式

创建某一对象快捷方式的方法也有多种,这里重点介绍使用菜单命令创建快捷方式的操作步骤。

步骤1 在"Windows 资源管理器"窗口中选定要建立快捷方式的目标对象。

步骤2 单击"文件"→"创建快捷方式"命令,系统会在当前窗口建立该对象的快捷方式,默认情况下快捷方式的名称为文件名称。

步骤3 拖动快捷方式图标到需要的位置,如桌面或任意文件夹内。

(10) 搜索文件或文件夹

Windows 提供了强大的搜索功能,能够搜索文件或文件夹、Internet 中的内容、网络上的计算机或计算机用户等。

① 启动搜索功能。

启动搜索功能的方法如下。

方法 1:单击"开始"按钮 ,在"搜索"文本框中输入要搜索的内容。默认的搜索范围是全部硬盘驱动器。

方法 2:在"Windows 资源管理器"窗口右上角的"搜索"文本框中输入要搜索的内容。默认的搜索范围是当前文件夹。

② 使用搜索功能。

用户可以利用已知的某些相关信息来搜索文件或文件夹,如可根据文件名或部分文件名、文件类型、文件大小、文件的创建日期、文件的修改日期、文件的最近访问日期及文件中的内容来搜索。

2.4.6 Windows 系统环境设置

为了更好地使用计算机,Windows 允许用户对计算机及其大多数部件的外观与设置进行修改。

Windows 的个性化设置可以体现易用性特点,提高工作效率。通常使用控制面板进行个性化环境设置。

1 控制面板

控制面板是对 Windows 系统进行设置的工具集,用户可以根据自己的爱好更改显示器、键盘、打印机、鼠标、桌面、系统的时间和日期、字体等的设置,还可以进行声音和多媒体、扫描仪和照相机等硬件的设置。控制面板如图2-61所示。启动控制面板有很多种方法,下面介绍两种方法。

图2-61 控制面板

方法1:单击"开始"按钮 ,选择"控制面板"命令,打开控制面板。

方法2:在"计算机"窗口中单击"打开控制面板"图标 ,打开控制面板。

2 设置显示器

控制面板中的"显示"选项 允许用户设置显示器的显示属性。单击"显示"→"更改显示器设置"选项,打开"屏幕分辨率"窗口,如图2-62所示。

图 2-62 "屏幕分辨率"窗口

打开"屏幕分辨率"窗口的方法有两种。

方法 1:打开控制面板,单击"显示"图标,再单击"更改显示器设置"选项。

方法 2:使用鼠标右键单击桌面空白处,在弹出的快捷菜单中选择"屏幕分辨率"命令。
在此窗口中,常用的两个选项的功能如下。

- "分辨率"选项:设置显示的分辨率。
- "方向"选项:设置显示的方向。

3 中文输入法的安装与删除

用户可以使用系统预先安装好的中文输入法,还可以根据需要安装或卸载某种输入法。

(1)安装中文输入法

中文输入法的安装步骤如下。

步骤1 单击控制面板中的"区域和语言"图标,打开"区域和语言"对话框,如图 2-63 所示。

步骤2 在"键盘和语言"选项卡中,单击"更改键盘"按钮,如图 2-64 所示。

步骤3 弹出"文本服务和输入语言"对话框,单击"添加"按钮,如图 2-65 所示。

步骤4 弹出"添加输入语言"对话框,如图 2-66 所示。

步骤5 在"添加输入语言"对话框中选择"中文(简体,

图 2-63 安装中文输入法步骤1

中国)",在"键盘"选项组中勾选想要安装的输入法类型,如"简体中文全拼(版本 6.0)",如图 2-67 所示。

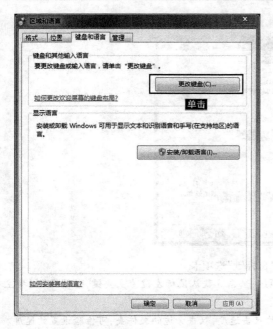

图 2-64　安装中文输入法步骤 2　　　　图 2-65　安装中文输入法步骤 3

图 2-66　安装中文输入法步骤 4　　　　图 2-67　安装中文输入法步骤 5

步骤6 单击 **确定** 按钮，完成中文输入法的安装。

（2）删除某种输入法

步骤1 打开"文本服务和输入语言"对话框。

步骤2 在"已安装的服务"列表框中选择要删除的输入法。

步骤3 单击 **删除(R)** 按钮，完成输入法的删除。

4　调整鼠标和键盘

鼠标和键盘是计算机操作过程中使用最频繁的设备，几乎所有的操作都要用到鼠标和键盘。在安装 Windows 7 时，系统已自动对鼠标和键盘进行了设置，用户也可以根据个人喜好自行设置。

（1）调整鼠标

调整鼠标的操作步骤如下。

步骤1 单击"开始"按钮 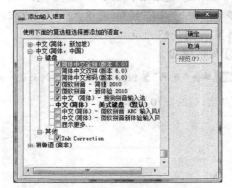，选择"控制面板"命令，打开控制面板，单击"鼠标"图标，弹出"鼠

标 属性"对话框,如图 2-68 所示。

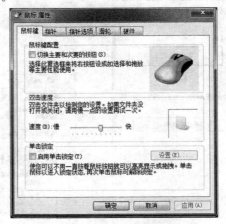

图 2-68 "鼠标键"选项卡

▶步骤2 在"鼠标键"选项卡的"鼠标键配置"选项组中,系统默认鼠标左键为主要键,若选择"切换主要和次要的按钮"复选框,则设置鼠标右键为主要键。

在"双击速度"选项组中拖动滑块,可调整鼠标的双击速度,双击旁边的文件夹,可检验设置的速度。

在"单击锁定"选项组中,若选择"启用单击锁定"复选框,则在移动项目时,不需一直按着鼠标键就能实现项目移动。单击"设置"按钮,在弹出的"单击锁定的设置"对话框中,可调整单击锁定时按鼠标键或轨迹球按钮的时间,如图 2-69 所示。

(2) 调整键盘

▶步骤1 单击"开始"按钮,选择"控制面板"命令,打开控制面板,单击"键盘"图标,打开"键盘属性"对话框,如图 2-70 所示。

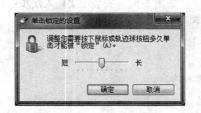

图 2-69 "单击锁定的设置"对话框

图 2-70 "速度"选项卡

▶步骤2 在"速度"选项卡的"字符重复"选项组中拖动"重复延迟"滑块,可调整在键盘上按住一个键多长时间后才开始重复输入该字符,拖动"重复速度"滑块可调整输入重复字符的速度;在"光标闪烁速度"选项组中拖动滑块可调整光标的闪烁频率。

▶步骤3 单击"应用"按钮,即可应用以上设置。

5 更改日期和时间

任务栏右侧显示系统提供的时间,将鼠标指针指向时间栏即会显示系统日期。

不显示日期和时间的操作步骤如下。

步骤1 使用鼠标右键单击任务栏,在弹出的快捷菜单中选择"属性"命令,打开"任务栏和「开始」菜单属性"对话框。

步骤2 在"任务栏"选项卡的"通知区域"选项组中单击"自定义"按钮,如图2-71所示,在弹出的界面中单击"打开或关闭系统图标"超链接,如图2-72所示。

图2-71　"任务栏"选项卡　　　　图2-72　单击"打开或关闭系统图标"超链接

步骤3 在打开的界面中设置"时钟"为"关闭",如图2-73所示。

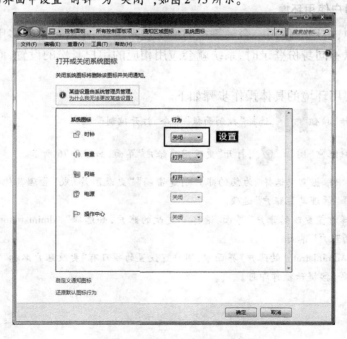

图2-73　设置"时钟"为"关闭"

步骤4 依次单击"确定"按钮。

更改日期和时间的操作步骤如下。

步骤1 双击时间栏或单击"开始"按钮，选择"控制面板"命令，在打开的控制面板中单击"日期和时间"图标。

步骤2 打开"日期和时间"对话框，如图2-74所示。

步骤3 在"日期和时间"选项卡中，单击"更改日期和时间"按钮，弹出"日期和时间设置"对话框，在"日期"列表框中设置日期；在"时间"选项组中的"时间"微调框中输入或调节准确的时间，如图2-75所示。

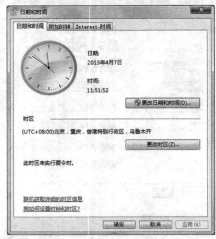
图 2-74 "日期和时间"选项卡

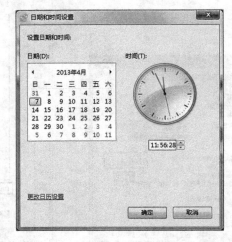
图 2-75 "日期和时间设置"对话框

步骤4 设置完毕后，依次单击"确定"按钮。

6 设置多用户使用环境

在实际生活中，多用户使用一台计算机的情况经常出现，这时可进行多用户使用环境的设置。当不同用户以不同身份登录时，系统就会应用相应的用户身份的设置，而不会影响到其他用户的设置。

设置多用户使用环境的具体操作步骤如下。

步骤1 单击"开始"按钮，选择"控制面板"命令，打开控制面板。

步骤2 单击"用户账户"图标，打开"更改用户账户"界面，如图2-76所示。

步骤3 在该界面中根据需要选择"为您的账户创建密码""更改图片"或"管理其他账户"选项。假如要更改用户账户，则选择"管理其他账户"选项。

步骤4 打开"选择希望更改的账户"界面，选择要更改的账户，如选择"Administrator 管理员"账户，打开"更改 Administrator 的账户"界面。

步骤5 在"更改 Administrator 的账户"界面中，用户可设置的项目有"更改账户名称""创建密码""更改图片""设置家长控制"等，按提示操作即可。

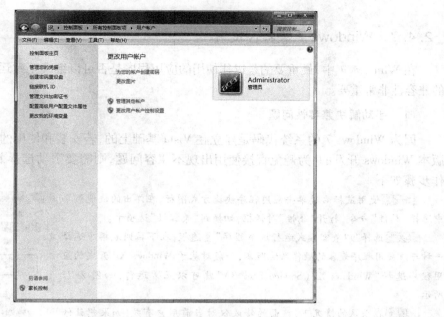

图 2-76 "更改用户账户"界面

7 安装和删除应用程序

单击"开始"按钮 ,选择"控制面板"命令,打开控制面板。单击"程序和功能"图标 ,在弹出的"卸载或更改程序"界面中可以安装、更改或删除程序,也可以添加或删除 Windows 7 的组件。

安装或删除程序时应注意以下几点。

①删除应用程序时,最好不要直接从文件夹中删除。这是因为一方面可能无法删除干净,有些 DLL 文件安装在 Windows 目录中;另一方面很可能会删除某些其他程序也需要的 DLL 文件,影响其他程序的运行。

②安装应用程序有下列途径。

● 通过光盘安装,如果光盘上有 Autorun.inf 文件,则根据该文件的指示自动运行安装程序。

● 直接运行安装盘(或光盘)中的安装程序(通常是 Setup.exe 或 Install.exe)。

● 如果应用程序是从 Internet 上下载的,通常整套软件被捆绑成一个 .exe 文件,用户运行该文件后即可直接安装应用程序。

8 设置文件夹的共享

使用鼠标右键单击任意文件夹或磁盘分区,在弹出的快捷菜单中选择"共享"→"高级共享"命令,弹出该文件夹或磁盘分区的属性对话框。在"共享"选项卡中可以设置该共享文件夹的名称和允许的最大用户访问数量。当然,还可以设置"权限"和"缓存",单击相应的按钮。

2.4.7 Windows 7 兼容性设置

在 Windows 7 中,最重要的是以往使用的应用程序是否可以继续正常运行,所以 Windows 7 的兼容性非常重要。

1 手动解决兼容性问题

因为 Windows 7 的系统代码是建立在 Vista 基础上的,若安装和使用的应用程序是针对旧版本 Windows 开发的,为避免直接使用出现不兼容问题,则需要手动选择兼容模式,具体的操作步骤如下。

步骤1 使用鼠标右键单击应用程序快捷方式图标,在弹出的快捷菜单中选择"属性"命令,打开"属性"对话框,切换到"兼容性"选项卡。

步骤2 选择"以兼容模式运行这个程序"复选框,在下拉列表框中选择一种与该应用程序兼容的操作系统版本,一般对基于 Windows XP 开发的应用程序选择"Windows XP(Service Pack 3)"就可以正常运行,如图 2-77 所示。

步骤3 在默认的情况下,前面的修改仅对当前用户有效,如果想让修改对所有用户都有效,就需要单击"更改所有用户的设置"按钮,如图 2-78 所示,在弹出的对话框中设置兼容模式。

步骤4 如果当前的 Windows 7 默认的用户权限无法执行上述操作,就在"所有用户的兼容性"选项卡的"特权等级"选项组中选择"以管理员身份运行此程序"复选框,以提升执行权限,最后单击"确定"按钮,如图 2-79 所示。

图 2-77 设置兼容模式

图 2-78 手动设置兼容性

图 2-79 手动设置程序运行权限

2 自动解决兼容性问题

Windows 7 可以自动选择合适的兼容模式来运行程序。

步骤1 使用鼠标右键单击应用程序快捷方式图标,在弹出的快捷菜单中选择"兼容性疑难解答"命令,如图 2-80 所示,打开"程序兼容性"对话框,如图 2-81 所示。

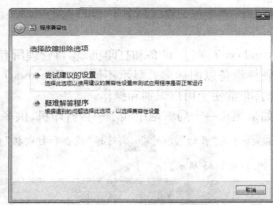

图 2-80　选择"兼容性疑难解答"命令　　　　图 2-81　"程序兼容性"对话框

步骤2 在"程序兼容性"对话框中,单击"尝试建议的设置"选项,系统会根据程序自动提供一种兼容性设置让用户尝试运行,单击"启动程序"按钮来测试目标程序能否正常运行,如图 2-82 所示。

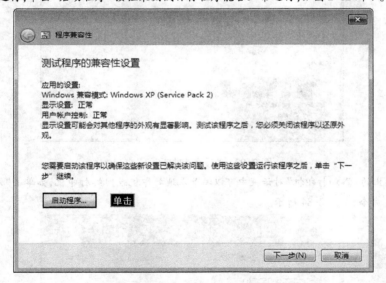

图 2-82　单击"启动程序"按钮

步骤3 测试完成后,单击"下一步"按钮,继续打开"程序兼容性"对话框,此时如果程序已经正常运行,则单击"是,为此程序保存这些设置"命令;反之,单击"否,使用其他设置再试一次"命令。

步骤4 若系统这次自动选择的兼容性设置能使目标程序正常运行,就在"测试程序的兼容性设置"中单击"启动程序"按钮,检查程序是否正常运行。

若自动兼容模式也无法解决问题,可以尝试使用 Windows 7 中的 Windows XP 模式来运行程序。

③ 硬件管理

只有在安装了设备驱动程序的情况下,计算机才会正常运行硬件设备。设备驱动程序是实现计算机与设备通信的特殊程序,它是操作系统和硬件之间的桥梁。操作系统有内核态和用户态之分，在 Windows 7 之前的版本中，设备驱动程序都运行在系统内核态下，这就使存在问题的驱动程序很容易导致系统运行故障甚至崩溃。在 Windows 7 中，驱动程序不再运行在系统内核态下，而是加载在用户态下，这样就可以解决由于驱动程序错误导致的系统运行不稳定的问题。

Windows 7 通过"设备和打印机"窗口管理所有和计算机连接的硬件设备。与 Windows XP 中各硬件设备以图标形式显示不同，在 Windows 7 中几乎所有硬件设备都是以自身实际外观显示的，非常便于用户识别和操作。

如果想在一个局域网中共享一台打印机，供多个用户联网使用，可以添加网络打印机。

步骤1 单击"开始"按钮 ，选择"设备和打印机"命令，打开"设备和打印机"窗口，选择"添加打印机"命令，如图 2-83 所示。

图 2-83 "设备和打印机"窗口

步骤2 在弹出的"添加打印机"对话框中可以添加本地打印机或网络打印机，如单击"添加网络、无线或 Bluetooth 打印机"命令，如图 2-84 所示。

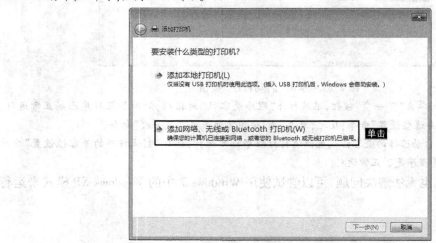

图 2-84 添加打印机

步骤3 系统自动搜索与本机联网的所有打印机设备,如图 2-85 所示。搜索到的可用打印机会以列表形式显示,从中选择所需的打印机,系统会自动安装该打印机的驱动程序。

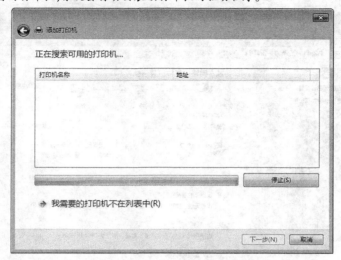

图 2-85 搜索网络打印机

步骤4 系统成功安装打印机驱动程序后,会自动连接并添加网络打印机。

2.4.8 Windows 7 网络配置与应用

在 Windows 7 的"网络和共享中心"窗口中包含所有与网络相关的操作和控制程序,通过可视化的操作,可以轻松连接到网络。

1 连接到宽带网络

步骤1 单击"开始"按钮，选择"控制面板"→"网络和 Internet"选项,如图 2-86 所示。

图 2-86 控制面板

步骤2 打开"网络和Internet"窗口,单击"网络和共享中心"选项,弹出"网络和共享中心"窗口,在该窗口中可以通过形象化的网络映射图来了解网络状况,并进行各种网络设置,如图2-87所示。

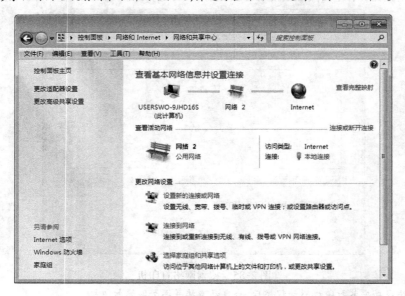

图2-87 "网络和共享中心"窗口

步骤3 在"更改网络设置"选项组中,单击"设置新的连接或网络"选项,如图2-88所示。

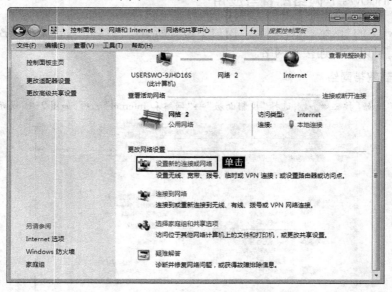

图2-88 设置新的连接或网络

步骤4 在打开的"设置连接或网络"对话框中单击"连接到Internet"选项,如图2-89所示。

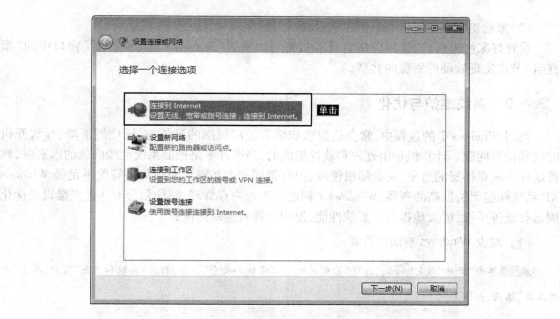

图 2-89　连接到 Internet

步骤5 单击"下一步"按钮,在弹出的"连接到 Internet"对话框中选择"宽带(PPPOE)(R)"选项,并在随后弹出的对话框中输入 ISP 提供的用户名、密码以及自定义的连接名称等信息,单击"连接"按钮。在使用宽带网络时,只需要单击任务栏通知区域的网络图标 ,选择自建的宽带连接即可。

2　连接到无线网络

在任务栏通知区域的网络图标上单击鼠标左键,在弹出的"无线网络连接"面板中双击需要连接的网络。如果无线网络设有安全密码,就需要输入密码。

3　通过家庭组实现两台计算机的资源共享

使用任何版本的 Windows 7 都可以加入家庭组,但只有在 Windows 7 家庭高级版、专业版或旗舰版等中才能创建家庭组。家庭组是 Windows 7 推出的一个新概念,旨在借助家庭组功能轻松实现同组内各计算机中软硬件资源的共享,并确保共享数据的安全。家庭组是基于对等网络设计的,所有的组内计算机地位平等。

(1)创建家庭组

①搭建局域网。分别设置两台计算机的 IP 地址为 192.168.1.2 和 192.168.1.3(私有地址),子网掩码均为 255.255.255.0。

②创建家庭组。在"网络和共享中心"窗口的"查看活动网络"选项组中,将当前网络位置修改为"家庭网络"。注意:一个局域网内只能有一个家庭组。

(2)加入家庭组

将一台计算机的网络位置设置为"家庭网络"后,则会在其"Windows 资源管理器"窗口的导航窗格中显示"家庭组"节点,单击"立即加入"按钮,在弹出的对话框中输入创建家庭组时的密码,就可以成功加入家庭组。

(3) 家庭组共享资源

设置好家庭组后,该组内的所有计算机都可以通过"Windows 资源管理器"窗口中的"家庭组"节点实现软硬件资源的共享。

2.4.9 系统维护与优化

使用 Windows 7 的过程中,常会遇到诸如随着使用周期的延长,系统性能下降,导致开机时间延长等问题。计算机是由硬件和软件组成的,当硬件不是造成系统性能降低的因素时,软件就成为重点怀疑的对象,硬盘随机读取、内存管理方式和资源调用策略等的不足是 Windows XP 系统性能无法提高的瓶颈,Windows 7 则通过改进内存管理、智能划分 I/O 优先级以及优化固态硬盘等手段,极大地提高了系统性能,使用户拥有全新的体验。

1 减少 Windows 启动加载项

步骤1 单击"开始"按钮,选择"控制面板"→"系统和安全"选项,打开"系统和安全"窗口,单击"管理工具"选项,如图 2-90 所示。

图 2-90 "系统和安全"窗口

步骤2 在弹出的"管理工具"窗口中双击"系统配置"选项,如图 2-91 所示。

步骤3 弹出"系统配置"对话框,如图 2-92 所示。切换到"启动"选项卡,在"启动项目"中取消不希望登录后自动运行的项目的勾选。注意:尽量不要关闭关键项目的自动运行。

图 2-91 "管理工具"窗口

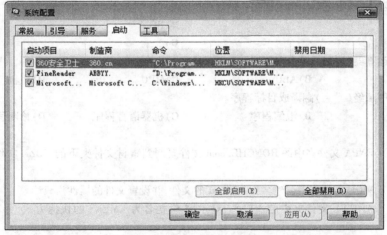

图 2-92 "系统配置"对话框

2 提高磁盘性能

计算机在长时间使用过程中,运行速度会越来越慢,其主要原因是系统分区频繁地进行随机的读写操作,让本可以在盘片上被高速读取的数据凌乱无序。这些凌乱无序的数据就是磁盘碎片。在 Windows XP 中需要手动整理磁盘碎片,但是在 Windows 7 中,磁盘碎片整理工作是由系统自动完成的。当然,用户也可以根据需要手动进行整理。

步骤1 单击"开始"按钮 ,在"搜索"文本框中输入"磁盘",在检索结果中单击"磁盘碎片整理程序"选项,就可以打开"磁盘碎片整理程序"界面。

步骤2 在"磁盘碎片整理程序"界面中,选定一个或多个需要整理的目标盘符,单击"确定"按钮。

步骤3 在"磁盘碎片整理程序"界面中,单击"配置计划"按钮,在打开的"修改计划"界面中可以设置系统自动整理磁盘碎片的频率、日期、时间和磁盘,一般频率间隔不要设置得太长。

课后总复习

一、选择题

1. 操作系统对磁盘进行读/写操作的物理单位是(　　)。
   A)磁道　　　　　　　　B)扇区　　　　　　　　C)字节　　　　　　　　D)文件
2. 一个完整的计算机系统包括(　　)。
   A)计算机及其外部设备　　　　　　　　B)主机、键盘、显示器
   C)系统软件和应用软件　　　　　　　　D)硬件系统和软件系统
3. 组成中央处理器(CPU)的主要部件是(　　)。
   A)控制器和内存　　　　　　　　B)运算器和内存
   C)控制器和寄存器　　　　　　　　D)运算器和控制器
4. 计算机的内存储器是指(　　)。
   A)ROM 和 RAM　　　　　　　　B)ROM
   C)RAM 和 C 磁盘　　　　　　　　D)硬盘和控制器
5. 下列各类存储器中,断电后其中信息会丢失的是(　　)。
   A)RAM　　　　　　　　B)ROM
   C)硬盘　　　　　　　　D)光盘
6. 微型计算机的运算器、控制器及内存储器的总称是(　　)。
   A)CPU　　　　　　　B)ALU　　　　　　　C)MPU　　　　　　　D)主机
7. 汇编语言源程序须经(　　)翻译成目标程序。
   A)监控程序　　　　　　B)汇编程序　　　　　　C)机器语言程序　　　　　　D)诊断程序

二、基本操作题

1. 将素材文件夹下 BNPA 文件夹中的 RONGHE.com 文件复制到素材文件夹下的 EDZK 文件夹中,文件名改为 SHAN.com。
2. 在素材文件夹下 WUE 文件夹中创建名为 PB6.txt 的文件,并设置文件的属性为只读。
3. 为素材文件夹下 AHEWL 文件夹中的 MENS.exe 文件建立名为 KMENS 的快捷方式,并存放在素材文件夹下。
4. 将素材文件夹下的 HGACYL 文件夹中的 RLQM.mem 文件移动到素材文件夹下的 XEPO 文件夹中,并改名为 PLAY.mem。
5. 搜索素材文件夹下的 AUTOE.bat 文件,然后将其删除。

学习效果自评

本章虽然内容很多,但考试中涉及的内容较少,以操作题的方式出现。下表是对本章比较重要的知识点进行的小结,考生可以用它来检查自己对这些知识点的掌握情况。

掌握内容	重要程度	掌握要求	自评结果
计算机硬件系统组成	★	熟记硬件系统的5个部件及其功能	□不懂 □一般 □没问题
计算机软件系统组成	★	熟记软件的种类,可根据例子判断所属种类	□不懂 □一般 □没问题
操作系统	★	了解操作系统的基础知识	□不懂 □一般 □没问题
Windows的基本要素和基本操作	★	了解并掌握Windows的操作方法	□不懂 □一般 □没问题
输入法	★★★★★	掌握中文输入法的使用方法	□不懂 □一般 □没问题
Windows资源管理器	★★★★★	掌握Windows资源管理器的操作与应用	□不懂 □一般 □没问题
文件与文件夹的操作	★★★★★	掌握文件与文件夹的复制和移动	□不懂 □一般 □没问题
	★★★★★	掌握文件与文件夹的删除和还原	□不懂 □一般 □没问题
	★★★★★	掌握文件与文件夹的重命名和创建	□不懂 □一般 □没问题
	★★★★★	掌握文件与文件夹的属性设置	□不懂 □一般 □没问题
	★★★★★	掌握为文件与文件夹创建快捷方式的方法	□不懂 □一般 □没问题
	★★★★★	掌握文件与文件夹的搜索方法	□不懂 □一般 □没问题
Windows 网络配置	★	了解基本的网络配置	□不懂 □一般 □没问题

第3章
Word 2016的使用

章前导读

通过本章，你可以学习到：

◎ Word 2016 简介
◎ Word 2016 最基本的操作
◎ Word 2016 的文字编辑技术
◎ Word 2016 初级和高级的排版技术
◎ Word 2016 表格制作技术
◎ Word 2016 的打印方法和图表、图形的设置方法

本章评估	
重 要 度	★★★★★
知识类型	应用
考核类型	操作题
所占分值	25分
学习时间	6课时

学习点拨

　　本章是一级计算机基础及MS Office应用课程中最重要的一章，所占的考试分值也最多。
　　在学习本章前，读者必须掌握Windows的基本操作，如鼠标左键与右键的使用方法，单击、双击、选定等操作。本章是读者学习Office系列软件的第1章，由于Word的操作方法与Excel、PowerPoint的相似，因而本章与第4、第5章有紧密联系。
　　本章主要以操作性内容为主，读者不需要了解过多的理论知识，应把重点放在对操作步骤的学习和演练上，务必做到熟练操作。

本章学习流程图

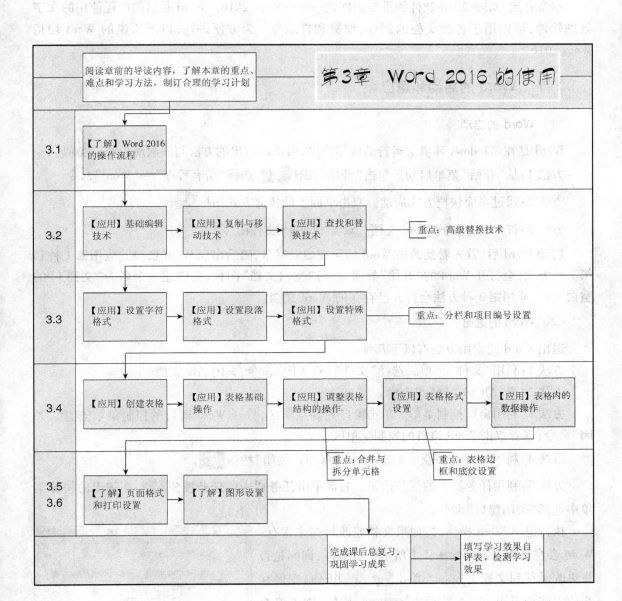

3.1　Word 的基础操作

本章介绍 Office 2016 软件的重要组件之一——Word 2016。Word 是目前广泛使用的文字处理软件，可以用于各种文档的制作、编辑和排版等。为方便讲述，以下所说的 Word 均指 Word 2016。

3.1.1　Word 的启动和退出

1 Word 的启动

Word 是在 Windows 环境下运行的应用程序，启动和退出的方法与一般应用程序类似。

方法 1：从"开始"菜单启动。单击"开始"按钮，选择"所有程序"→"Word"命令。

方法 2：通过桌面快捷方式启动。双击桌面上的快捷方式图标。

方法 3：打开已存在的 Word 文档。双击某 Word 文件图标。

启动 Word 后，首先看到的是 Word 的正在启动屏幕，随后出现 Word 窗口。应用第 1 种和第 2 种方法，会打开 Word 的"开始"界面，单击"空白文档"图标，会创建一个名为"文档 1"的空白文档；应用第 3 种方法会打开已存在的 Word 文档。

2 Word 的退出

退出 Word 的常用方法有以下几种。

方法 1：利用"文件"菜单。选择"文件"→"关闭"命令，关闭当前文档。

方法 2：按"Alt"＋"F4"组合键。

方法 3：利用窗口控制菜单。单击窗口控制菜单区，打开 Word 窗口的控制菜单，选择"关闭"命令；或者双击 Word 窗口的控制菜单区。

方法 4：利用"关闭"按钮。单击 Word 窗口的"关闭"按钮。

方法 5：利用任务栏上的任务按钮。右键单击任务栏中的任务按钮，在弹出的快捷菜单中选择"关闭窗口"命令。

执行退出 Word 操作时，如果文档修改后尚未保存，Word 会在退出之前弹出图 3-1 所示的对话框，询问是否将更改保存到文档 1 中。若单击 保存(S) 按钮，则保存当前文档后退出 Word；若单击 不保存(N) 按钮，则不保存当前文档退出 Word；若单击 取消 按钮，则取消退出 Word 的操作。

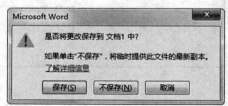

图 3-1　提示保存

3.1.2　Word 的窗口组成

Word 的窗口组成如图 3-2 所示。

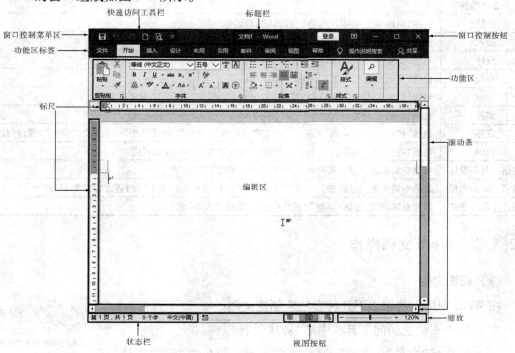

图 3-2　Word 的窗口组成

Word 窗口中各组成部分的功能说明如表 3-1 所示。

表 3-1　　　　　　　　　　Word 窗口中各组成部分的功能说明

组成部分	说明
窗口控制菜单区	对文档进行最大化、最小化、移动、关闭等操作
快速访问工具栏	显示保存、撤销、恢复等常用按钮（用户可自定义）
标题栏	显示文档名称
窗口控制按钮	由最小化、最大化与关闭按钮组成
功能区标签	显示文件、开始、插入、邮件等 Word 功能区的名称
功能区	每个功能区都包含若干 Word 功能按钮
标尺	使用水平标尺和垂直标尺，可以测量和对齐 Word 文档中的对象
滚动条	使用水平滚动条和垂直滚动条中的滑块或按钮，可滚动显示编辑区内的文档内容
编辑区	对文档内容进行编辑操作，如输入文本、插入表格、插入图片、设置格式等
状态栏	显示当前文档的状态，如页数、字数、输入法等
视图按钮	单击各按钮可切换文档视图
缩放	可拖动中间的滑块调整文档的显示比例

请注意　　用户可以通过双击标题栏的方法来调整窗口的大小。

Word 通过各功能分组来展示各种功能按钮，便于用户查找与使用。用户单击各功能分组中的功能按钮，便可实现对文档的编辑操作。Word 中各功能区的分组如表 3-2 所示。

表 3-2　　　　　　　　　　　　　　Word 中各功能区的分组

功能区标签	分组
开始	包括"剪贴板""字体""段落""样式""编辑"组
插入	包括"页面""表格""插图""加载项""媒体""链接""批注""页眉和页脚""文本""符号"组
设计	包括"文档格式""页面背景"组
布局	包括"页面设置""稿纸""段落""排列"组
引用	包括"目录""脚注""信息检索""引文与书目""题注""索引""引文目录"组
邮件	包括"创建""开始邮件合并""编写和插入域""预览结果""完成"组
审阅	包括"校对""辅助功能""语言""中文简繁转换""批注""修订""更改""比较""保护""墨迹"组
视图	包括"视图""页面移动""显示""缩放""窗口""宏""SharePoint"组
表格工具→设计	表格专属功能，包括"表格样式选项""表格样式""边框"组
表格工具→布局	表格专属功能，包括"表""绘图""行和列""合并""单元格大小""对齐方式""数据"组
图片工具→格式	图片专属功能，包括"调整""图片样式""排列""大小"组

3.1.3　Word 文档操作

1　新建文档

在 Word 中可以使用以下几种方法来创建文档。

方法 1：单击快速访问工具栏中的"新建"按钮 。

方法 2：选择"文件"→"新建"命令，在界面右侧单击"空白文档"图标，如图 3-3 所示。

方法 3：按"Alt"+"F"组合键打开"文件"菜单，使用上、下箭头键选择"新建"命令，在界面右侧单击"空白文档"图标。

学习提示
【应用】新建、打开和保存文档的操作方法。

图 3-3　新建文档

方法4：按"Ctrl"+"N"组合键。
方法5：选择"文件"→"新建"命令，在界面右侧单击"书法字帖"图标或其他图标，新建一个带模板的文档。

2 保存文档

(1) 新建文档的保存

保存新建文档有两种方法：一种是手动保存，另一种是自动保存。手动保存的操作方法如下。

步骤1 选择"文件"→"保存"命令，或者单击快速访问工具栏中的"保存"按钮，打开"另存为"界面，在界面中单击"浏览"按钮，如图3-4所示。

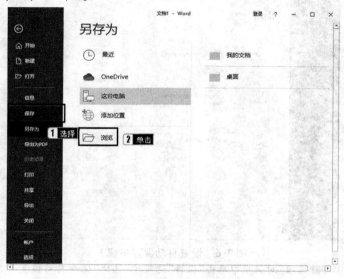

图 3-4　保存文件步骤1

步骤2 打开"另存为"对话框，选择文件的保存路径后，在"文件名"文本框中输入文档名，在"保存类型"下拉列表框中选择文件类型，单击"保存"按钮即可，如图3-5所示。

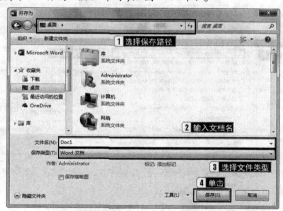

图 3-5　保存文件步骤2

(2) "保存"和"另存为"的区别

"文件"菜单中有两个与保存有关的命令："保存"命令和"另存为"命令，二者的区别如下。

对于一个新建的文件,第一次保存时,两个命令是等效的。选择"保存"命令就等于选择"另存为"命令,选择"保存"命令后会自动打开"另存为"界面。

对于已存在的文档,两个命令是不同的。
- "保存"命令:选择"保存"命令会直接保存文件,不会打开"保存"对话框。
- "另存为"命令:选择"另存为"命令,在打开的界面中单击"浏览"按钮,会打开"另存为"对话框,需要更改文件名(或者同时更改保存类型及保存路径)保存为另一个文件。

(3)"自动保存"功能

Word 提供了自动保存的功能,可以设置定时保存,以保障文档安全。其操作如下。

步骤1 选择"文件"→"选项"命令,如图3-6所示。

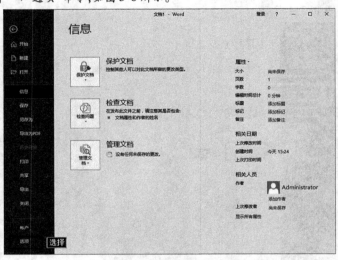

图3-6 设置自动保存步骤1

步骤2 在打开的"Word 选项"对话框中单击"保存"选项卡,选择"保存自动恢复信息时间间隔"复选框,并设置保存时间间隔。

步骤3 单击"确定"按钮,如图3-7所示。

图3-7 设置自动保存步骤2和步骤3

这样，Word 就会根据用户的设置，每隔一段时间自动保存一次文档。

（4）文档的保护

当文档设置了打开权限密码时，用户在没有密码的情况下无法打开此文档。

如果允许别人查看文档，但禁止修改，可以给文档设置修改权限密码。用户可以在没有密码的情况下以只读方式查看它，但无法修改它。

设置密码可以保护文档，具体的操作方法如下。

① 设置打开权限密码。

如果在保存前设置了打开权限密码，再打开 Word 时首先要输入密码。只有在密码正确的情况下才能打开文档。设置打开权限密码的操作步骤如下。

步骤1 执行"文件"→"另存为"→"浏览"命令，打开"另存为"对话框，单击"工具"→"常规选项"命令，如图 3-8 所示。

图 3-8 "另存为"对话框

步骤2 打开"常规选项"对话框，在"打开文件时的密码"文本框中输入密码，单击"确定"按钮，如图 3-9 所示。

图 3-9 "常规选项"对话框

步骤3 此时打开"确认密码"对话框，要求用户再次输入所设置的密码，如图 3-10(a)所示。

步骤4 在"确认密码"对话框中输入所设置的密码,单击"确定"按钮。如果输入的密码不正确,则会打开图3-10(b)所示的信息提示框。此时只能单击"确定"按钮,然后重新输入密码。

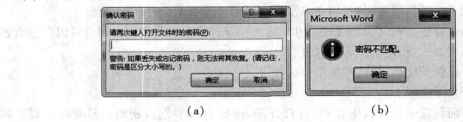

图3-10 "确认密码"对话框及信息提示框

步骤5 如果输入的密码正确,则返回"另存为"对话框,单击"保存"按钮即可保存。

再次打开被加密的文档时,将会打开"密码"对话框,要求用户输入密码。如果输入的密码正确,则文档打开;否则,文档方法打开。

如果想取消设置的密码,可以按以下的步骤操作。

步骤1 用正确的密码打开该文档。

步骤2 执行"文件"→"另存为"→"浏览"命令,打开"另存为"对话框。

步骤3 在"另存为"对话框中单击"工具"→"常规选项"命令,打开"常规选项"对话框。

步骤4 在"打开文档时的密码"文本框中用星号代表设置的密码,按"Delete"键删除密码,再单击"确定"按钮。

步骤5 返回"另存为"对话框,单击"保存"按钮,以后再打开此文档时就不需要输入密码了。

② 设置修改权限密码。

用户可以打开并查看一个设置了修改权限密码的文档,但无权修改它。参考图3-9,设置修改权限密码,在"修改文件时的密码"文本框中输入密码,其余操作与设置打开权限密码的操作一样。设置完成后,在打开该文档时,在弹出的"密码"对话框中将多出一个"只读"按钮,不知道密码的用户只能以只读方式打开文档。

③ 设置文件为只读属性。

将文件属性设置成"只读",也是保护文件不被修改的一种方法。具体的操作步骤如下。

步骤1 按照前面介绍的方法打开"常规选项"对话框。

步骤2 选择"建议以只读方式打开文档"复选框。

步骤3 单击"确定"按钮,返回"另存为"对话框。

步骤4 单击"保存"按钮完成设置。

3.1.4 文档的显示

1 全屏显示

想要屏幕显示更多文本,可选择"文件"→"选项"命令,单击"自定义功能区"选项卡,在"从下列位置选择命令"下拉列表框中选择"所有命令",在下方的列表框中找到并选定"全屏显示",在右侧的"主选项卡"列表框中新建组或新建选项卡,如选择"开始"复选框,单击"新建组"按钮,单击"添加"按钮将"全屏显示"添加到新建组中,单击"确定"按钮,如图3-11所示。这样就能在"开始"功能区中看到"全屏显示"按钮了。单击"全屏显示"按钮,切换到全屏显示视图。在全屏显示视图中,标题栏、功能区、状态栏和其他部分都被隐藏起来,全屏显示编辑区中的文本。用户可以在这个视图中输入并编辑文本,也可以从浮动工具栏中选择常用的命令。若要关闭全屏显示视图,可按"Esc"键。

② Word 视图模式

所谓视图模式,其实就是文档显示的方式。在不同的视图模式下,文档只是显示的效果不同,其内容并没有变

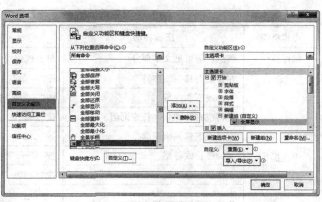

图 3-11　设置全屏显示

化。Word 有页面视图、阅读视图、Web 版式视图、大纲和草稿等视图模式。用户可以通过"视图"功能区内"视图"组中的功能按钮切换视图,也可以通过 Word 窗口右下角的视图按钮 📖、🗏、🗐 切换视图。

各类视图模式的适用范围及其说明如表 3-3 所示。

表 3-3　　　　　　　　　各类视图模式的适用范围及其说明

视图	适用范围	说明
页面视图	用于版式设计	在此模式下可以输入、编辑和排版文档,也可以插入页眉、页脚,还可以分栏,绘制图形能显示真实的效果;但占用计算机资源较多,处理速度慢
阅读视图	用于阅读长篇文章	自动分为多屏,视觉效果好
Web 版式视图	用于观看 Web 页	可在 Word 中查看 Web 页在 Web 浏览器中的效果
大纲	用于编辑文档的大纲	适合内容较多、层次复杂的文档。可以折叠文档只看到标题,也可以展开文档查看整个文档的内容
草稿	用于显示标题和正文	隐藏了页面边距、分栏、页眉、页脚和图片等元素,仅显示标题和正文,是最节省计算机系统硬件资源的视图方式

3.2　Word 编辑技术

3.2.1　基础编辑

① 输入文字

Word 窗口中的空白区是编辑区,其中有一条闪烁的竖线,这就是光标。光标的功能是定位文档中编辑的位置。当输入文字时,文字就会显示在光标所在的位置前面。

【应用】输入文字、插入符号的操作方法。

在 Word 中,既可以输入汉字,也可以输入英文,还可以插入多种符号、公式等。输入文字时,要注意正确地切换输入法。切换输入法的方法在第 2 章中已经介绍过,此处不再赘述。

② 光标的定位

复制、移动文本时,常要在编辑区中移动光标,操作方法如表 3-4 所示。

表 3-4　　　　　　　　　　　　在编辑区中移动光标的操作方法

操作类型	所需移动	执行动作
鼠标操作	移到任何可见文本部分	单击该位置
键盘操作	左移或右移一个字符	按"←"或"→"键
	上移或下移一行	按"↑"或"↓"键
	左移或右移一个字符或词语	按"Ctrl"+"←"组合键或"Ctrl"+"→"组合键
	上移或下移一个段落	按"Ctrl"+"↑"组合键或"Ctrl"+"↓"组合键
	移到行首或行尾	按"Home"键或"End"键
	上移或下移一页	按"Ctrl"+"Page Up"组合键或"Ctrl"+"Page Down"组合键
	移到当前屏幕顶端或底端	按"Ctrl"+"Alt"+"Page Up"组合键或"Ctrl"+"Alt"+"Page Down"组合键
	移到文档开头或文档结尾	按"Ctrl"+"Home"组合键或"Ctrl"+"End"组合键

3　删除错误文字

输入文字时,难免会出现一些错误。删除错误文字的操作方法如下。

方法 1：将光标移动到该字的后面,然后按"Backspace"键。

方法 2：将光标放在该字的前面,然后按"Delete"键。

方法 3：选择要删除的内容,然后按"Delete"键或"Backspace"键。

4　恢复错误操作

输入文字的过程中有时会误操作。如果误删去了一段文字,这时可以使用单击快速访问工具栏中的"撤销"按钮 ，或者按"Ctrl"+"Z"组合键 2 种方法恢复。

如果还想维持原来的状态,可以单击"恢复"按钮 ，或者按"Ctrl"+"Y"组合键,这样恢复的内容又会被删除。

5　插入对象

在正在编辑的文档中插入另一个对象的操作步骤如下。

步骤1　打开文档,单击要插入对象的位置,如图 3-12 所示。

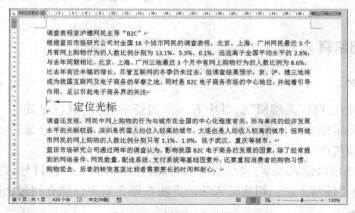

图 3-12　插入对象步骤 1

步骤2　单击"插入"→"文本"组中的"对象"下拉按钮,在打开的下拉列表中选择"对象"命令,如图 3-13 所示。

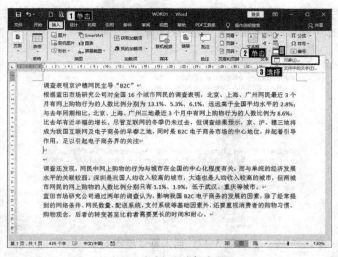

图 3-13　插入对象步骤 2

步骤3 在弹出的"对象"对话框中,单击"由文件创建"选项卡,单击"浏览"按钮,如图 3-14 所示。

步骤4 在弹出的"浏览"对话框中选择所需对象的位置,选定所需对象,再单击"插入"按钮,如图 3-15 所示。

图 3-14　插入对象步骤 3

图 3-15　插入对象步骤 4

此时在光标位置插入了新的文档内容,效果如图 3-16 所示。

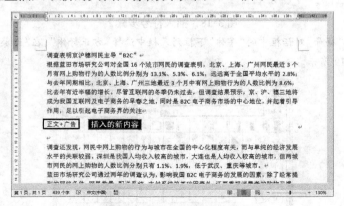

图 3-16　插入对象的效果

6　插入特殊符号

一篇文档中除了最常用的汉字和英文字符外,常常还需要输入一些特殊的符号,如汉语拼音、国际音标、希腊字母等。可以使用 Word 的符号库插入特殊符号,具体的操作步骤如下。

步骤1 打开文档,单击要插入符号的位置,如图 3-17 所示。

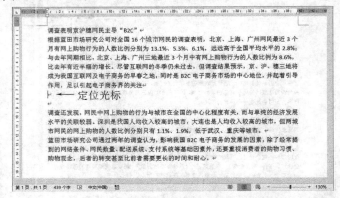

图 3-17　插入符号步骤 1

步骤2 单击"插入"→"符号"→"符号"→"其他符号"命令,如图 3-18 所示。

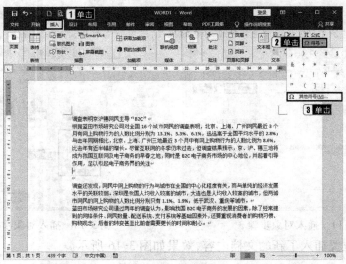

图 3-18　插入符号步骤 2

步骤3 在弹出的"符号"对话框中的"字体"下拉列表框中选择"方正舒体",在"子集"下拉列表框中选择"其他符号",如图 3-19 所示。

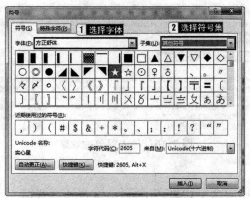

图 3-19　插入符号步骤 3

步骤4 在字符列表框中找到要使用的符号,双击该符号,或者单击该符号,再单击"插入"按钮,如图3-20所示,即可在文档中插入该符号。

图 3-20 插入符号步骤4

7 插入日期和时间

在 Word 文档中还可以插入日期和时间。具体的操作步骤如下。

步骤1 把光标定位到要插入日期和时间的位置。

步骤2 执行"插入"→"文本"→"日期和时间"命令,打开图 3-21 所示的"日期和时间"对话框。

步骤3 在"语言(国家/地区)"下拉列表框中选择"中文(中国)"或"英语(美国)",在"可用格式"列表框中选择所需的格式。如果选择"自动更新"复选框,则在每次打开该文档时,插入的日期和时间会自动更新。

步骤4 单击"确定"按钮,即可在光标位置插入当前的日期和时间。

图 3-21 "日期和时间"对话框

8 插入脚注和尾注

编写文章时,对引用的内容、名词或事件所加的注释,称为脚注或尾注。Word 提供插入脚注和尾注的功能,可在指定的文字处插入注释。脚注和尾注的区别:脚注放在页面的底端,而尾注在文档结尾处。插入脚注和尾注的操作步骤如下。

步骤1 将光标移到需要插入脚注和尾注的文字后面。

步骤2 单击"引用"功能区标签,在"脚注"分组中,单击右下角的"脚注和尾注"按钮,打开图 3-22 所示的"脚注和尾注"对话框。

步骤3 按要求设置脚注或尾注格式后,单击"插入"按钮,再输入脚注或尾注的文本内容。

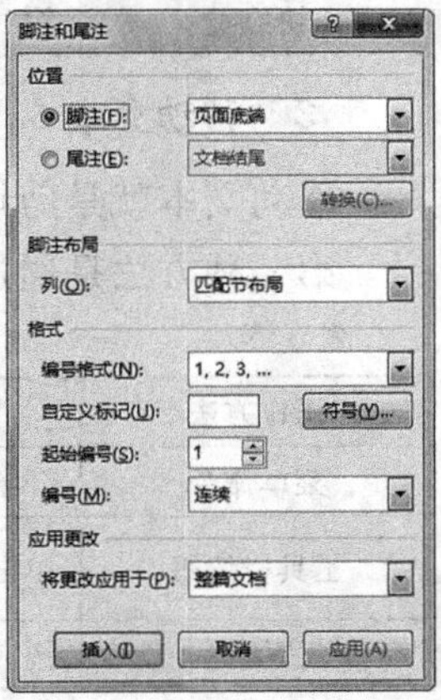

图 3-22 "脚注和尾注"对话框

3.2.2 复制和移动文本

1 文本的选择

大部分 Word 设置首先就是选择要设置的内容,然后才能进行下一步操作。

【应用】复制和移动文本的操作方法。

选择文本的方法如表3-5所示。

表3-5　　　　　　　　　　　　　　选择文本的方法

操作类型	选择文本	方法
鼠标操作	任何数量	单击要选择的文本起点,拖动到文本的终点为止
	一个词语	双击该词语中的任意位置
	一个句子	按住"Ctrl"键并单击句子中的任意位置
	一行	将鼠标指针移动至行的最左侧,当指针形状变成 ⇗ 时单击,即可选择整行
	多行	将鼠标指针移动至行的最左侧,当指针形状变成 ⇗ 时单击并按住鼠标左键拖动,即可选择多行
	一个段落	将鼠标指针移动至整段的最左侧,当指针形状变成 ⇗ 时双击,即可选择整段
	整个文档	将鼠标指针移动至任意文本的最左侧,当指针形状变成 ⇗ 时,按住"Ctrl"键并单击,即可选择全部文本
键盘操作	任何数量	将光标移至文本起点,按住"Shift"键,并使用方向键移动光标到想要的位置
	整个文档	按"Ctrl"+"A"组合键

用鼠标单击文档中的任意位置,或者通过键盘移动光标,即可取消选择。

2 复制文本

在Word中复制文本的方法和在Windows中复制文件的方法相同,使用的组合键也相同,都是"Ctrl"+"C"组合键,如表3-6所示。

表3-6　　　　　　　　　　　　　　复制文本的方法

操作方法	操作过程	
菜单命令	开始→剪贴板→复制	开始→剪贴板→粘贴
工具栏按钮	单击 📋 按钮	单击 📋 按钮
快捷键	按"Ctrl"+"C"组合键	按"Ctrl"+"V"组合键

3 移动文本

移动文本就是剪切文本,有以下两种方法。

第1种方法是通过菜单命令、工具栏按钮或快捷键操作,具体的操作过程如表3-7所示。

表3-7　　　　　　　　　　　　　　移动文本的方法

操作方法	操作过程	
菜单命令	开始→剪贴板→剪切	开始→剪贴板→粘贴
工具栏按钮	单击 ✂ 按钮	单击 📋 按钮
快捷键	按"Ctrl"+"X"组合键	按"Ctrl"+"V"组合键

第2种方法是直接通过拖动的方法操作,具体的操作步骤如下。

步骤1 打开文档,选择要移动的文本,按住鼠标右键,拖动文本到指定位置,如图3-23所示。拖动时鼠标指针变成了 ⇗ 形状。

Word 2016的使用 第3章

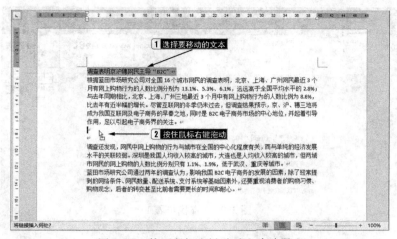

图 3-23　使用鼠标右键移动文本步骤 1

步骤2 将文本拖动到要移到的位置后松开鼠标右键。

步骤3 在弹出的快捷菜单中选择"移动到此位置"命令,如图 3-24 所示。如果选择"复制到此位置"命令即为复制操作。

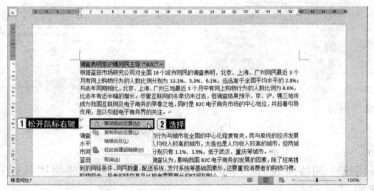

图 3-24　使用鼠标右键移动文本步骤 2、步骤 3

3.2.3　查找与替换

1　初级查找与替换

（1）初级查找

如果在很多页的文章中查找某一个词,如"网上购物",就需要使用 Word 中的查找功能。查找的操作步骤如下。

【应用】查找和替换的方法,尤其是高级替换的方法。

步骤1 打开文档,单击"开始"→"编辑"→"查找"命令,如图 3-25 所示,或者按"Ctrl"+"F"组合键。

步骤2 弹出"导航"窗格,在文本框中输入需要查找的内容,如"网上购物",如图 3-26（a）所示。按"Enter"键,出现搜索结果,如图 3-26（b）所示。

105

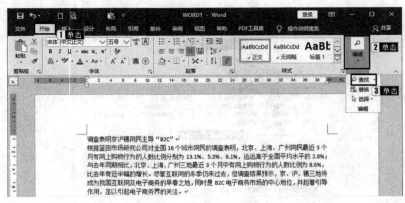

图 3-25　查找步骤 1

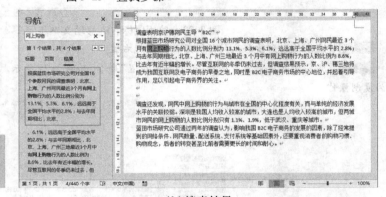

(a) 输入查找内容　　　　　　　　　　　(b) 搜索结果

图 3-26　查找步骤 2

(2) 初级替换

如果还需要将这个词替换成另一个词,如换成"网购",就需要使用替换功能。初级替换的具体操作步骤如下。

步骤1 打开文档,单击"开始"→"编辑"→"替换"命令,如图 3-27 所示,或者按"Ctrl"+"H"组合键。

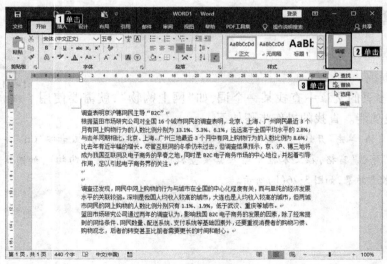

图 3-27　替换步骤 1

步骤2 打开"查找和替换"对话框的"替换"选项卡,在"查找内容"文本框中输入需要查找的内容,如"网上购物";在"替换为"文本框中输入替换的内容,如"网购",单击"替换"或"全部替换"按钮,如图3-28所示。

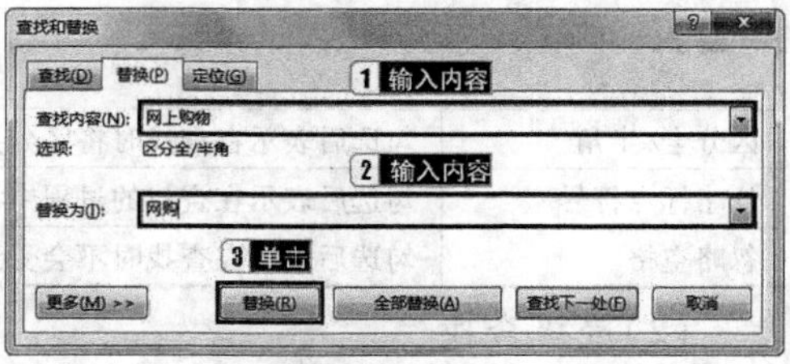

"替换"和"全部替换"两个按钮的功能区别如下。
- "替换"按钮:一个一个地替换。
- "全部替换"按钮:一次性全部替换。

图3-28 替换步骤2

2 高级查找与替换

(1)进阶查找

如果提高查找难度,如需要查找"一级计算机基础及MS Office应用"这个词,就要使用高级查找方式。具体的操作步骤如下。

步骤1 打开"查找和替换"对话框,在"查找"选项卡的"查找内容"文本框中输入需要查找的内容"一级计算机基础及MS Office应用",单击"更多"按钮,如图3-29所示。

步骤2 在展开的"搜索选项"选项组中选择相应的设置选项,如选择"区分大小写"复选框。单击"查找下一处"按钮,如图3-30所示。

图3-29 进阶查找步骤1

图3-30 进阶查找步骤2

"搜索选项"选项组中各选项的功能如表3-8所示。

表3-8 搜索选项及其功能

名称	功能描述
区分大小写	如果需要查找的是"MS Office"而不是"ms office"或"MS OFFICE",就必须勾选这个选项
全字匹配	如果查找"Of",就有可能找到"Office"。勾选这个选项后只会找到独立的"Of"
使用通配符	勾选后查找"M?"就可以搜索到"MS""M1""MM"等;查找"O?????"就可以搜索到"Office""Offfff""O12345"等
同音(英文)	勾选后表示可以查找发音一致的单词
勾选后查找单词的所有形式(英文)	勾选后表示查找英文时,不会受到英文形式的干扰
区分前缀	勾选后表示查找时将区分文本中单词的前缀
区分后缀	勾选后表示查找时将区分文本中单词的后缀

(续表)

名称	功能描述
区分全/半角	勾选后表示在查找时将区分英文单词的全角或半角字符
忽略标点符号	勾选后表示在查找的过程中将忽略文档中的标点符号
忽略空格	勾选后表示在查找时不会受到空格的影响

(2) 高级查找

Word 提供的查找和替换功能非常强大,下面把查找的难度再提高一些。例如,需要在全文中查找红色的、黑体、五号字的"字母 B"。

步骤1 打开"查找和替换"对话框,在"查找"选项卡的"查找内容"文本框中输入需要查找的内容"字母 B",单击"更多"按钮,如图 3-31 所示。

步骤2 在展开的"查找"选项组中单击"格式"按钮,如图 3-32 所示。

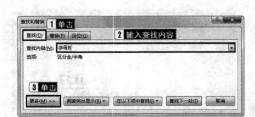

图 3-31　高级查找步骤 1　　　图 3-32　高级查找步骤 2

步骤3 在弹出的"格式"菜单中单击"字体"命令,如图 3-33 所示。

步骤4 弹出"查找字体"对话框,在其中设置字符格式,如图 3-34 所示。

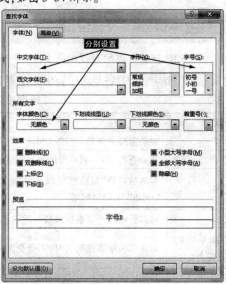

图 3-33　高级查找步骤 3　　　图 3-34　高级查找步骤 4

步骤5 设置完毕后单击"确定"按钮，如图3-35所示。

步骤6 此时会返回"查找和替换"对话框，单击"查找下一处"按钮，开始查找，如图3-36所示。

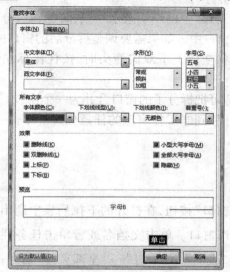
图3-35 高级查找步骤5

图3-36 高级查找步骤6

（3）高级替换

当"查找内容"或"替换为"的内容具有复杂的格式时，就需要使用Word的高级替换功能。替换的方法：先在"查找内容"文本框中输入需要查找的内容，并设置其格式，然后在"替换为"文本框中输入替换的内容，再为替换内容设置格式，最后单击"替换"或"全部替换"按钮。大致的操作过程如图3-37所示。

（a）输入查找内容并进行格式设置　　　（b）输入替换内容并进行格式设置

图3-37 高级替换

3.2.4 多窗口编辑技术

1 窗口的拆分

Word的文档窗口可以拆分为两个窗口，将一个文档的两部分分别显示在两个窗口中，从而方便地编辑文档。

拆分窗口的方法：执行"视图"→"窗口"→"拆分"命令。

执行"视图"→"窗口"→"拆分"命令后，在编辑区中出现一条水平线，将编辑区分为两个窗口，一个文档的两部分可以分别显示在这两个窗口中。如果需要调整拆分后的窗口的大小，只需要把鼠标指针移到此水平线上，当指针形状变成上下双向箭头时，按住鼠标左键拖动即可。

执行"视图"→"窗口"→"取消拆分"命令，即可把拆分了的窗口合并为一个窗口。

光标所在的窗口称为工作窗口。将鼠标指针移到非工作窗口的任意位置并单击一下，就可以将它切换成工作窗口。

2 多个窗口间的编辑

（1）打开多个文档

在"视图"功能区的"窗口"组中，单击"切换窗口"按钮，在打开的下拉列表中列出了被打开的文档名，文档名前有 ✓ 图标表示当前的工作窗口。单击文档名或者单击任务栏中相应的任务按钮，可以切换到相应的文档窗口。执行"视图"→"窗口"→"全部重排"命令，可以将所有文档窗口排列在屏幕上。在重排后可以对各文档窗口的内容进行剪切、粘贴、复制等操作。

（2）为同一文档新建窗口

在"视图"功能区的"窗口"组中，单击"新建窗口"按钮，建立新的窗口。如果当前窗口的标题为"WORD1"，那么新建窗口后，原来窗口的标题自动编号为"WORD1：1"，新建的窗口的标题编号为"WORD1：2"。单击"全部重排"按钮可以在屏幕上同时显示这些窗口。

3.3 Word 文档排版技术

本节主要介绍 Word 的字符格式、段落格式和特殊格式的排版方法。读者掌握此节内容后，就可以将文档排得更加精致和美观。

3.3.1 设置字符格式

文档的外观很大程度上是由其字体决定的。字体是指文字的风格（即单个字符的外观）及其大小。中文版的 Office 2016 附带了多种中文字体，不同的字体适合不同风格的文章。

【应用】设置字符格式的方法。

设置字符格式是指设置文档中字符所包含的属性。例如，字体、字号、字形、字体颜色、下划线等。

1 设置字体

（1）使用菜单命令设置字体

▶步骤1 选择需要设置格式的文档内容，如图3-38所示。字体格式虽然很多，但通过菜单命令设置字体的方法都是相同的。

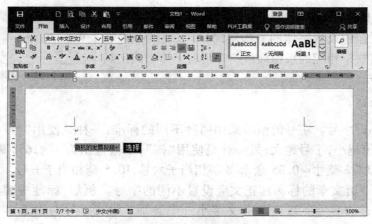

图 3-38　字体格式设置步骤 1

步骤2 在"开始"功能区的"字体"组中,单击右下角的"字体"按钮,如图 3-39 所示。

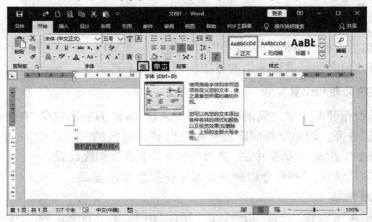

图 3-39　字体格式设置步骤 2

步骤3 在打开的"字体"对话框的"字体"选项卡中分别设置不同的选项,然后单击"确定"按钮,即可完成字体格式的设置,如图 3-40 所示。

设置好的效果如图 3-41 所示。选择内容的字体、字形、字号、字体颜色等都发生了变化,并添加了下划线。

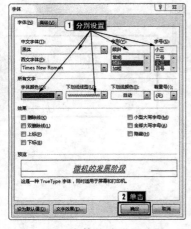

图 3-40　字体格式设置步骤 3　　　　图 3-41　字体格式设置的效果

（2）使用工具栏按钮设置字体

使用工具栏按钮设置字体的方法更简单，只要选择内容后单击字体工具栏中相应的按钮即可。常用的字体格式工具栏如图3-42所示。

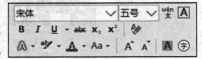

图3-42　字体格式工具栏

❷ 设置字号

字体的大小即字号。字号的型号采用两种不同的标准：一种是使用"号"，其取值范围为八号到初号，数值越小，字号越大；另一种是使用"磅"，取值范围为1～1638磅，磅值越大，字号越大。1磅＝1/72英寸≈0.35毫米，8磅相当于六号，10.5磅相当于五号。

一般来说，一篇文章的标题和正文应设置不同的字号。例如，标题应醒目，字体通常大一些，而作者名称的字号应该比正文文字小一个级别。设置字号与设置字体的方法相同，此处不再赘述。

❸ 其他设置选项

使用粗体、下划线、斜体能使文档中某些字符更加醒目，以突出重点。还可以使用一些特殊的字体效果，包括上标、下标、删除线。也可以指定隐藏文档，表示这些文字不显示或不被打印。设置方法与此前介绍的设置字体的方法相同，此处不再赘述。

❹ 设置字符间距和位置

字符间距是指相邻两个字之间的距离。一般来说，标题的字比较少，有时要将标题的字符间距调大，使它们分开。调整字符间距需要在"开始"功能区的"字体"组中，单击右下角的"字体"按钮，在打开的"字体"对话框中的"高级"选项卡中进行相应设置。

下面以"计算机考试"为例，介绍如何设置字符间距和位置。

（1）字符间距调整

选择"计算机考试"，在"开始"功能区的"字体"组中，单击右下角的"字体"按钮，打开"字体"对话框。单击"高级"选项卡，在"间距"下拉列表框中选择"加宽"，在其相应"磅值"微调框中输入"6磅"，单击"确定"按钮，如图3-43所示。

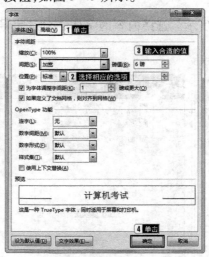

图3-43　字符间距调整

(2) 字符位置调整

调整字符位置的操作过程如图 3-44 所示。

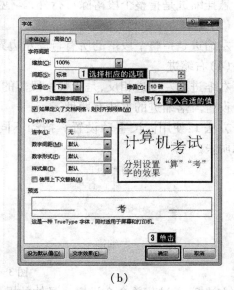

(a)　　　　　　　　　　　　　(b)

图 3-44　字符位置调整

步骤1 选择"算"字,在"开始"功能区的"字体"组中,单击右下角"字体"按钮,打开"字体"对话框。

步骤2 单击"高级"选项卡,在"位置"下拉列表框中选择"上升",在其对应的"磅值"微调框中输入"10 磅"。

步骤3 单击"确定"按钮。

步骤4 选择"考"字,用同样方法将其位置下降 10 磅。

3.3.2　设置段落格式

1　对齐文档

段落对齐的方式有以下 5 种。

【应用】设置段落格式的方法。

- 左对齐:使段落的左端对齐,通常用于正文内容。
- 居中:使段落行居中,通常用于标题行。
- 右对齐:使段落的右端对齐。
- 两端对齐:使段落的左端和右端对齐(最后一行除外)。
- 分散对齐:改变段落的字符间距以做到段落左右都对齐, 通常用于段落的最后一行。

要改变一个或多个段落的对齐方式,首先要选择需要改变对齐方式的段落,然后在"开始"功能区的"段落"组中单击某个对齐按钮,如图 3-45 所示。

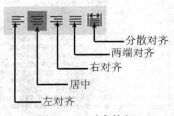

图 3-45　对齐按钮

2　段落缩排

段落缩排的目的是使段落看起来更有层次感,同时又比较整齐。缩排是指段落边界与页面边界之间的空间。段落缩排有以下几种形式。

(1) 首行缩进

首行缩进是指段落的第一行左缩进,也就是我们常说的"第一行空几格"。

（2）悬挂缩进

悬挂缩进是指整个段落除首行外，其他行都左缩进。

（3）左缩进

左缩进是指整个段落的所有行的左边界向右缩进。

（4）右缩进

右缩进跟左缩进相反，是指整个段落的所有行的右边界向左缩进。

设置段落缩进的方法有两种。

方法1：使用标尺手动设置。拖动不同的滑块，可以完成不同的缩进方式的设置，如图3-46所示。

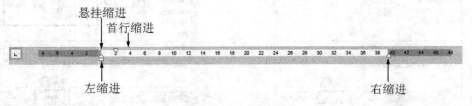

图3-46　缩进滑块

方法2：通过菜单命令设置。具体的操作步骤如下。

步骤1 选择需要设置段落缩进的文档内容，在"开始"功能区的"段落"组中，单击右下角"段落设置"按钮，如图3-47所示。

步骤2 在弹出的"段落"对话框的"缩进和间距"选项卡中分别进行相应的设置后，单击"确定"按钮，如图3-48所示。

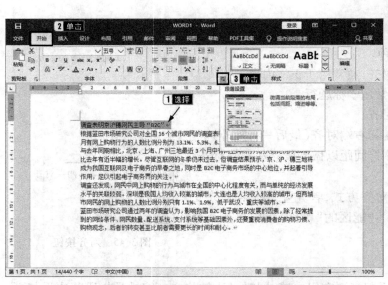

图3-47　段落缩进格式设置步骤1

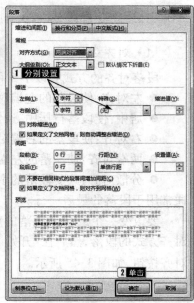

图3-48　段落缩进格式设置步骤2

3. 段前、段后设置

对"段前""段后"的设置就是在段落的前后增加一定的行数，可在"段落"对话框的"间距"选项组的"段前""段后"微调框中进行相应的设置。

4 行间距设置

设置行间距的操作步骤如下。

步骤1 选择需要设置行间距的文档内容,在"开始"功能区的"段落"组中,单击右下角"段落设置"按钮,打开"段落"对话框。

步骤2 在"缩进和间距"选项卡的"行距"下拉列表框中选择适当的行距,单击"确定"按钮,如图 3-49 所示。

"行距"下拉列表框中各选项的含义如下。

● 单倍行距:将行距设置为该行最大字体的高度加上一小段额外间距。额外间距的大小取决于所用的字体,单位为点数。一般默认单倍行距是五号字体,行间距为 12 磅。

● 1.5 倍行距:1.5 倍行距为单倍行距的 1.5 倍。例如,对于字号为 10 磅的文本,在使用 1.5 倍行距时,行距约为 15 磅。

● 2 倍行距:2 倍行距为单倍行距的 2 倍。例如,对于字号为 10 磅的文本,在使用 2 倍行距时,行距约为 20 磅。

● 最小值:行距至少是输入的值,如果文档行含有大的字符,Word 会相应地增加行距。

● 固定值:行距是输入的值。

● 多倍行距:按输入的倍数改变行距。例如,输入"2",则行距改为正常行距的 2 倍。

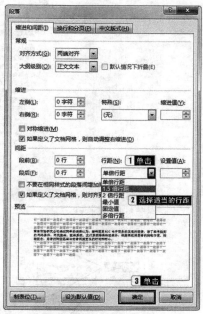

图 3-49　行距设置

3.3.3　设置特殊格式

1 设置边框和底纹

为了使文档美观,或者突出显示某些内容,常常为这些内容加上边框或底纹,添加边框和底纹有两种方法。最简单的一种方法就是使用功能区中的按钮为选择的内容加上边框或底纹。另一种方法是使用菜单命令。

使用菜单命令添加边框和底纹的操作步骤如下。

步骤1 选择要设置边框和底纹的文字,在"开始"功能区的"段落"组中,单击"边框"下拉按钮,在打开的下拉列表中选择"边框和底纹"选项,如图 3-50 所示。

步骤2 在弹出的"边框和底纹"对话框的"边框"选项卡中分别设置边框样式、颜色、宽度,然后将"应用于"设置为"文字",如图 3-51 所示。

步骤3 单击"底纹"选项卡,在"填充"下拉列表框中选择适当的填充颜色,在"样式"下拉列表框中选择适当的样式,将"应用于"设置为"文字",单击"确定"按钮,如图 3-52 所示。

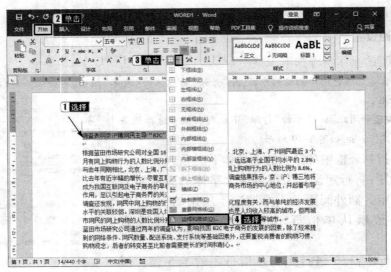

图 3-50　边框和底纹设置步骤 1

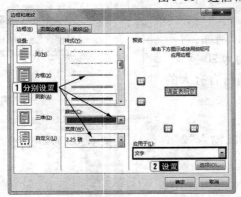

图 3-51　边框和底纹设置步骤 2

图 3-52　边框和底纹设置步骤 3

设置完边框和底纹的效果如图 3-53 所示。

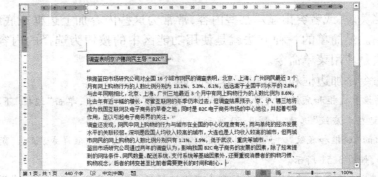

图 3-53　边框和底纹设置的效果

② 设置分栏

设置分栏可以丰富排版效果,具体的操作步骤如下。

步骤1 选择要设置分栏的文档内容,在"布局"功能区的"页面设置"组中,单击"栏"按钮,在打开的下拉列表框中选择"更多栏"选项,如图3-54所示。

步骤2 弹出"栏"对话框,在"预设"选项组中单击想要使用的分栏格式(也可以在"栏数"微调框中设置相应的栏数),分别设置栏宽、间距、应用范围和分隔线,然后单击"确定"按钮完成设置,如图3-55所示。

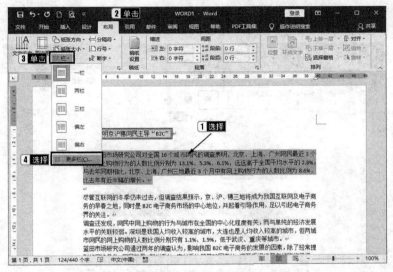

图 3-54　分栏设置步骤 1

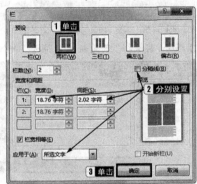

图 3-55　分栏设置步骤 2

在设置分栏时,要注意选择"应用于"下拉列表框中的选项。选择不同的选项,分栏的效果作用于不同的范围。

● 整篇文档:选择此选项,则整篇文档都应用分栏的设置。

● 所选文字:选择此选项,只有选择的文字内容应用分栏设置,其他非选择内容不受影响。

● 插入点之后:如果不选择文档,而是直接启动"栏"对话框设置,则在"应用于"下拉列表框中出现此选项。选择此选项后,则光标之后的内容应用分栏的设置。

选择分栏内容后,将"栏数"设置为"1",即可取消分栏设置。

③ 设置项目符号和编号

项目符号和编号列表是处理文档列表信息的格式工具。Word 可以自动建立这些元素,如对由相关信息构成的、没有特别顺序的项目使用项目符号列表,而对有特别顺序的项目使用项目编号列表。

建立项目符号或编号列表时，每个段落被看作一个分开的列表，并应用属于自己的符号或编号。

(1) 设置项目符号

步骤1 选择要设置项目符号的文档内容，在"开始"功能区的"段落"组中，单击"项目符号"下拉按钮，在打开的下拉列表中选择想要的项目符号选项，如图3-56所示。

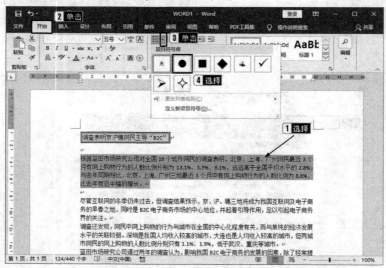

图3-56　项目符号设置步骤1

步骤2 如果没有符合要求的项目符号，则选择"定义新项目符号"命令，如图3-57所示。

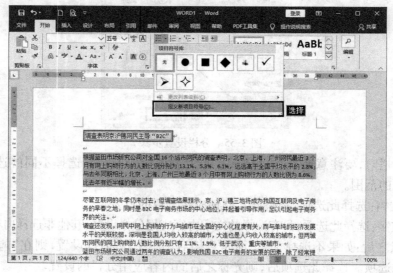

图3-57　项目符号设置步骤2

步骤3 打开"定义新项目符号"对话框，在其中单击"符号"按钮，如图3-58所示。

步骤4 弹出"符号"对话框，在其中选择需要的项目符号，单击"确定"按钮，如图3-59所示。

步骤5 返回"定义新项目符号"对话框，单击"确定"按钮。

 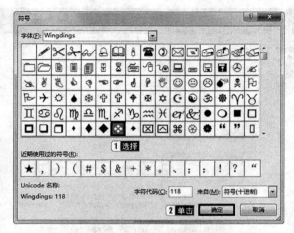

图 3-58　项目符号设置步骤 3　　　　　图 3-59　项目符号设置步骤 4

取消项目符号的方法是在"项目符号库"选项组中单击"无"选项。

(2) 设置编号

设置编号的方法和设置项目符号的方法相似。如果要在输入时自动建立编号列表,可进行如下操作。

💡**步骤1** 选择要设置编号的文档内容,在"开始"功能区的"段落"组中,单击"编号"下拉按钮,在打开的下拉列表中单击想要的编号格式,如图 3-60 所示。

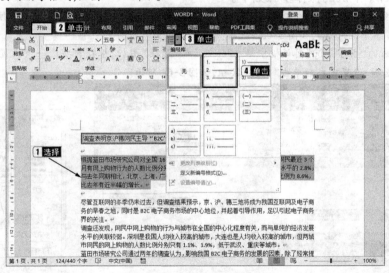

图 3-60　编号设置步骤 1

💡**步骤2** 如果没有符合要求的编号格式,可以选择"定义新编号格式"命令,如图 3-61 所示。

💡**步骤3** 打开"定义新编号格式"对话框,在其中的"编号样式"下拉列表框中选择一个样式,设置其他辅助选项,单击"确定"按钮,如图 3-62 所示。

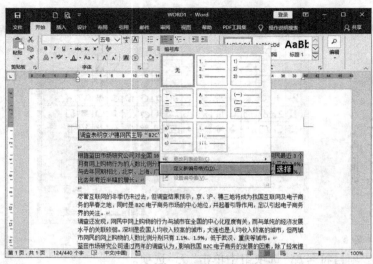

图 3-61　编号设置步骤 2

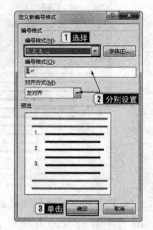

图 3-62　编号设置步骤 3

取消编号的方法是在"编号库"选项组中选择"无"。

4 设置首字下沉

"首字下沉"中的"首字"是指段落中的第一个字,"下沉"是将"首字"放大,占据下面几行的位置。设置首字下沉的操作步骤如下。

步骤1 选择要设置首字下沉的文字,在"插入"功能区的"文本"组中,单击"首字下沉"按钮,在打开的下拉列表中选择"首字下沉选项",如图 3-63 所示。

步骤2 在弹出的"首字下沉"对话框中单击"下沉"或"悬挂"图标,根据需要进一步设置首字的"下沉行数"和"距正文"选项,设置完成后单击"确定"按钮,如图 3-64 所示。

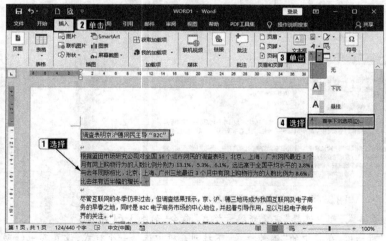

图 3-63　首字下沉设置步骤 1

图 3-64　首字下沉设置步骤 2

5 格式刷工具

文字内容是可以复制、粘贴的,这样能免做一些重复的工作。那么,格式是否也可以复制呢？当然是可以的。Word 提供了格式刷工具,即"开始"功能区的"剪贴板"组中的"格式刷"按钮。使用格式刷复制格式的操作步骤如下。

步骤1 选择某部分内容(可以是一个字符,也可以是一段文字)。

步骤2 单击"开始"功能区的"剪贴板"组中的"格式刷"按钮 。

步骤3 此时,鼠标指针变成刷子形状,再刷一下目标内容(用鼠标拖选目标内容),即可完成格式复制操作。

> **请注意**
> ● 单击"格式刷"按钮,只可以复制一次格式。
> ● 双击"格式刷"按钮,就可以多次复制格式。

退出格式刷状态的方法是按"Esc"键或再次单击"格式刷"按钮。

3.4 Word 表格排版技术

相比文字而言,运用表格进行表达更加简单、直观。表格的使用范围越来越广,工作、学习和生活中经常需要制作一些表格,如班级成绩表、月收入支出表、工资表等。Word 提供了强大的表格处理功能,可以帮助我们制作各种美观、实用的表格。

3.4.1 创建表格

> **学习提示**
> 【应用】新建表格的方法。

在 Word 中创建表格的方法有两种。

1 使用虚拟表格创建表格

创建一个表格的操作步骤如下。

步骤1 在"插入"功能区的"表格"组中,单击"表格"按钮,在打开的下拉列表的虚拟表格中移动鼠标指针选择需要插入表格的行数和列数,如选择 5 行 5 列,如图 3-65 所示。

步骤2 单击即可在光标所在处插入一个表格。

在下拉列表的虚拟表格中最多可以选择 8×10 的表格,表示最多只能创建 8 行 10 列的表格。

2 使用菜单命令创建表格

使用菜单命令创建表格的操作步骤如下,如图 3-66 所示。

步骤1 单击"插入"→"表格"→"插入表格"命令。

步骤2 弹出"插入表格"对话框,在"列数"和"行数"微调框中输入表格的列数和行数。这里以创建一个 7 行 8 列的表格为例,设置"列数"为"8","行数"为"7"。

步骤3 单击"确定"按钮。

图 3-65 手动创建表格

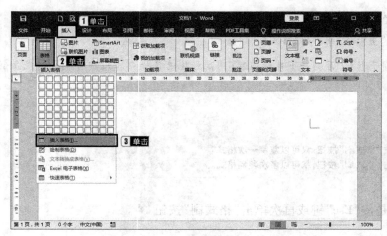

(a)执行命令　　　　　　　　　　　　(b)"插入表格"对话框

图 3-66　使用菜单命令创建表格

用鼠标单击表格的任何一个单元格时,光标就会出现在此单元格中。这时此单元格处于可编辑状态,可以在其中输入文字,插入各种符号甚至图片等。

使用鼠标和键盘都可以在表格中移动光标。如果使用鼠标,只需单击要移动到的单元格即可。使用键盘移动光标的方式如表 3-9 所示。

表 3-9　　　　　　　　　　　　　　使用键盘移动光标

按键	作用	按键	作用
↑	向上移动一个单元格	Shift + Tab	移至前一个单元格
↓	向下移动一个单元格	Alt + Home	移至行首单元格
←	向左移动一个单元格	Alt + End	移至行尾单元格
→	向右移动一个单元格	Alt + Page Up	移至列首单元格
Tab	移至下一个单元格	Alt + Page Down	移至列尾单元格

3.4.2　表格操作

1 移动表格

移动鼠标指针,使其指向表格的任何位置,表格的左上角都会出现一个十字箭头标记,拖动它可以移动表格。将鼠标指针移至表格的右下角,当鼠标指针形状变成 时,按住鼠标左键拖动到适当的位置后放开鼠标左键,即可使表格放大或缩小。移动或缩放表格的方法展示如图 3-67 所示。

图 3-67 移动或缩放表格的方法展示

② 选择表格内容

设置表格中内容格式的方法与设置正文内容格式的方法一样,首先应选择相应的对象。可选择的对象有很多,如一个单元格、一列、一行或单元格中的文本。选择的方法有两种:一种是使用菜单命令选择,另一种是使用鼠标或键盘选择。

(1)使用菜单命令选择

步骤1 将光标定位在表格中的某一单元格中。

步骤2 在"表格工具"的"布局"功能区中,单击"表"组中的"选择"下拉按钮,打开下拉列表。

步骤3 根据需要,可选择"选择单元格""选择列""选择行"或"选择表格"命令,即可选择相应的内容。这里选择"选择列"命令,如图 3-68 所示。

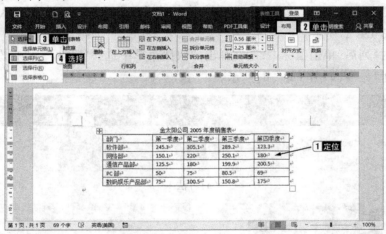

图 3-68 选择列

(2)使用鼠标或键盘选择

使用鼠标或键盘选择表格内容的方法如表 3-10 所示。

表 3-10　　　　　　　使用鼠标或键盘选择表格内容的方法

功能	选择方式
选择一个单元格	将鼠标指针指向单元格左边框,当指针形状变成 ➤ 时,单击鼠标左键
选择一行	将鼠标指针指向该行的左侧,当指针形状变成 ⇗ 时,单击鼠标左键
选择一列	将鼠标指针指向该列顶端,当指针形状变成 ⬇ 时,单击鼠标左键
选择下一个单元格中的文本	按"Tab"键

(续表)

功能	选择方式
选择上一个单元格中的文本	按"Shift"+"Tab"组合键
选择整个表格	单击该表格,并关闭数字键盘,然后按"Alt"+"5"组合键
选择连续多个单元格、多行或多列	在要选择的单元格、行或列上拖动鼠标指针;或者先选择某个单元格、行或列,然后在按"Shift"键的同时选择其他单元格、行或列

无论是选择了单元格、行、列,还是整个表格,在文本编辑区任意位置单击鼠标左键即可取消选择。

3.4.3 修改表格结构

1 插入、删除行和列

插入一个表格后,有时需要增加一些内容,如在表格中增加行、列或单元格。有时需要删去一些内容,如删除行、列或单元格。

学习提示

【应用】修改表格结构的操作:插入单元格、删除单元格、合并单元格、拆分单元格,改变列宽、行高。

(1)插入行和列

要在表格中插入列,必须选择插入列的位置,然后执行相应的命令。插入列的操作方法有两种。

方法1:在"表格工具"的"布局"功能区中,单击"行和列"组中的"在左侧插入"或"在右侧插入"按钮,如图3-69(a)所示。

方法2:选择列后,单击鼠标右键,在弹出的快捷菜单中选择"插入"→"在左侧插入列"或"在右侧插入列"命令,如图3-69(b)所示。

(a)方法1

(b)方法2

图3-69 在表格中插入列

插入行的方法与插入列的方法的不同之处是选择的是"行",而不是"列"。可以一次选择多行或多列,然后进行多行或多列的插入。

（2）删除行和列

在表格中删除行和列的操作非常简单,先选择行或列后,单击"剪切"按钮 ✂ 或按"Ctrl"+"X"组合键；也可以在"表格工具"的"布局"功能区中,单击"行和列"组中的"删除"→"删除行"或"删除列"命令。

若要删除整个表格,可以在"表格工具"的"布局"功能区中,单击"行和列"组中的"删除"→"删除表格"命令。

2 插入、删除单元格

插入单元格与插入行、插入列有所区别。首先选择单元格,在"表格工具"的"布局"功能区的"行和列"组中,单击右下角的对话框启动器按钮 ⌐,此时弹出"插入单元格"对话框,如图3-70(a)所示,这里有4种插入单元格的方式可供选择。

● 活动单元格右移:插入单元格后,光标所在位置的单元格将向右移动。
● 活动单元格下移:插入单元格后,光标所在位置的单元格将向下移动。
● 整行插入:在当前插入单元格位置插入行,原单元格所在行下移。
● 整列插入:在当前插入单元格位置插入列,原单元格所在列右移。

当要删除单元格时,选择要删除的单元格,使用鼠标右键单击该单元格,在弹出的快捷菜单中选择"删除单元格"命令。此时将打开图3-70(b)所示的"删除单元格"对话框,从中可以选择一种删除单元格的方式。

(a)"插入单元格"对话框　　(b)"删除单元格"对话框

图3-70　插入/删除单元格对话框

 请注意　不能使用"剪切"命令删除单元格,"剪切"命令只能删除单元格中的文本,而不能删除整个单元格。

3 合并或拆分单元格

平时需要用到的表格,并不都是中规中矩的表格。例如,图3-71所示的表格,通过前面介绍的创建表格的办法是很难制作成功的。

图3-71　复杂表格的例子

使用 Word 的"合并单元格""拆分单元格"功能可以很容易地制作出结构复杂的表格。

(1) 合并单元格

步骤1 创建一个新表格,如图 3-72 所示。

步骤2 选择需要合并的几个相邻单元格,如图 3-73 所示。

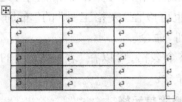

图 3-72　合并单元格步骤 1　　　　图 3-73　合并单元格步骤 2

步骤3 在"表格工具"的"布局"功能区中,单击"合并"组中的"合并单元格"按钮,如图 3-74 所示;或者使用鼠标右键单击选择的单元格,在弹出的快捷菜单中选择"合并单元格"命令。

图 3-74　合并单元格步骤 3

合并单元格后的效果如图 3-75 所示。

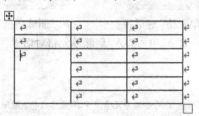

图 3-75　合并单元格的效果

(2) 拆分单元格

步骤1 将光标定位在要拆分的单元格内,如图 3-76 所示。

图 3-76　拆分单元格步骤 1

步骤2 在"表格工具"的"布局"功能区中,单击"合并"组中的"拆分单元格"按钮,如图 3-77 所示;或者使用鼠标右键单击要拆分的单元格,在弹出的快捷菜单中选择"拆分单元格"命令。

图 3-77　拆分单元格步骤 2

步骤3 在弹出的"拆分单元格"对话框中设置要拆分的列数和行数,单击"确定"按钮,如图3-78所示。拆分单元格的效果如图3-79所示。

图 3-78　拆分单元格步骤 3　　　图 3-79　拆分单元格的效果

4　改变表格列宽

(1) 改变列宽

改变表格列宽的方法有两种:一种是使用鼠标拖动,另一种是使用菜单命令调整。

方法1:将鼠标指针停留在要更改宽度的列的边框上,当指针形状变为 ←||→ 时,按住鼠标左键拖动边框,直到得到所需的列宽后松开鼠标左键。

方法2:使用菜单命令调整列宽的操作步骤如下。

步骤1 单击需要调整的单元格,在"表格工具"的"布局"功能区中,单击"表"组中的"属性"按钮,如图3-80所示。

图 3-80　改变列宽步骤 1

步骤2 在弹出的"表格属性"对话框中单击"列"选项卡,在"指定宽度"微调框中输入所需的数值,单击"确定"按钮,如图3-81所示。

图 3-81　改变列宽步骤 2

设置行高的方法与设置列宽的方法相似,需要注意的是,在单击"表格属性"对话框中的"行"选项卡后,先要选择"指定高度"复选框,并且在"行高值是"下拉列表框中选择"固定值",然后设置行高值,最后单击"确定"按钮,如图3-82所示。

图3-82　设置行高

（2）调整列等宽

调整列等宽是将表格中选择的各列的宽度重新分配,使每一列的宽度一致。

步骤1 选择要统一调整的列。

步骤2 在"表格工具"的"布局"功能区中,单击"单元格大小"组中的"分布列"按钮,如图3-83所示。

图3-83　调整列等宽

调整行等高就是平均分布各行,其调整方法与调整列等宽的方法相似,此处不再赘述。

5　绘制斜线表头

实际工作中往往会遇到图3-84所示的带有斜线表头的表格。斜线表头可以使用菜单命令绘制,也可以通过手动方式绘制。这里重点介绍使用菜单命令绘制斜线表头的方法,具体的操作步骤如下。

品名＼月销量	一月销量	二月销量	三月销量
电视机	800	700	700
冰箱	670	650	600
洗衣机	770	780	800

图3-84　斜线表头效果

步骤1 单击需要添加斜线的单元格（一般是第1个单元格）,在"表格工具"的"设计"功能区,单击"边框"组中的"边框"下拉按钮,如图3-85所示。

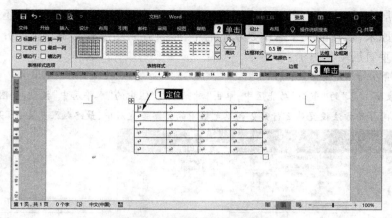

图 3-85　绘制斜线表头步骤 1

步骤2 在弹出的下拉列表中选择"斜下框线"命令,即可绘制斜线表头,如图 3-86 所示。

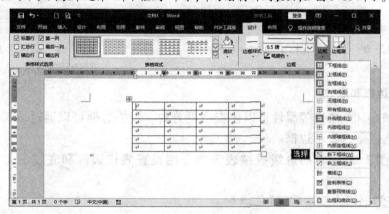

图 3-86　绘制斜线表头步骤 2

步骤3 分别在其中输入行标题和列标题。

3.4.4　设置表格格式

为了使表格变得美观,还需要对表格的格式进行设置。

> **学习提示**
> 【应用】设置表格文字格式、边框和底纹。

1　表格内容垂直居中

表格文字的修饰方式与普通文字的修饰方式相同,首先选择要修饰的文字,然后根据需要设置文字或段落格式即可。

向表格中输入文字,有时需要设置表格内的文字(尤其是表格的第 1 行——标题行)居中。使用段落对齐的方式设置文字居中的效果如图 3-87 所示。

学号	班级	姓名	性别
00001	初三(一)	王刚	男
00002		田成	男
00003		李红	女
00004		黄明	男
00005		张娟	女
00006		孟强	男

图 3-87　使用段落对齐的方式设置文字居中

设置文字居中后,有时也会遇到这样的问题:表格第1行已经居中了,但还是很难看。这是为什么呢?原来,现在的文字居中是水平居中,垂直方向却没有居中。下面介绍将单元格中的文字设置为垂直居中的方法。

▎步骤1▎选择第1行的所有单元格。

▎步骤2▎在"表格工具"的"布局"功能区中,单击"对齐方式"组中的"水平居中"按钮,如图3-88所示。

▎步骤3▎使用同样的方法设置第2行第2列单元格中的文字垂直居中,最终效果如图3-89所示。

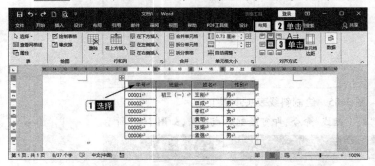

图3-88 设置单元格中的文字水平居中

图3-89 设置第2行第2列垂直居中后的效果

2 修饰边框和底纹

设置表格的边框、填充等属性可以使表格更美观。表格边框可以通过线型、宽度、颜色来调整,还可以选择是否显示边框。

下面将以图3-90所示的班级成绩表为例介绍设置表格边框和底纹的方法。设置要求如下。

● 设置外侧框线为双实线,蓝色,3磅。
● 设置内侧框线为单实线,红色,0.5磅。
● 将表格的第1行设置为绿色的底纹。

为一个表格设置不同宽度、线型和颜色的框线,可以通过"边框和底纹"对话框来设置。设置框线的流程如图3-91所示。

图3-90 班级成绩表

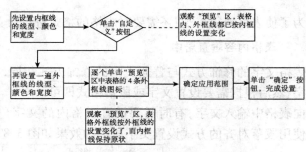

图3-91 设置框线的流程

(1)设置表格框线

▎步骤1▎选择整个表格。

▎步骤2▎在"表格工具"的"设计"功能区的"边框"组中,单击右下角的"边框和底纹"按钮,打开"边框和底纹"对话框,单击"边框"选项卡,如图3-92所示。

Word 2016的使用　第3章

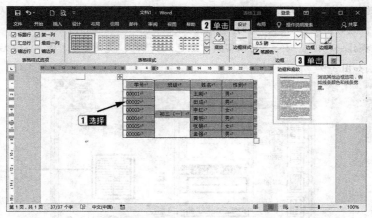

(a)单击"边框和底纹"按钮

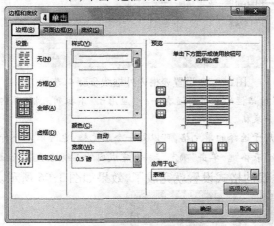

(b)单击"边框"选项卡

图 3-92　设置表格内外框线步骤1、步骤2

步骤3 在"样式"列表框中选择单实线,在"颜色"下拉列表框中选择"红色",在"宽度"下拉列表框中选择"0.5磅",如图3-93所示。

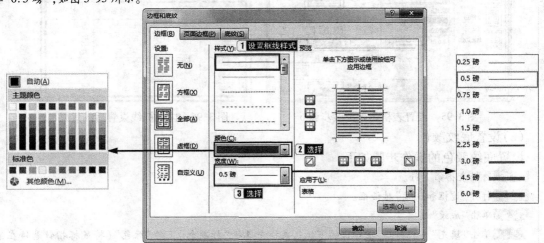

图 3-93　设置表格内外框线步骤3

步骤4 观察"边框和底纹"对话框中的"预览"区,表格所有的线都设置成了红色、0.5磅、单实线,这显然和设置要求不符合。这时需单击"设置"中的"自定义"按钮。

步骤5 像上述操作一样设置"样式"为双实线、"颜色"为蓝色、"宽度"为3磅。设置后逐个单击"预览"区中的表格外框线,如图3-94所示。

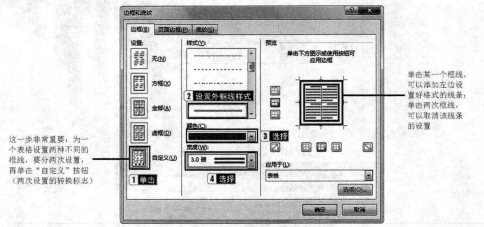

图 3-94　设置表格内外框线步骤4、步骤5

步骤6 在"边框和底纹"对话框的右下角还有一个"应用于"下拉列表框,其内有几个选项。

● 表格:设置应用于整个表格。

● 单元格:设置仅仅应用于选择的单元格,可以是一个单元格,也可以是一行、一列。

根据设置要求,这里选择"表格"。单击"确定"按钮,完成内外框线的设置,如图3-95所示。

至此,表格的内外框线的格式设置就完成了,效果如图3-96所示。

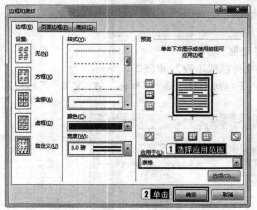

图 3-95　设置表格内外框线步骤6　　　图 3-96　内外框线设置后的效果

(2) 设置底纹颜色

设置底纹颜色的操作步骤如下。

步骤1 选择表格第1行。

步骤2 打开"边框和底纹"对话框。

步骤3 单击"底纹"选项卡。

步骤4 单击"填充"下拉按钮,在弹出的下拉列表框中选择"标准色"下的"绿色"(将鼠标指针悬停在某一个颜色上时,在其下方会显示颜色的名称)。

步骤5 在"应用于"下拉列表框中选择"单元格"选项。

步骤6 单击"确定"按钮,如图 3-97 所示。

至此,表格格式设置就完成了,效果如图 3-98 所示。

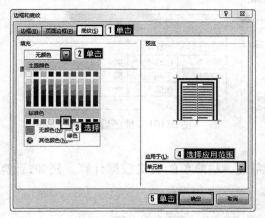

图 3-97 表格底纹设置的步骤　　　　图 3-98 全部格式设置完成后的效果

请思考 在"应用于"下拉列表框中,为何要选择"单元格"命令呢?

3.4.5 表格内的数据操作

（1）对表格数据排序

制作表格的目的是合理、有序地存放数据,便于对这些数据进行查询和计算。例如,现需将图 3-99 所示的班级成绩表中所有的数据按期中成绩由高向低排序。具体的操作步骤如下。

【应用】对表格内的数据进行排序、求和等计算。

学号	姓名	性别	期中成绩	期末成绩	总成绩
00001	王刚	男	78	82	
00002	田成	男	86	90	
00003	李红	女	87	89	
00004	黄明	男	90	85	
00005	张娟	女	76	82	
00006	孟强	男	56	67	

图 3-99 班级成绩表

步骤1 将光标定位在要排序的任意单元格中。

步骤2 在"表格工具"的"布局"功能区中,单击"数据"组中的"排序"按钮。

步骤3 打开"排序"对话框,在"列表"选项组中选中"有标题行"单选按钮,在"主要关键字"下拉列表框中选择"期中成绩",在"类型"下拉列表框中选择"数字",选中"降序"单选按钮,单击"确定"按钮,如图 3-100 所示。

排序后的效果如图 3-101 所示。

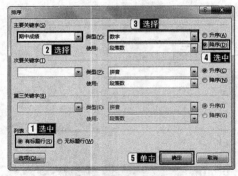

图 3-100　设置排序要素

学号	姓名	性别	期中成绩
00004	黄明	男	90
00003	李红	女	87
00002	田成	男	86
00001	王刚	男	78
00005	张娟	女	76
00006	孟强	男	56

图 3-101　排序后的效果

（2）对表格数据求和

用户还可以运用 Word 的表格计算功能完成一些简单的表格数据计算。例如，计算图 3-102 所示的班级成绩表中每个学生的总成绩。

学号	姓名	性别	期中成绩	期末成绩	总成绩
00001	王刚	男	78	82	
00002	田成	男	86	90	
00003	李红	女	87	89	
00004	黄明	男	90	85	
00005	张娟	女	76	82	
00006	孟强	男	56	67	

图 3-102　班级成绩表

步骤1 单击第 2 行的最后一列的单元格。

步骤2 单击快速访问工具栏中的 按钮，定位的单元格里出现了"160"。显然，"总成绩"的结果出来了。

> 请注意　在使用"求和"按钮 Σ 之前，需要在快速访问工具栏中添加该按钮。方法：执行"文件"→"选项"命令，单击"快速访问工具栏"选项卡，将"从下列位置选择命令"设置为"所有命令"，在下方的列表框中选择"求和"选项，单击"添加"按钮即可。

下面几行的计算方法是否和上面的计算方法一样呢？单击第 3 行最后一列的单元格，计算田成的总成绩。还是使用同样的方法，单击 Σ 按钮，看看结果正确吗？竟然出现了"160"，显然结果是不正确的。这是怎么回事呢？在"表格工具"的"布局"功能区中，单击"数据"组中的"公式"按钮，打开"公式"对话框，发现"公式"文本框中显示"=SUM(ABOVE)"。这个公式的含义是什么呢？

SUM 为求和公式，括号中的内容为求和公式的选项。"=SUM(ABOVE)"表示求此单元格以上的单元格数据之和。

单击第 2 行最后一列的单元格，打开"公式"对话框，看到公式竟然是"=SUM(LEFT)"。第 3 行最后一列单元格中的公式之所以错误，是因为 Word 的 Σ 按钮默认对单元格上方的数据求和。我们需要的是对单元格左侧的数据求和，因此必须修改公式为"=SUM(LEFT)"，如图 3-103 所示。

图 3-103　求和公式的两种形式

求单元格上方数据之和的公式：SUM(ABOVE)　　求单元格左侧数据之和的公式：SUM(LEFT)
求单元格下方数据之和的公式：SUM(BELOW)　　求平均值的公式：AVERAGE( )
求单元格右侧数据之和的公式：SUM(RIGHT)

在 Word 的"公式"对话框中可以使用多种函数，不仅可以求和，还可以求平均值、最大值、最小值等。

3.5　页面排版

前面介绍了 Word 的字符、段落的格式设置，本节重点介绍 Word 中页面格式的设置方法。

3.5.1　页面设置

页面设置涉及以下几项要素。
- 纸张：打印用纸，这里主要设置纸张的类型、大小和打印方向。
- 页边距：正文与纸张边缘的距离，有上、下、左、右 4 个页边距。
- 页眉/页脚：所谓页眉或页脚，就是在文档每一页的顶端（页眉）或底端（页脚）打印的文字。页眉或页脚可以通过设置显示页码、章节题目、作者名字或其他信息。

页面设置的各要素如图 3-104 所示。

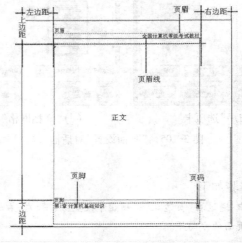

图 3-104　页面设置的各要素

页面要素是通过"页面设置"对话框设置的。在"布局"功能区的"页面设置"组中,单击右下角的"页面设置"按钮,打开"页面设置"对话框,各选项卡如图3-105所示。

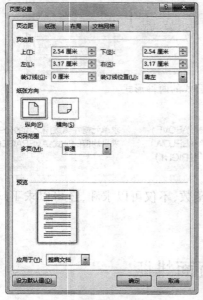

(a)"页边距"选项卡

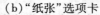

(b)"纸张"选项卡

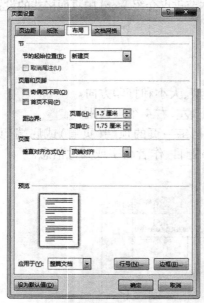

(c)"布局"选项卡

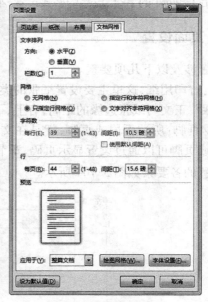

(d)"文档网格"选项卡

图3-105 "页面设置"对话框

1 设置页面格式

设置页面格式的操作步骤如下。

步骤1 在"页边距"选项卡中,通过"页边距"选项组中设置上、下、左、右属性值,可以设置上、下、左、右4个方向的页边距,还可以设置页面的方向等。

Word 2016的使用　第3章

在"纸张"选项卡中，可在"纸张大小"下拉列表中框选择不同规格的纸张。如果选择了"自定义大小"，还可以通过设置"宽度"和"高度"定义各种规格的纸张。

步骤3 在"布局"选项卡中，可以设置页眉、页脚距边界的距离，以及页面的垂直对齐方式等。

步骤4 在"文档网格"选项卡中，可以设置每页文字的栏数、行数和每行字数等。

> **请注意**　改变页边距不会影响页眉和页脚距边界的距离。一般情况下，页眉和页脚距边界的距离应当分别小于上边距和下边距。

在"页面设置"对话框的各个选项卡中，都有一个"应用于"下拉列表框，其功能是指定页面设置应用的范围。

"应用于"下拉列表框中各选项的功能如下。
- 整篇文档：将页面设置应用于打开的整个文档中。
- 插入点之后：将页面设置应用于当前光标位置之后。
- 本节：将页面设置应用于当前光标所在的节中（如果文档未分节，则没有该选项）。
- 所选文字：将页面设置应用于文档中选择的部分（如果未选择文档内容，则没有该选项）。

> **请注意**　如果选择了文档内容，并且在"应用于"下拉列表框中选择了"所选文字"选项，则自动将所选择文字分为独立的一节。

2　插入页眉、页脚

设置合理的页眉、页脚会使文档更易于阅读和检索。Word 提供了几类页眉和页脚选项。
- 文档每一页上采用相同的页眉和页脚。
- 文档第一页上采用一个页眉和页脚，其他所有页采用不同的页眉和页脚。
- 奇数页上采用一个页眉和页脚，偶数页上采用另一个页眉和页脚。

给文档插入页眉的操作步骤如下。

在"插入"功能区的"页眉和页脚"组中单击"页眉"按钮，在打开的下拉列表中选择需要的页眉样式。在编辑区中由虚线分隔出的区域为页眉编辑区，如图3-106（a）所示。此时将激活"页眉和页脚工具"功能区，如图3-106（b）所示，可以通过这个功能区中的按钮设置页眉和页脚。

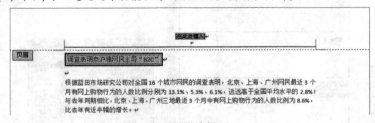

(a) 页眉编辑区

(b) "页眉和页脚工具"功能区

图3-106　插入页眉

当进入页眉和页脚编辑状态时，正文内容会变成灰色，并且不能进行编辑。

步骤2 在页眉编辑区输入页眉的文字，并设置文字的格式。

步骤3 设置完成后，在"页眉和页脚工具"的"设计"功能区的"关闭"组中，单击"关闭页眉和页脚"按钮，就可以退出页眉编辑状态。

步骤4 按照相似的操作步骤为文档插入页脚。

3 插入页码

通常一页以上的文档就需要插入页码。可以通过菜单命令插入并设置页码，具体的操作步骤如图3-107所示。

步骤1 在"插入"功能区的"页眉和页脚"组中单击"页码"按钮，在打开的下拉列表中选择相应的选项。"页码"下拉列表中主要包括"页面顶端""页面底端""页边距""当前位置"等选项，如图3-107(a)所示。

步骤2 在"页码"下拉列表中选择相应的选项后，观察页码设置的效果。这里以选择"页面底端"为例，如图3-107(b)所示。

步骤3 也可以自定义页码格式，在"页码"下拉列表中选择"设置页码格式"选项，打开"页码格式"对话框，在其中设置页码格式，如图3-107(c)所示。

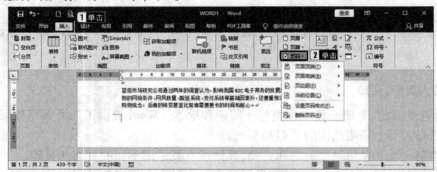

(a)"页码"下拉列表

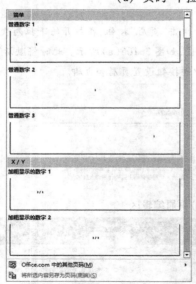

(b)选择页码格式

(c)"页码格式"对话框

图3-107　使用菜单命令插入页码

3.5.2 打印与打印预览

编辑、排版好一篇文档后,就可以将它打印出来。

Word 提供了多种打印方式,可以单独打印一页文档,或者打印文档中的某几页。打印前要确认已经安装了打印机。

步骤1 选择"文件"→"打印"命令,或者按"Ctrl"+"P"组合键,打开"打印"界面,如图 3-108 所示;或者单击快速访问工具栏中的"快速打印"按钮 直接打印,而不会打开"打印"界面。

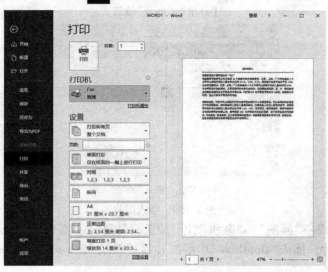

图 3-108 "打印"界面

步骤2 在"打印"界面的中间区域,可以设置各种打印的条件,如打印的份数、打印的范围等。在右侧的预览区,可以预览打印效果。

步骤3 单击"打印"按钮即可打印。

> **请注意** 如果我们需要打印文档的第 3、9、12 页,就可以在"打印"界面中的"页数"文本框中输入"3,9,12",隔开数字的逗号要使用英文输入状态下的逗号。如果我们需要打印第 12 页到第 20 页,可以在"页数"文本框中输入"12-20",这里用到的"-"也必须是英文输入状态下的符号。

3.6 图形与图表

本节介绍 Word 中图片、图形、文本框、SmartArt 图形等几个常用对象的操作方法。

3.6.1 插入图片

在 Word 中可以使用由多种应用程序建立的图片,包括 Windows 的画图程序、Word 的绘图程序、Photoshop 及 AutoCAD 等制作的图片。

在 Word 文档中插入图片的操作步骤如图 3-109 所示。

步骤1 把光标移至要插入图片的位置,单击"插入"→"插图"→"图片"按钮,如图 3-109(a)所示。

步骤2 弹出"插入图片"对话框,在对话框的地址栏中选择要插入的图片所在的文件夹。

步骤3 选定要插入的图片,单击"插入"按钮,如图 3-109(b)所示。

(a)单击"图片"按钮

(b)单击"插入"按钮

图 3-109　插入图片

如果单击"插入"→"插图"→"联机图片"按钮,可以插入"必应"中搜索的图片,或者插入"OneDrive"中的图片。插入"OneDrive"中的图片需要登录 Microsoft 个人账户。

3.6.2　图片格式的设置

单击图片后,图片四周会出现 8 个控制点,拖动这 8 个控制点可以改变图片的大小,同时打开图 3-110 所示的"图片工具"的"格式"功能区。利用"图片工具"的"格式"功能区可以设置图片的环绕方式、大小、位置、边框等。

图 3-110　"图片工具"的"格式"功能区

插入图片的环绕方式默认为"穿越型"。在"图片工具"的"格式"功能区的"排列"组中,单击"环绕文字"按钮,在打开的下拉列表中选择"其他布局选项",弹出"布局"对话框,在"文字环绕"选项卡的"环绕方式"选项组中选择"四周型",单击"确定"按钮,即可修改图片的环绕方式。

修改图片的大小和位置、图片的裁剪、修改图片的文字环绕方式等操作都可以在"图片工具"的"格式"功能区中进行。除此之外,还可以在"设置图片格式"窗格中对图片的格式进行设置。打开"设置图片格式"窗格的方法:使用鼠标右键单击图片,在弹出的快捷菜单中选择"设置图片格式"命令,即可打开"设置图片格式"窗格,如图 3-111 所示。

下面介绍图片的一些常用属性的设置方法。

（1）改变图片的大小和位置

改变图片的大小和位置的方法如下。

步骤1 单击需要改变大小和位置的图片，图片四周会出现8个控制点。

步骤2 将鼠标指针移到图片中的任意位置，按住鼠标左键并拖动，可以移动图片到新的位置。

步骤3 将鼠标指针移动到控制点上，当指针形状变成水平、垂直或斜对角的双向箭头时，沿箭头方向拖动指针可以改变图片水平、垂直或斜对角方向的大小。

（2）图片的裁剪

改变图片的大小不会改变图片的内容，仅仅是按比例放大或缩小图片。要裁剪图片中的某一部分，可以使用"裁剪"按钮。具体的操作步骤如下。

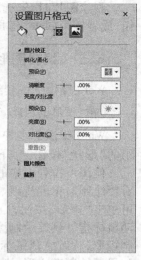

图3-111 "设置图片格式"窗格

步骤1 单击需要裁剪的图片，图片四周会出现8个控制点。

步骤2 在"图片工具"的"格式"功能区的"大小"组中，单击"裁剪"按钮，移动鼠标指针到图片的右下角位置，此时鼠标为指针形状变为 ，表示可以使用裁剪功能。

步骤3 将鼠标指针移动到图片裁剪框的控制点上，按住鼠标左键并拖动鼠标指针，即可裁剪图片中需要裁剪的部分。如果拖动鼠标指针的同时按住"Ctrl"键，可以对称裁剪图片。

请注意 单击"快速访问工具栏"中的"撤销"按钮可撤销所做的裁剪操作。

（3）文字的环绕

使用"图片工具"的"格式"功能区的"排列"组中的"环绕文字"按钮，可以对图片的文字环绕方式进行设置，具体的操作步骤如下。

步骤1 单击需要设置文字环绕方式的图片，图片四周会出现8个控制点，同时打开"图片工具"的"格式"功能区。

步骤2 在"图片工具"的"格式"功能区的"排列"组中单击"环绕文字"按钮，打开下拉列表。

步骤3 在打开的下拉列表中选择一种环绕方式，单击即可应用该环绕效果。

（4）为图片添加边框

为图片添加边框的方法如下。

步骤1 单击需要添加边框的图片，图片四周会出现8个控制点，同时打开"图片工具"的"格式"功能区。

步骤2 在"图片工具"的"格式"功能区的"图片样式"组中，单击"图片边框"下拉按钮，在弹出的下拉列表中进行相应的设置即可。

（5）取消图片设置

选定图片，在"图片工具"的"格式"功能区的"调整"组中单击"重置图片"下拉按钮，在弹出的下拉列表中选择"重置图片和大小"命令，取消对图片所做的设置。

（6）图片的复制和删除

使用"开始"功能区→"剪贴板"组中的"剪切""复制""粘贴"按钮，可以对图片进行复制或删除操作。对图片进行复制的操作步骤如下。

步骤1 选定要复制的图片。

步骤2 在"开始"功能区的"剪贴板"组中单击"复制"按钮。

步骤3 将光标移动到所需的位置，单击"粘贴"按钮。

删除图片时,先选定要删除的图片,然后单击"开始"功能区→"剪贴板"组中的"剪切"按钮,或者按"Delete"键即可。

3.6.3 编辑图形

Word 提供了一套绘制图形的工具,利用它可以创建各种图形。

① 图形的创建

Word 提供了多种自选图形。在"插入"功能区中单击"插图"组的"形状"按钮,打开包括各类形状的下拉列表,如图 3-112 所示。

使用下拉列表中的"直线""箭头""矩形""椭圆"等按钮可以直接绘制简单的直线、箭头、矩形、椭圆等图形。如果要绘制矩形,可单击"矩形"按钮,当鼠标指针在编辑区中变成"十"字形状时,移动鼠标指针到要绘制图形的位置,按住鼠标左键并拖动鼠标指针绘制矩形,然后放开鼠标左键即可。绘制其他图形的方法与此类似。如果要绘制正方形,则需单击"矩形"按钮,按住"Shift"键的同时拖动鼠标指针进行绘制。绘制圆形的方法与之类似。

② "绘图工具"的"格式"功能区介绍

单击"插入"功能区的"插图"组中的"形状"按钮,在打开的下拉列表中任意选定一个形状,当鼠标指针在编辑区中变成"十"字形状时,移动鼠标指针到要绘制图形的位置,按住鼠标左键并拖动鼠标指针绘制所需的形状,然后放开鼠标左键。此时会打开"绘图工具"的"格式"功能区,如图 3-113 所示。

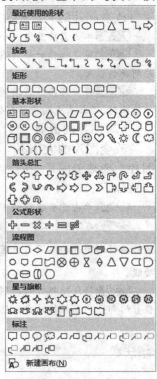

图 3-112 形状下拉列表

图 3-113 "绘图工具"的"格式"功能区

使用"绘图工具"的"格式"功能区中的相应命令,可以用简单的图形组合出复杂的图形。

单击"插入形状"组中的"编辑形状"按钮 ,可以对绘制好的图形进行更改。

注意:在 Word 中绘制的任意一个图形都是一个独立的对象,将鼠标指针指向图形对象并单击就可以选定它。被选定的图形对象的周围会出现可调节图形大小的小圆圈(有的还可能出现控制图形旋转的箭头),用鼠标指针拖动这些小圆圈可以改变图形的大小。当鼠标指针移动到所选定的图形上且指针形状变成"十"字箭头时,拖动鼠标指针可以改变图形的位置。

③ 在自选图形中添加文字

可以在封闭的自选图形中添加文字,具体的操作步骤如下。

步骤1 将鼠标指针移动到要添加文字的图形中,使用鼠标右键单击该图形,弹出快捷菜单。
步骤2 选择快捷菜单中的"添加文字"命令,此时光标定位到图形内部。
步骤3 输入文字。

在图形中添加的文字可与图形一起移动,也可以对文字格式进行编辑。

④ 图形的颜色、线条和效果

利用"绘图工具"的"格式"功能区中的"形状填充""形状轮廓""形状效果"下拉按钮,可以为封闭图形填充颜色,为图形的线条设置线型和颜色,为图形对象添加阴影、发光效果等,具体的操作步骤如下。

步骤1 在"绘图工具"的"格式"功能区中,单击"形状样式"组中的"形状填充"下拉按钮,打开下拉列表,可以从中选取一种颜色,也可以设置形状的图片、渐变或纹理填充效果。

步骤2 在"绘图工具"的"格式"功能区中,单击"形状样式"组中的"形状轮廓"下拉按钮,打开下拉列表,可以从中选取一种颜色,也可以设置轮廓的粗细、虚线线型和箭头样式。

步骤3 在"绘图工具"的"格式"功能区中,单击"形状样式"组中的"形状效果"下拉按钮,打开下拉列表,可以从中选取一种效果。

5 图形的叠放次序

当多个图形对象重叠在一起时,新绘制的图形会覆盖其他图形。使用"绘图工具"的"格式"功能区可以调整各图形之间的叠放关系,具体的操作步骤如下。

步骤1 选定要确定叠放关系的图形对象。

步骤2 在"绘图工具"的"格式"功能区中,单击"排列"组中的"上移一层"或"下移一层"下拉按钮,打开的下拉列表如图 3-114 所示。

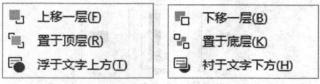

(a)"上移一层"下拉列表　　(b)"下移一层"下拉列表

图 3-114　"上移一层"或"下移一层"下拉列表

步骤3 从中选择想要设置的叠放关系。

6 多个图形的组合

由简单的图形组成的复杂图形,每个图形都是一个独立的对象,要移动整个图形是非常困难的。为此,Word 提供了多个图形组合的功能,利用该功能可以将许多简单图形组合成一个整体的图形对象,便于进行图形操作。多个图形的组合方法如下。

步骤1 在"开始"功能区的"编辑"组中选择"选择"→"选择对象"命令。

步骤2 单击需要组合的任意一个图形,按住"Ctrl"键的同时选定剩余的图形。

步骤3 在"绘图工具"的"格式"功能区的"排列"组中单击"组合"按钮 组合,打开下拉列表。

步骤4 在下拉列表中选择"组合"命令即可。

3.6.4　使用文本框

文本框是一个独立的对象,其中的文字和图片随文本框同时移动,它与给文字加边框是不同的概念。

1 绘制文本框

绘制文本框时,在"插入"功能区的"文本"组中单击"文本框"按钮,在打开的下拉列表中选择"绘制横排文本框"或"绘制竖排文本框"命令,当鼠标指针移到文档中时,鼠标指针会变为"十"字形状,按住鼠标左键并拖动鼠标指针即可绘制所需的文本框,然后放开鼠标左键,此时光标在文本框中,可以在文本框中输入文本或插入图片。

在下拉列表中除了选择"绘制横排文本框"或"绘制竖排文本框"命令,还可以选择 Word

内置的文本框,插入预设样式的文本框,如图3-115所示。

(a)"插入"功能区

(b)选择一种文本框

图3-115 插入Word内置的文本框

2　改变文本框的位置、大小和环绕方式

(1)改变文本框的位置

①移动文本框

将鼠标指针指向文本框的边框线,当鼠标指针变成"十"字形箭头形状时,按住鼠标左键并拖动鼠标指针即可移动文本框。

②复制文本框

选定文本框,移动文本框的同时按"Ctrl"键,可以复制该文本框。

(2)改变文本框的大小

选定文本框,在它周围会出现8个控制点,向内或向外拖动控制点,可以改变该文本框的大小。

(3)改变文本框的环绕方式

选定文本框,在"绘图工具"的"格式"功能区的"排列"组中单击"环绕文字"按钮,在打开的下拉列表中选择需要的环绕方式,即可改变文本框的环绕方式。

3　文本框形状样式设置

在"绘图工具"的"格式"功能区的"形状样式"组中,可以对文本框的形状样式进行设置。例如,若需要改变文本框的填充颜色和边框线的颜色,具体的操作步骤如下。

步骤1 选定文本框。

步骤2 切换到"绘图工具"的"格式"功能区。

步骤3 单击"形状样式"组中的"形状填充"下拉按钮,在打开的下拉列表中选择要填充的颜色。

步骤4 单击"形状样式"组中的"形状轮廓"下拉按钮,在打开的下拉列表中选择边框线的颜色。

3.6.5 插入 SmartArt 图形

SmartArt 图形是信息和观点的视觉表示形式,可通过"选择 SmartArt 图形"对话框或 SmartArt 工具来创建 SmartArt 图形,从而快速、轻松、有效地传达信息。

1 插入 SmartArt 图形

在"插入"功能区的"插图"组中单击"SmartArt"按钮,在弹出的"选择 SmartArt 图形"对话框中选择合适的图形类型即可,如图 3-116 所示。

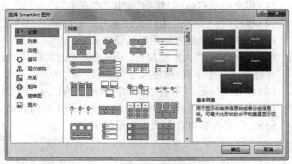

图 3-116 "选择 SmartArt 图形"对话框

2 设置 SmartArt 图形的格式

SmartArt 图形和普通图形一样,可以为其设置样式、布局、艺术字样式等格式。同时还可以进行更改 SmartArt 图形的方向、添加形状与文字等操作。

步骤1 选定 SmartArt 图形,此时会激活"SmartArt 工具"的"设计"和"格式"功能区,如图 3-117 所示。

(a)"设计"功能区

(b)"格式"功能区

图 3-117 "SmartArt 工具"的"设计"和"格式"功能区

步骤2 在"设计"功能区中,可以设置 SmartArt 图形的版式和样式。

步骤3 在"格式"功能区中,可以设置 SmartArt 图形的形状、形状样式、艺术字样式、排列及大小,其功能和"图片工具"的"格式"功能区类似。

课后总复习

字处理题

1. 在素材文件夹下,打开 WORD1.docx,按照要求完成下列操作并以该文件名(WORD1.docx)保存文件。
   (1)将文中所有的"谐音"替换为"泛音"并加下划线。
   (2)将标题段文字("音调、音强与音色")设置为三号、红色、宋体、加粗、居中并添加黄色底纹。
   (3)正文文字("声音是模拟……加以辨认")设置为小四号、宋体,各段落左、右各缩进1.5个字符,首行缩进2个字符,段前间距为1行。
   (4)将表格标题("不同种类声音的频带宽度")设置为四号、宋体、倾斜、居中。

(5)将文中最后7行统计数字转换成一个7行2列的表格,表格居中,列宽为3厘米,表格中的文字设置为五号、宋体,第一行内容的对齐方式为水平居中,其他各行内容的对齐方式为中部左对齐。
2. 在素材文件夹下,打开文档 WORD2.docx,按照要求完成下列操作并以该文件名(WORD2.docx)保存文档。
(1)将文中所有错词"影射"替换为"音色"。
(2)将标题段文字("为什么成年男女的声调不一样?")设置为三号、黑体、加粗、居中,并添加蓝色阴影边框(边框的线型和线宽使用默认设置)。
(3)正文文字("大家都知道,……比男人的尖高。")设置为小四号、宋体,各段落左、右各缩进1.5个字符,首行缩进2个字符,段前间距为1行。
(4)将表格标题("测量喉器和声带的平均记录")设置为小四号、黑体、蓝色、加下划线、居中。
(5)将文中最后3行文字转换成一个3行4列的表格,表格居中,列宽为3厘米,表格中的文字设置为五号、仿宋,所有内容对齐方式为水平居中。

学习效果自评

本章操作性的内容很多,建议考生根据使用 Word 的流程来学习。本章涉及考试的内容比较集中,都以操作题的方式出现。下表是对本章比较重要的知识点进行的小结,考生可以用来检查自己对这些知识点的掌握情况。

掌握内容	重要程度	掌握要求	自评结果
Word的操作基础	★	Word的窗口组成、新建、保存文件等	□不懂 □一般 □没问题
Word的编辑基础	★★	输入文字、选取内容、插入符号等	□不懂 □一般 □没问题
	★★★	查找和替换(高级替换)	□不懂 □一般 □没问题
	★★	复制、移动文本	□不懂 □一般 □没问题
Word的格式设置	★★★★	字符格式的设置	□不懂 □一般 □没问题
	★★★★	段落格式的设置	□不懂 □一般 □没问题
	★★★★	特殊格式的设置,如首字下沉、分栏、项目符号、编号等	□不懂 □一般 □没问题
Word的表格排版	★★	新建、删除和选择表格或单元格	□不懂 □一般 □没问题
	★★★★	合并、拆分单元格	□不懂 □一般 □没问题
	★★★★	设置表格的列宽、行高	□不懂 □一般 □没问题
页面排版	★★	插入页眉、页脚、页码	□不懂 □一般 □没问题
图形与图表的设置	★★	图片格式的设置	□不懂 □一般 □没问题
	★★	图形绘制与设置	□不懂 □一般 □没问题
	★★	文本框的设置	□不懂 □一般 □没问题

第4章
Excel 2016的使用

章前导读

通过本章，你可以学习到：

◎ Excel 2016的基础知识和基本操作方法
◎ Excel 2016的单元格操作和修饰方法
◎ Excel 2016的公式、函数的使用方法
◎ Excel 2016的图表制作技术
◎ Excel 2016的数据处理技术

本章评估	
重要度	★★★★
知识类型	应用
考核类型	操作题
所占分值	20分
学习时间	3课时

学习点拨

从本章开始，读者将接触到Excel最基本的元素：工作簿、工作表和单元格。请务必理解概念，掌握各类操作方法。

本章的重点有两个：一是数据的处理方法，如数据排序、筛选、使用公式计算等；二是建立各类图表的方法。读者应关注具体的操作步骤，加强上机练习，做到熟练掌握。

本章学习流程图

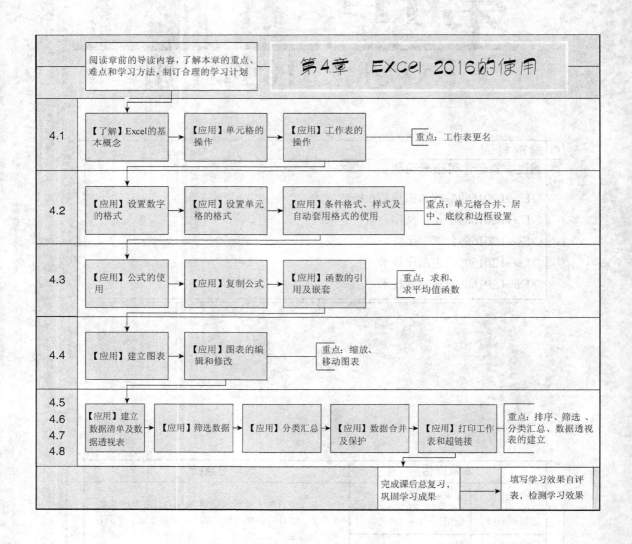

4.1 Excel 2016 概述

本章介绍 Office 2016 中另一款功能强大、独具特色的软件——Excel 2016。为方便讲述，以下所说的 Excel 均指 Excel 2016。

4.1.1 Excel 的基本功能

1 方便的表格制作

使用 Excel，用户可以快捷地建立数据表格，输入和编辑工作表中的数据，方便、灵活地操作和使用工作表以及对工作表进行多种格式化设置。

2 强大的计算能力

Excel 提供了简单易学的公式输入方式和丰富的函数，用户利用定义的公式和 Excel 提供的各类函数可以进行各种复杂计算。

3 丰富的图表表现

Excel 提供了便捷的图表向导，用户可以轻松建立和编辑出多种类型的、与工作表对应的统计图表，并可以对图表进行修饰。

4 快速的数据库操作

Excel 把数据表与数据库操作融为一体，用户可以利用 Excel 提供的菜单选项和命令，对以工作表形式存在的数据清单进行排序、筛选、分类汇总等操作。

5 数据共享

Excel 提供了数据共享功能，可以实现多个用户共享同一个工作簿文件。

4.1.2 Excel 的基本概念

1 Excel 的启动和退出

（1）Excel 的启动

方法 1：从"开始"菜单启动。单击"开始"按钮 ，选择"所有程序"→"Excel"菜单命令。
方法 2：通过桌面快捷方式启动。双击桌面上的 Excel 快捷方式图标。
方法 3：打开已存在的 Excel 文档。双击某 Excel 文件图标。

（2）Excel 的退出

方法 1：利用"文件"菜单。单击"文件"→"关闭"菜单命令。
方法 2：使用关闭快捷键"Alt"+"F4"。
方法 3：利用窗口的控制菜单。单击 Excel 窗口的控制菜单图标，打开 Excel 窗口的控制菜单，单击"关闭"命令。
方法 4：利用窗口的控制图标。双击 Excel 窗口的控制菜单图标。
方法 5：利用窗口的"关闭"按钮。单击 Excel 窗口的"关闭"按钮 。

方法 6：利用任务栏上的文档按钮。右键单击任务栏中的工作表按钮 ，在弹出的快捷菜单中选择"关闭窗口"命令。

2 Excel 的窗口组成

启动 Excel 后会打开"开始"界面，单击"空白工作簿"图标，打开 Excel 窗口。Excel 的窗口组成如图 4-1 所示。

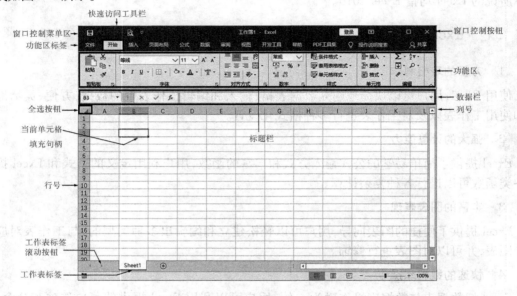

图 4-1 Excel 的窗口组成

（1）传统组件

Excel 具有与 Word 风格相似的窗口界面。两者的标题栏、功能区标签、功能区等在功能和使用方法上都是相似的，不同的是标题栏、功能区标签的具体内容和功能区中的具体命令不一样。

（2）数据栏

数据栏是 Excel 中特有的组件。数据栏由名称框、3 个按钮和编辑栏组成，如图 4-2 所示。

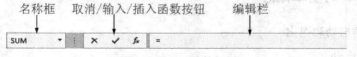

图 4-2 Excel 的数据栏

编辑栏用来输入或编辑当前单元格的值或公式，其左侧的 3 个按钮分别表示取消、输入和插入函数。名称框用来显示当前单元格（或单元格区域）的地址或名称。

（3）工作簿窗口

Excel 的工作簿窗口相当于 Word 中的文档窗口。一个 Excel 程序可以同时打开多个工作簿，但是打开的工作簿不能重名。

（4）工作表标签

工作表标签在 Excel 中的作用相当于 Windows 任务栏中的任务按钮，用户可以通过单击工作表标签切换至相应的工作表。

（5）工作表标签滚动按钮

当工作表过多，窗口中无法显示全部的工作表标签时，单击工作表标签滚动按钮可以滚动显示工作表标签。

3 工作簿和工作表

我们前面介绍了工作簿窗口，可能有读者会问什么是工作簿。工作簿是 Excel 特有的一个名词，一个工作簿就是一个 Excel 文件，其中可以含有一个或多个表格。

Word 的文档文件扩展名是 docx，而 Excel 的工作簿文件的扩展名则是 xlsx。

什么是工作表呢？Excel 窗口中的一个表格就是一个工作表。工作簿就像一个本子，而工作表就是这个本子中的一页。

在 Excel 2016 中，默认情况下，一个新工作簿只有一个工作表。Excel 窗口的工作表标签只有一个，为"Sheet1"，一个工作表标签对应一个工作表。工作表标签可以修改，工作表的个数也可以增减。改变新建工作簿时默认工作表数的方法：单击"文件"→"选项"命令，在弹出的"Excel 选项"对话框中单击"常规"选项卡，在"新建工作簿时"选项组的"包含的工作表数"微调框中输入工作表数。

4 单元格

单元格就是行列交汇的区域，也就是我们平常所说的"表格中的一个格子"。单元格是 Excel 表格中最小、最基本的操作单位。一个工作表最多由 1 048 576 行和 16 384 列组成。

4.2　Excel 的基本概念和基础操作

如果说 Word 是"文字处理之王"，那么 Excel 则是"数据处理大师"，其可以高效地完成各种表格的设计，并进行复杂的数据计算和分析。

4.2.1　单元格操作

1 单元格地址

一个工作表中有很多个单元格，每个单元格都有一个地址，由该单元格的列号和行号组成，列号在前，行号在后。列号的表示为 A～Z、AA～AZ、BA～BZ……XFA～XFD，行号为 1～1 048 576，如 A7 就表示 A 列 7 行的单元格。

当表示多个连续单元格区域时，可以用"最靠左上的单元格地址：最靠右下的单元格地址"的形式来表示，如 A1：C5。

当表示多个不连续单元格的区域时，可以用"单元格地址，单元格地址，单元格地址……"的形式来表示。

2 选定单元格

要对单元格进行设置，就必须先选定单元格。选定单元格的某些方法和在 Windows 中选定文件或文件夹的方法类似。

（1）选定单元格

选定单元格有两种方法。

方法 1：用鼠标直接选定。

- 单击某个单元格,可以选定一个单元格。
- 按住鼠标左键在表格中拖动鼠标指针,可以选定多个连续的单元格,如图4-3所示。
- 按住"Ctrl"键的同时,单击单元格,可以选定多个不连续的单元格。

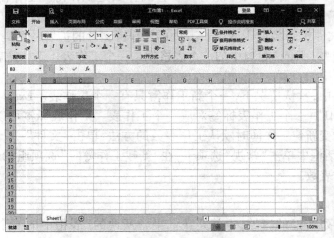

图4-3 选定多个连续的单元格

方法2:在"开始"功能区的"编辑"组中单击"查找和选择"→"转到"命令,打开"定位"对话框,在"引用位置"文本框中输入要选定的单元格地址,如A2,单击"确定"按钮。

 请注意　　只选定整行或整列,单元格对应的行号或列号的按钮会出现浅绿色底纹。
选定单元格或单元格区域后,单元格或单元格区域对应的行号和列号的底纹颜色会加深。

(2)选定行和列

选定一行(列)的方法:单击行号(列号)。

选定多行(列)的方法:拖动鼠标指针选定行号(列号),或选定第1行(列)的行号(列号)后按住"Shift"键,单击最后1行(列)的行号(列号)。选定多列的效果如图4-4所示。

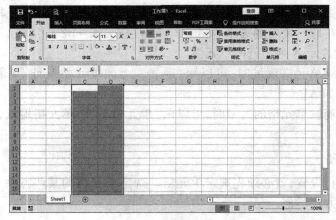

图4-4 选定多列

选定不相邻行(列)的方法:按住"Ctrl"键,逐个单击行(列)的行号(列号)(注意:在Windows中选定不相邻的文件/文件夹也是相似的操作)。

(3) 全选

单击工作表的 A 列左侧(第 1 行上方)全选按钮(见图 4-1),可以选定整个工作表。无论选定了什么样的区域,只要单击任意一个单元格,就可以取消选定。

3. 移动、复制单元格

在 Excel 中移动、复制单元格,除了传统的方法之外,还可采用拖动法。

(1) 拖动法移动

将鼠标指针移动到要移动的单元格的边框位置,当鼠标指针形状变为"十"字形箭头时,按住鼠标左键,将其拖动到目标位置(这时会出现一个随鼠标指针移动的单元格粗线框),松开鼠标左键,即可完成单元格的移动,如图 4-5 所示。

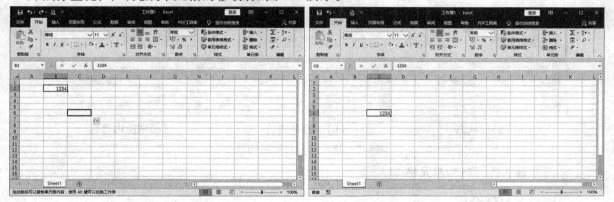

(a) 移动过程　　　　　　　　　　　　　　　(b) 移动结果

图 4-5　移动单元格

(2) 拖动法复制

拖动时按住"Ctrl"键,以上移动过程就会变成复制过程。

4. 清除单元格

清除单元格不是删除单元格本身,而是清除单元格内的数据或格式。在 Excel 中清除单元格有以下 5 种选择。

- 清除格式。
- 清除内容。
- 清除批注。
- 清除超链接。
- 全部清除。

如果是单纯地清除数据本身,可以在选定单元格后按"Delete"键。这种操作只清除内容,不清除格式。再向此单元格中输入文字,会自动应用未清除的格式。

如果是有选择地清除,操作步骤如下。

步骤1 选定单元格。

步骤2 在"开始"功能区的"编辑"组中单击"清除"按钮,在弹出的下拉列表中单击"全部清除""清除格式""清除内容""清除批注""清除超链接(不含格式)"命令。这里以单击"清除格式"命令为例,如图 4-6 所示。

清除单元格时,采用不同的清除方式,产生的效果也不同,如清除格式和清除内容的效果如图 4-7 所示。

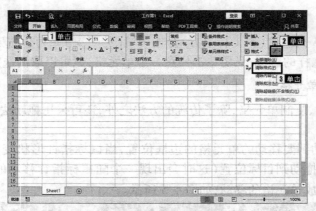

图 4-6 清除单元格格式

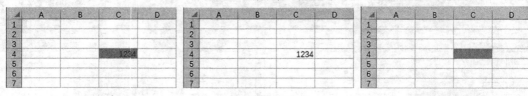

(a)原状态　　　　　　(b)清除格式后　　　　　　(c)清除内容后

图 4-7 清除单元格的不同效果

5 插入行(列)和单元格

(1)插入行(列)

插入行(列)的操作步骤如下。

步骤1 选定某行(列)。

步骤2 在"开始"功能区的"单元格"组中单击"插入"下拉按钮,在打开的下拉列表中选择"插入工作表行"或"插入工作表列"命令,即可在该行(列)之前插入一行(列)。

(2)插入单元格

插入单元格的操作步骤如下。

步骤1 选定某单元格。

步骤2 在"开始"功能区的"单元格"组中单击"插入"下拉按钮,在打开的下拉列表中选择"插入单元格"命令。

步骤3 弹出"插入"对话框,如图4-8所示,选择插入方式。

步骤4 单击"确定"按钮。

图 4-8 "插入"对话框

插入单元格和插入行(列)的操作顺序是一致的,但两者的操作有所区别:在插入单元格的操作中,"插入"对话框中有4项插入方式可供选择,选择不同的插入方式,插入效果是不同的。图4-9(a)所示为表格的原状态,选定单元格为B2,原数据为"5"。在不同的插入方式下,其效果分别如图4-9(b)~(d)所示。

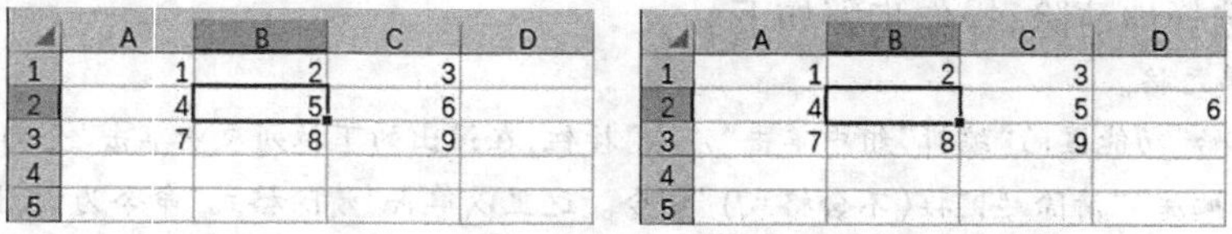

(a)原状态　　　　　　(b)插入——活动单元格右移

图 4-9 不同插入方式的效果

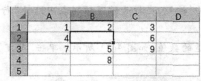
(c) 插入——活动单元格下移

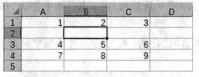
(d) 插入——整行

图 4-9 不同插入方式的效果（续）

请注意 如果选定两个单元格或两行（列）后，再执行插入命令，就会插入两个单元格或两行（列）。可以使用这个方法一次插入多个单元格或多行（列）。

6 重命名单元格

单元格重命名的操作步骤如下。

步骤1 选定要重命名的单元格。

步骤2 在数据栏的"名称框"中删除原来的名称，输入单元格的新名称。

步骤3 按"Enter"键即可完成重命名操作。

7 批注

批注是指为单元格添加注释。一个单元格添加了批注后，单元格的右上角会出现一个红色三角标识，将鼠标指针指向这个单元格时会显示批注信息。

（1）添加批注

选定要添加批注的单元格，在"审阅"功能区的"批注"组中单击"新建批注"按钮，在弹出的批注框中输入批注文字，完成输入后，单击批注框外部的工作表区域即可。

（2）编辑或删除批注

选定有批注的单元格，单击鼠标右键，在弹出的快捷菜单中选择"编辑批注"或"删除批注"命令，即可进行编辑或删除已有批注信息的操作。

8 设置行高和列宽

设置行高或列宽的方法有很多，这里介绍两种常用的方法。

（1）拖动法

如果对行高或列宽的尺寸没有精确要求，可以按照以下操作步骤进行设置。

步骤1 将鼠标指针放在不同行号（列号）之间，鼠标指针形状由 ✥ 变成 ✤ 或 ✜。

步骤2 按住鼠标左键拖动行（列），直到行高（列宽）为自己满意的效果为止。拖动时会显示行高或列宽的值。这里以拖动设置列宽为例，如图 4-10 所示。

图 4-10 拖动设置列宽

拖动法也可以同时设置多行（列）的行高（列宽）。操作方法是首先选定多行（列），然后按照以上介绍的方法操作。

（2）菜单命令法

使用菜单命令设置行高和列宽的操作步骤如下。

步骤1 选定 1 行（列）或多行（列）。

步骤2 在"开始"功能区的"单元格"组中单击"格式"按钮,在打开的下拉列表中选择"行高"或"列宽"命令。

步骤3 在弹出的"行高"或"列宽"对话框中输入合适的数值,如图4-11所示。单击"确定"按钮,即可完成设置。

(a)"行高"对话框　　　　(b)"列宽"对话框

图4-11 "行高"与"列宽"对话框

> 请注意：在"格式"下拉列表中,除了"行高""列宽"命令外,还有"自动调整行高""自动调整列宽"命令。选择这两个命令,Excel会自动设置它认为最合适的行高和列宽。

4.2.2 工作表操作

1 选定工作表

我们已经知道一个工作簿由多个工作表组成,默认的工作表只有1个,可以在"Excel 选项"对话框中设置"包含的工作表数"为"3"。设置后通过"文件"选项卡新建的工作簿均有3个工作表,其中Sheet1工作表处于选定状态,要选定另外两个工作表,可以单击其工作表标签,如图4-12所示。

【应用】工作表的移动和更名方法。

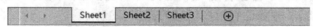

图4-12 工作表标签

选定多个工作表与选定多个单元格方法类似。单击第一个工作表标签,按住"Shift"键的同时单击最后一个工作表标签,可选定相邻的多个工作表。

按"Ctrl"键的同时,单击要选定的工作表标签,可以选定不相邻的多个工作表。

使用鼠标右键单击工作表标签,在弹出的快捷菜单中选择"选定全部工作表"命令,可以选定全部工作表。

需要说明的是,如果同时选定了多个工作表,其中只有一个工作表是当前工作表,则对当前工作表的编辑操作会作用到其他被选定的工作表。如在当前工作表的某个单元格中输入了数据,或者进行了格式设置操作,则相当于对所有选定工作表相同位置的单元格做相同的操作。

2 工作表更名

更改工作表名称的操作和为文件夹更名的操作几乎相同。

步骤1 双击工作表标签,如Sheet1。标签文字变成可编辑状态,如图4-13(a)所示。

步骤2 输入工作表新名称,如图4-13(b)所示。

步骤3 单击工作表其他位置或按"Enter"键,完成操作。

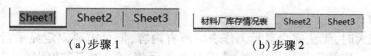

(a) 步骤1　　　　　　　　　　(b) 步骤2

图4-13　工作表更名

3. 工作表的复制或移动

除了可以为工作表更名外,还可以新建、移动、复制、删除工作表。移动或复制工作表有以下两种方法。

(1) 拖动法

● 移动:按住鼠标左键拖动工作表标签,就可以将工作表移动到其他位置,如图4-14所示。

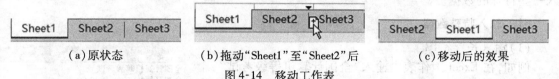

(a) 原状态　　　　(b) 拖动"Sheet1"至"Sheet2"后　　　　(c) 移动后的效果

图4-14　移动工作表

● 复制:按住"Ctrl"键,用鼠标左键拖动工作表标签,就可以复制一个工作表,产生的新工作表内容与原工作表一样。

(2) 快捷菜单法

通过工作表的快捷菜单可以完成对工作表的删除、重命名、新建、复制、移动等操作。移动工作表的操作步骤如下。

步骤1　用鼠标右键单击一个工作表的工作表标签,在弹出快捷菜单中选择"移动或复制"命令,如图4-15所示。

步骤2　弹出"移动或复制工作表"对话框,如图4-16所示。在"工作簿"下拉列表框中选择将此工作表移动到哪一个工作簿中,然后在"下列选定工作表之前"列表框中选择移动到工作簿的具体位置。

步骤3　单击"确定"按钮,完成工作表的移动。

如果选择"建立副本"复选框,则以上操作就变成了复制。

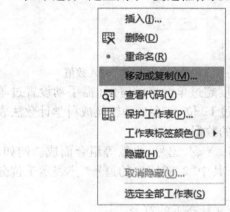 

图4-15　工作表的快捷菜单　　　图4-16　"移动或复制工作表"对话框

4. 拆分和冻结工作表窗口

(1) 拆分窗口

在"视图"功能区的"窗口"组中单击"拆分"按钮,即可将一个窗口拆分成4个窗口。

(2) 取消拆分

再次在"视图"功能区的"窗口"组中单击"拆分"按钮,则取消拆分。

(3)冻结窗口

当工作表较大时,无法完全显示工作表的所有内容,但是需要固定显示行与列,便可采用冻结窗口的方法。冻结行与列的方法:选定某个单元格,在"视图"功能区的"窗口"组中单击"冻结窗格"按钮,在打开的下拉列表中选择"冻结窗格"命令。再次在"视图"功能区的"窗口"组中单击"冻结窗格"按钮,在打开的下拉列表框中选择"取消冻结窗格"命令,则取消冻结窗口。

4.2.3 数据输入

在 Excel 工作表中输入数据时,只需要选定单元格,然后输入数据即可。下面介绍如何输入一些特殊的数据。

1 输入特殊数据

(1)输入长字符串

例如,在 Excel 工作表中输入"全国计算机等级考试",但是 Excel 默认的单元格宽度有限,无法显示这么多字符,需要进行相应设置将字符串全部显示出来。现在,在 A1、A2 单元格中分别输入"全国计算机等级考试",如图 4-17 所示。看一看输入这些字符后效果会有什么不同。

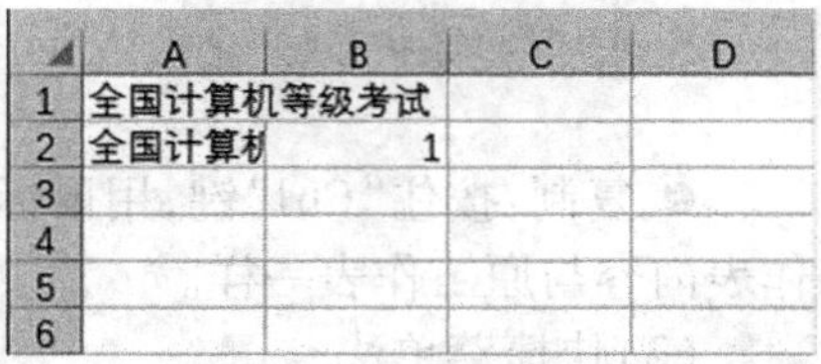

图 4-17 输入长字符串

在 Excel 中,当输入的字符串长度超出单元格的宽度时,存在两种显示情况。

● 如果右侧单元格无内容,长字符串的超出部分会在右侧的单元格中显示出来,如图 4-17 中的 A1 单元格。这看起来是字符串覆盖了其他单元格,实际上还是仅在 A1 单元格中。

● 如果右侧单元格有内容,字符串的超出部分会隐藏,如图 4-17 中的 A2 单元格。

(2)输入数值

前面提到输入的字符串超出单元格宽度时会显示不同的效果。如果输入数值会产生什么样的效果呢?我们分别输入 123、567.45、12345678901234500 这 3 个数值。前两个数值没有什么问题,而最后一个长数值则显示成"1.23457E+16",如图 4-18 所示。

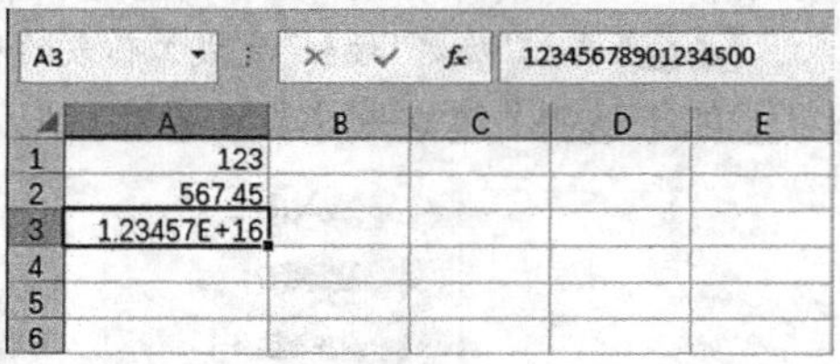

图 4-18 输入数值

这是怎么回事呢?在 Excel 中,如果输入的数值长度超过单元格的宽度(需手动设置过单元格的宽度,若未手动设置会自动增大列宽)或数值超过 11 位,就会自动转换成科学计数法表示(实际数值没有任何变化,大家可以看编辑栏中显示的数据)。

数值数据一般由数字(0~9)+、-、( )、E、e、%、$、¥、/、逗号、小数等组合而成。例如,+20、-5.24、4.23E-2、2,891、$234、30%、(863)等。其中"2,891"中的逗号","表示千位分隔符,30% 即 0.3,"(863)"表示 -863。

注意:输入数值时,加号、减号、逗号、括号等均为英文状态下的符号。

(3)输入数字字符串

看完上面"输入数值"的介绍,有的读者可能有疑问:如果我们在表格中输入身份证号码、电话号码等比较长的数值,被转换成科学计数法表示就不太好了。下面介绍一种避免这种问题出现的方法。

那就是将数值当作字符串来输入。这样 Excel 就会认为这些数据是文本而不是数值,自然就不会随意"干预"了。当然这样做有一个缺点,就是这些数据无法参与计算。

输入数值前,先输入一个英文状态下的单引号“'”就可以把数值处理成字符串了。

在图4-19所示的A1、A2单元格中同样输入“12345678901234500”。A1单元格中是作为字符串输入的,显示的效果没有变化;A2单元格中是作为数值输入的,就被自动转换成科学计数法表示了。

	A	B	C
1	12345678901234500	字符串	
2	1.23457E+16	数值	
3			
4			
5			
6			

图4-19 输入数字字符串

请注意 在Excel中,输入的所有要素都统称为“数据”,如汉字、英文、符号、数值等。数值和字符串在Excel中是有区别的:一是数值可以参与计算,而字符串不可以;二是两者显示的效果不同,数值是右对齐,而字符串是左对齐的,如图4-19所示。

2 输入日期和时间

在Excel中,输入的数据符合既定的日期或时间格式时,将按日期或时间格式存储数据。以2020年2月2日为例,可以使用以下几种形式输入。

20/02/02 2020/02/02 2020-02-02 2-Feb-20 2/Feb/20

在Excel系统内部,日期是用1900年1月1日起至该日期的天数存储的。例如,对于1900年1月2日,内部存储是2;对于2020年5月20日,内部存储是43 971。

输入时间的常用格式如下。

21:15 6:45 PM 17时35分 下午5时20分

注意:AM或A表示上午,PM或P表示下午。

如果将日期和时间同时输入,就是将日期和时间组合,中间用空格分隔。

3 输入逻辑值

逻辑值数据有两个:TRUE(真值)和FALSE(假值)。可以直接在单元格中输入逻辑值“TRUE”和“FALSE”,也可以通过输入公式得到计算的结果,计算的结果为逻辑值。

4 检查数据的有效性

使用数据有效性可以控制单元格可接收数据的类型和范围。

设置数据有效性的操作步骤如下。

步骤1 建立工作表,选定要设置的单元格或单元格区域。

步骤2 在“数据”功能区的“数据工具”组中单击“数据验证”下拉按钮,在打开的下拉列表中选择“数据验证”命令。

步骤3 打开“数据验证”对话框,单击“设置”选项卡,在“验证条件”选项组中的“允许”下拉列表框中设置数据类型,如设置为“整数”,在“数据”“最小值”“最大值”选项中设置要限定的数据范围,然后单击“确定”按钮。

5 智能填充数据

当要输入一些有规律的数据时,Excel提供了极为方便的智能填充功能。

(1)填充相同数据

在A1单元格中输入“计算机”,使用智能填充功能实现复制功能——把相邻的单元格也填充上同样的数据,具体的操作步骤如下。

步骤1 选定A1单元格,将鼠标指针指向单元格右下角的填充句柄(鼠标指针变为黑“十”字形状),如图4-20所示。

步骤2 按住鼠标左键拖动填充句柄直到 A5 单元格,如图 4-21 所示。

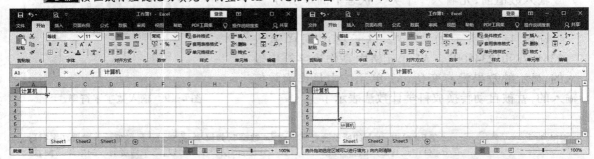

图 4-20　填充相同数据步骤1　　　　　　　图 4-21　填充相同数据步骤2

步骤3 松开鼠标左键,填充完成,效果如图 4-22 所示。还可以横向填充,如横向拖动填充句柄到 E1 单元格,填充完成后的效果如图 4-23 所示。自动填充时,系统默认以序列方式填充。

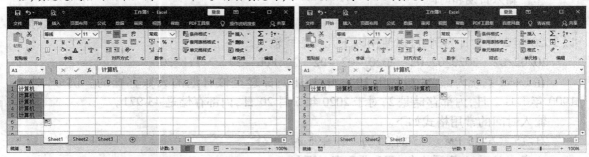

图 4-22　填充相同数据的效果　　　　　　图 4-23　横向填充相同数据的效果

(2) 填充已定义的序列数据

一些常用的、有规律的数据,Excel 已经定义好了。当输入一组这样的数据时,可以使用智能填充功能。例如输入"星期一",拖动填充句柄,可以按顺序智能填充"星期二""星期三"等。

像这样定义好的序列数据还有很多,如月份、季度、甲、乙、丙、丁等。当然,还可以定义一些自己习惯使用的序列数据,具体的操作步骤如下。

步骤1 执行"文件"→"选项"命令。

步骤2 在弹出的"Excel 选项"对话框中单击"高级"选项卡,在"常规"选项组中单击"编辑自定义列表"按钮。

步骤3 弹出"自定义序列"对话框,在"自定义序列"列表框中单击"新序列",如图 4-24 所示。

步骤4 在右侧"输入序列"文本框中分别换行输入"红""橙""黄""绿""青""蓝""紫",如图 4-25 所示。

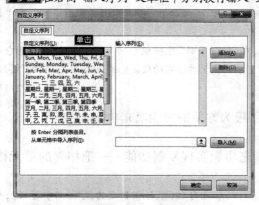 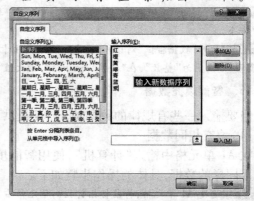

图 4-24　填充自定义序列数据步骤3　　　　图 4-25　填充自定义序列数据步骤4

步骤5 单击"添加"按钮,在"自定义序列"列表框的最后一行中显示了所输入的序列数据,单击"确定"按钮,完成设置,如图4-26所示。

步骤6 看一下设置的效果:先在A1单元格中输入"红",拖动填充句柄,结果A2到A7单元格分别被填充上了"橙""黄""绿""青""蓝""紫",表示设置成功,如图4-27所示。

图4-26 填充自定义序列数据步骤5

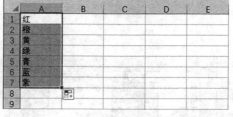

图4-27 填充自定义序列数据效果

(3) 其他智能填充

除了上述介绍的智能填充方法之外,还可以指定某种规律(如等差)进行智能填充。例如,如果在A1单元格中输入"1",在A2单元格中输入"2"。选定以上两个单元格向下填充,填充的结果会是什么? 此时,系统会按照等差规律进行填充,即3、4、5、6……

按住"Ctrl"键再试一下,会发现这次的填充效果又不一样了,会反复填充1、2、1、2……

4.3 Excel的格式设置

Excel的主要功能是数据处理,但它的表格修饰功能也是非常强大的。本节主要讲述Excel工作表的格式设置方法。使用这些设置方法,可以使表格更加美观。

4.3.1 设置数字格式

在Excel中,数字有不同的类型,如货币型、日期型、百分比型等,不同类型的数字,格式也不相同。当输入数字时,Excel会自行判断数字属于什么类型,并为其加上相应的格式。如输入"$4535",系统就会认为这是一个货币型数字,并将其格式改为"$4,535"。

【应用】设置数字格式。

下面介绍几种常用的数据类型及对应的格式。

● 常规格式:没有任何格式的数字。

● 数值格式:一般数字的表示,可以设置小数位数、千位分隔符、负数的不同表现形式。如-123.01或(123.01)、3,456。

● 货币格式:可以设置货币单位,如¥456、$12,345。

● 日期、时间格式:可以选择不同的日期、时间表现形式,如2008-08-08 17:15。

● 百分比格式:设置数字为百分比格式,如200%。

● 文本格式：设置数字为文本。此类数字不可以参与计算。

在图 4-28 所示的工作表中，"单位（元）"列、"总金额"列中的数字要设置为货币格式（人民币），并且要求保留两位小数。具体的操作步骤如下。

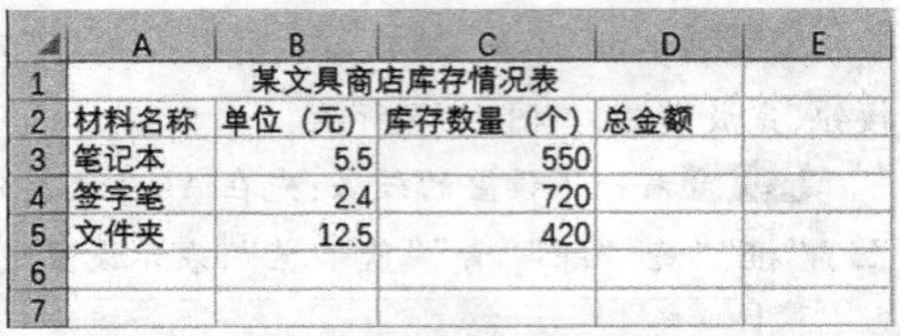

步骤1 同时选定"单位（元）"列和"总金额"列，使用鼠标右键单击选定区域，如图4-29 所示。

步骤2 在弹出的快捷菜单中选择"设置单元格格式"命令，如图 4-30 所示。

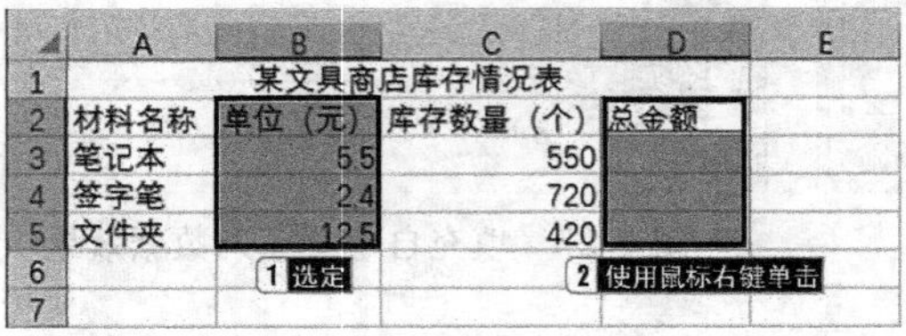

图 4-28 例表

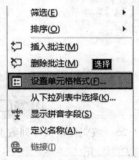

图 4-29 设置货币格式的步骤1　　图 4-30 设置货币格式的步骤2

步骤3 弹出"设置单元格格式"对话框，单击"数字"选项卡，在"数字"选项卡中的"分类"列表框中选择"货币"选项，在"小数位数"微调框中输入"2"；选择"货币符号"为"￥"，单击"确定"按钮，如图 4-31 所示。

设置后的效果如图 4-32 所示。

图 4-31 设置货币格式的步骤3 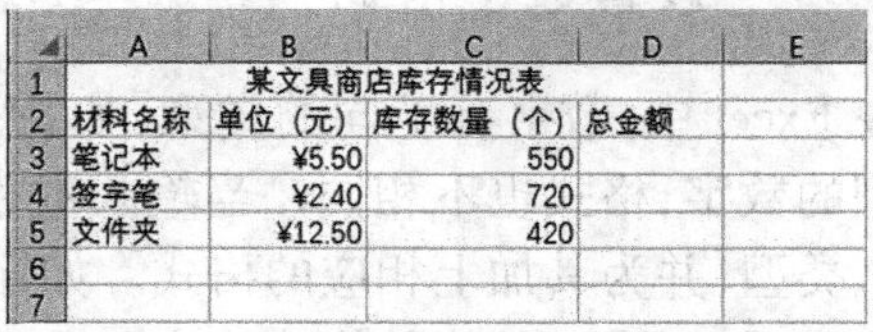　　图 4-32 设置货币格式后的效果

设置格式后发现"总金额"的数据列还是空白的，为它设置的数字格式是没有成功吗？带着这个疑问我们实际操作看看。经过计算，我们把总金额的数值输入相应的单元格，结果发现，输入的数字自动转换成货币类型的格式了，如图 4-33 所示。

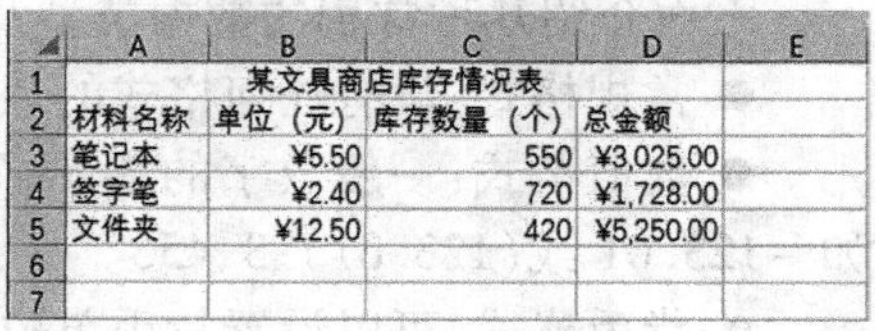

这是怎么回事呢？原来，若已为单元格设置了格式，

图 4-33 在"总金额"列输入数字的效果

不管单元格中有没有数据,格式都是存在的。在输入新数据时,会默认应用为单元格设置的格式。即使该单元格中有数据,数据改变后,格式依然保留。

4.3.2 设置单元格格式

1 设置字符格式

【应用】设置字符格式、单元格合并及居中,设置边框和底纹。

在 Excel 中设置字符格式的方式和 Word 相似,选定单元格后,可以通过功能区中的命令,设置字符的字体、字号、颜色、粗体、斜体等格式。

2 设置标题居中

一般而言,表格的第一行为标题行。在图 4-34 所示的表格中,"某文具商店库存情况表"就是这个表的标题。标题一般需要位于表格的正中,但标题的文字是在一个单元格中。

(1)合并及居中单元格

以图 4-35 所示的表为例,将标题设置为居中的操作步骤如下。

图 4-34 表格标题示例　　　　　图 4-35 例表

▶步骤1 选定表格宽度内的第一行单元格,这里选定 A1:E1 单元格区域。

▶步骤2 单击"开始"功能区的"对齐方式"组中的"合并后居中"按钮 ,如图 4-36 所示。

图 4-36 设置标题居中

如果合并的多个单元格中有两个以上的单元格中有数据,那么合并后的单元格只会保留左上角的数据,并会在合并时弹出警告对话框予以提示,如图 4-37 所示。

图 4-37 警告对话框

(2)取消合并的单元格

单击"开始"功能区的"对齐方式"组中的"合并后居中"下拉按钮,在打开的下拉列表中选择"取消单元格合并"命令,可以取消合并的单元格。

(3) 合并后单元格的地址

如果把 A1、B1、C1 单元格合并,那么合并后就只有一个单元格,其单元格地址就是第一个单元格地址,即 A1 单元格,如图 4-38 所示。

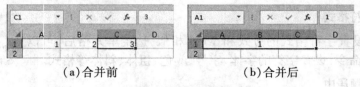

(a) 合并前　　　　　(b) 合并后

图 4-38　合并后单元格的地址

3　设置数据对齐

与 Word 中的表格一样,Excel 中数据对齐的方式也分为水平对齐和垂直对齐。水平对齐可以通过"开始"功能区的"对齐方式"组中的 ≡ ≡ ≡ 按钮来设置,垂直对齐可以通过"开始"功能区的"对齐方式"组中的 ≡ ≡ ≡ 按钮进行设置。数据对齐的方式还可以通过"设置单元格格式"对话框中的"对齐"选项卡来设置,如图 4-39 所示。

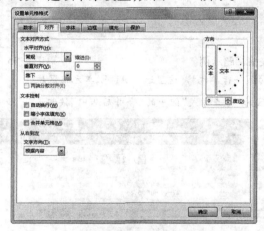

图 4-39　"设置单元格格式"对话框

设置不同的垂直、水平对齐方式,其效果也不相同,如图 4-40 所示。

图 4-40　对齐的几种效果

4　设置图案与颜色

为了使表格看上去更加美观,可以为表格添加颜色或图案,也就是常说的"底纹"。同样要在"设置单元格格式"对话框中来设置,具体的操作步骤如下。

▶步骤1　选定要设置颜色或图案的单元格。

步骤2 打开“设置单元格格式”对话框，切换到“填充”选项卡。

步骤3 在“背景色”选项组中选择相应的填充颜色；在“图案颜色”下拉列表框中选择相应的图案颜色，如图 4-41 所示，在“图案样式”下拉列表框中选择合适的图案。

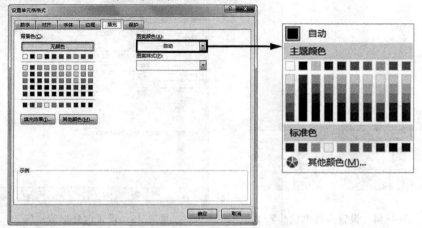

图 4-41 设置单元格图案与颜色

步骤4 单击“确定”按钮，完成设置。

5 设置表格边框

现在，工作表的数据已经输入完成了，格式也设置完毕了。当开始打印表格时，却惊讶地发现：表格竟然没有边框。我们在 Excel 中看到的一个个单元格不是由边框线构成的吗？

其实，Excel 中原始的单元格框线只是虚拟线条，不是实实在在的框线。要加上框线，还要进行相应的设置。

设置表格框线有两种方法。

（1）使用下拉列表简单设置

步骤1 选定需要设置框线的单元格。

步骤2 单击“开始”功能区的“字体”组中的“边框”下拉按钮，弹出“边框”下拉列表，如图 4-42 所示。

步骤3 在“边框”下拉列表中可以选择不同的框线类型，设置不同的框线效果。一般情况下选择“所有框线”。选择“所有框线”选项后，表格的框线就出现了。

（2）在对话框中详细设置

上述设置方法虽然操作简单，却无法通过一次操作设置复杂的框线，如为不同框线设置不同的颜色和线型等。要完成这些复杂的设置，就必须使用“设置单元格格式”对话框。

图 4-42 “边框”下拉列表

例如，制作图 4-43 所示的表格，要求外框线设置为红色粗实线，内框线设置为蓝色细实线，具体的操作步骤如下。

	A	B	C	D	E	F
1	初一(一)班成绩表					
2	学号	姓名	性别	期中成绩	期末成绩	
3	Y0023	陈萍	女	89	78	
4	Y0024	李丽	女	77	81	
5	Y0025	尤刚	男	90	95	
6	Y0026	王成	男	73	76	
7	Y0027	古明	男	84	93	
8						
9						

图 4-43 例表

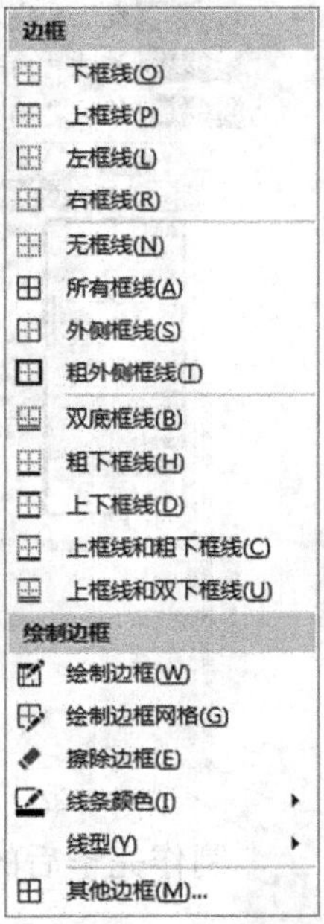

步骤1 选定需要设置框线的单元格区域,如图 4-44 所示。

步骤2 使用鼠标右键单击单元格区域,在弹出的快捷菜单中选择"设置单元格格式"命令,打开"设置单元格格式"对话框,单击"边框"选项卡,如图 4-45 所示。

图 4-44　设置内外框线步骤 1　　　　图 4-45　设置内外框线步骤 2

步骤3 在"直线"选项组的"样式"列表框中选择"粗实线",在"颜色"下拉列表框中选择"红色"。

步骤4 单击"外边框"按钮,这时在中间的预览区中可以看到外框线的变化效果,如图 4-46 所示。

步骤5 在"直线"选项组的"样式"列表框中选择"细实线",在"颜色"下拉列表框中选择"蓝色"。

步骤6 单击"内部"按钮,这时在中间预览区中可以看到内外框线的设置效果,如图 4-47 所示。

步骤7 单击"确定"按钮,完成设置。

图 4-46　设置内外框线步骤 3、步骤 4　　　　图 4-47　设置内外框线步骤 5~步骤 7

制作完毕后的实际效果如图 4-48 所示。

图 4-48　设置后的效果

请思考 在一个表格中,如果需要对某个单元格设置一条对角线,该如何操作呢?

4.3.3 设置条件格式

条件格式可以对含有数值或其他内容的单元格，或者含有公式的单元格应用某种条件，决定单元格数据的显示格式。按照下面的操作步骤，将D3:D6单元格区域中数值大于或等于10 000的字体设置成绿色。

步骤1 选定D3:D6单元格区域，在"开始"功能区的"样式"组中单击"条件格式"→"突出显示单元格规则"→"其他规则"命令，弹出"新建格式规则"对话框。

步骤2 在"只为满足以下条件的单元格设置格式"的第一个下拉列表框中选择"单元格值"，在第二个下拉列表框中选择"大于或等于"，在最后的文本框中输入"10000"，如图4-49所示。

步骤3 单击"格式"按钮，在弹出的"设置单元格格式"对话框中设置字体颜色为绿色，单击"确定"按钮返回"新建格式规则"对话框，单击"确定"按钮。

图4-49 "新建格式规则"对话框

4.3.4 使用单元格样式

样式是单元格字体、字号、对齐、边框和图案等一个或多个设置特性的组合，将这样的组合命名和保存后，可供用户重复应用。应用样式即应用该样式名中的所有格式设置。样式包括内置样式和自定义样式。内置样式为Excel内部定义的样式，用户可以直接使用；自定义样式是用户根据需要自定义的组合设置，需定义样式名。

设置样式的操作步骤如下。

步骤1 选定单元格区域，在"开始"功能区的"样式"组中单击"单元格样式"按钮，在弹出的下拉列表中选择"新建单元格样式"命令，弹出"样式"对话框，如图4-50所示。

步骤2 在"样式"对话框的"样式名"文本框中输入"表标题"，单击"格式"按钮，弹出"设置单元格格式"对话框。

步骤3 在"设置单元格格式"对话框中完成"数字""对齐""字体""边框""填充""保护"的设置，单击"确定"按钮返回"样式"对话框，再单击"确定"按钮。

单击"单元格样式"按钮，在弹出的下拉列表中，可以选择内置样式或自定义样式。使用鼠标右键单击一种样式，在弹出的快捷菜单中选择"修改"命令，在弹出的"样式"对话框中单击"格式"按钮，可以利用弹出的"设置单元格格式"对话框修改样式。如果要删除已定义的样式，使用鼠标右键单击要删除的样式，在弹出的快捷菜单中选择"删除"命令即可。

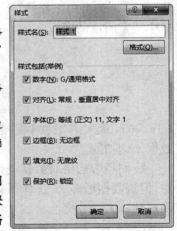

图4-50 "样式"对话框

4.3.5 设置套用表格格式

设置套用表格格式是指把Excel提供的显示格式套用到用户的单元格区域，使表格更加美观，易于浏览。

设置套用表格格式的操作步骤如下。

步骤1 选定单元格区域，在"开始"功能区的"样式"组中单击"套用表格格式"按钮。

步骤2 在弹出的"套用表格格式"下拉列表中选择合适的样式，如图4-51所示。

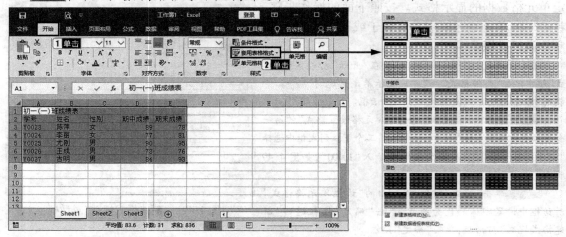

图4-51 设置套用表格格式的步骤

4.3.6 使用模板

模板是含有特定格式的工作簿，其工作表结构已经设置，为避免重复设置格式，可以把工作簿的格式做成模板并存储。Excel已经提供了一些模板，用户可以直接使用。

用户可以使用模板创建工作簿，具体的操作方法：执行"文件"→"新建"命令，打开"新建"界面，在"空白工作簿"下方的联机模板中选择所需的模板，也可以在"搜索联机模板"搜索框中搜索所需的模板。

4.4 公式和函数

Excel最大的特色不是建立和修饰表格，而是对数据进行处理。自本节起，介绍Excel的数据处理功能。

我们经常需要对数据进行计算，如求和、求平均值等。对于一两个数据，我们可以从容面对，但当数据增多时，工作量就增大了。利用本节学习的公式和函数知识，可以方便、快捷并准确地计算大量数据。

4.4.1 公式计算

1 公式的格式

公式就是Excel工作表中的计算式，也叫作等式。在图4-52所示的工作表中，陈萍总成绩的计算式为"总成绩＝期中成绩＋期末成绩"。

【应用】使用公式计算和复制公式。

图 4-52　例表

这样的计算式在 Excel 中是无法使用的,我们要将它转换成 Excel 可以读懂的语言。在 Excel 中可以表示为" ＝ D3 + E3"

还需要把这个公式输入到 F3 单元格中,这样 Excel 就会在该单元格中显示自动计算出的 D3 单元格和 E3 单元格中的数值之和。

公式的一般格式为" ＝ 表达式"。

表达式由运算符(如 ＋、－、＊、／等)、常量、单元格地址、函数及括号组成。

注意:
● 公式中表达式前面必须要有等号(＝);
● 公式中不能有空格。

② 输入公式

输入公式的方法有两种。

方法 1:双击要产生结果的单元格,在光标处输入公式,如" ＝ A1 + B1",按"Enter"键确认。

方法 2:单击要产生结果的单元格,再单击数据栏中的编辑栏,在光标处输入公式,按 "Enter"键或者单击编辑栏左侧的"输入"按钮 ✓ 确认。

输入单元格地址时,可以手动输入,也可以单击该单元格,如要在 D1 单元格中输入" ＝ B1 + C1",操作步骤如下。

步骤1 双击 D1 单元格,在光标处输入等号" ＝ ",如图 4-53 所示。

步骤2 单击 B1 单元格,这时在 D1 单元格中已经输入了"B1",如图 4-54 所示。

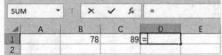

图 4-53　输入公式步骤 1　　　　图 4-54　输入公式步骤 2

步骤3 在 D1 单元格中紧接着输入" ＋ ",如图 4-55 所示。

步骤4 单击 C1 单元格,这时 D1 单元格中已经输入了"C1",如图 4-56 所示。最后,按"Enter"键完成操作。

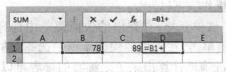
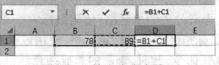

图 4-55　输入公式步骤 3　　　　图 4-56　输入公式步骤 4

如果在输入公式的过程中,单击编辑栏左侧的"取消"按钮 ✗ ,则输入的公式全部被删除。如果输入公式后要修改,可以单击公式所在的单元格,然后在编辑栏中修改。

③ 运算符

Excel 中的运算符不仅有加、减、乘、除等算术运算符,还有字符连接运算符和关系运算符。

比较常用的是算术运算符。

在数学中,当加、减、乘、除同时出现在一个式子中时,有一定的先后运算顺序,如先算乘除,再算加减。Excel 中也是如此,运算符具有优先级,表 4-1 按优先级从高到低列出了常用运算符及其说明。

表 4-1　　　　　　　　　　　　常用运算符及其说明

运算符	说明	举例
-	负号	-45、-B2
%	百分号	12%（0.12）
^	乘方	4^3（即 $4^3 = 64$）
*、／	乘、除	4＊2、12/4
+、-	加、减	3＋1、10－2
&	字符串连接	"计算机"&"考试"（即"计算机考试"）
=、<>	等于、不等于	7＝8 的值为假,7＜＞8 的值为真
>、>=	大于、大于或等于	7＞5 的值为真,7＞＝5 的值为真
<、<=	小于、小于或等于	7＜5 的值为假,7＜＝5 的值为假

4.4.2　复制公式

我们学习了公式的基本操作,但是我们只设置了一个公式,解决了一个数据计算。如果需要计算很多数据,我们还是一个个地输入公式吗?

当然不是！如果需要一个个地输入公式,还不如我们自己用计算器算得快。其实公式是可以复制的。下面以图 4-57 中的工作表为例学习公式的复制,用公式求出各学生的总成绩。

按前面介绍的方法,在 F3 单元格中输入陈萍的总成绩公式"＝D3＋E3"。下面我们把公式复制到 F4 单元

图 4-57　例表

格中。有的读者可能要问,我们复制的公式是"＝D3＋E3",如果复制过去岂不是又在计算 D3 单元格和 E3 单元格的和了吗?我们先不管它,操作一下试一试。

选定含有公式的单元格,使用鼠标右键单击该单元格,在弹出的快捷菜单中选择"复制"命令,将鼠标指针移至目标单元格,使用鼠标右键单击,在弹出的快捷菜单中选择"粘贴选项"下的"粘贴"命令,此时,李丽的总成绩竟然也被准确地计算出来了。细心的读者可以看出：F4 单元格中的公式自动变成了"＝D4＋E4"。

这是怎么回事呢?我们复制的明明是"＝D3＋E3",粘贴后竟然变成了"＝D4＋E4"。

这个问题涉及 Excel 公式中两个重要的概念：相对地址和绝对地址。

1　相对地址

在 Excel 中,单元格地址描述了一个单元格的位置,如 A1 就表示 A 列与第 1 行交叉的单

元格。当我们复制公式时,Excel 系统本身会根据公式的原来位置和复制后的位置两者之间的变化规律自动调整单元格的地址。

例如,上面提到的公式"= D3 + E3",原来的位置在 F3 单元格中,现在要复制到 F4 单元格中,F4 相对 F3,列号没变,而行号加 1。所以,Excel 系统就会把我们所复制公式中的单元格地址的行号加 1,列号不变。D3 变成了 D4,E3 变成了 E4。

随公式复制的单元格位置变化而变化的单元格地址称为相对地址,如公式"= D3 + E3"中的 D3、E3。

② 绝对地址

有时,我们需要引用一个固定的单元格地址,不希望在复制公式时自动更改此地址。在图 4-58 所示的工作表中,我们计算每种电器一季度销售量的时候,使用相对地址会很方便。但当我们要计算每种电器一季度销售量占全部电器销售总量的百分比时,各电器的一季度销售量是相对地址,而全部电器销售总量则是一个固定的地址,即 E8 单元格,如果 E8 变成 E9,显然公式计算的结果就是错误的。

这时,我们表示全部电器销售总

图 4-58　例表

量就必须使用绝对地址。在 Excel 中无论将公式复制到哪一个单元格中,绝对地址都是不变的。

为区别相对地址,我们在单元格地址的列号或行号前加上"$"表示绝对地址。

- A1:相对地址。
- $A1:列号 A 是绝对地址,行号 1 为相对地址。
- $A$1:列号 A 和行号 1 都是绝对地址。
- A$1:列号 A 是相对地址,行号 1 为绝对地址。

③ 混合地址

混合地址的形式诸如 D$3、$A8 等,表示当含有该地址的公式被复制到目标单元格时,相对引用部分会根据公式的原位置和目标位置推算出公式中单元格地址相对于原位置的变化,而绝对引用部分的地址不变。例如,将 D1 单元格中的公式"=($A1 + B$1 + C1)/3"复制到 E3 单元格,则公式变为"=($A3 + C$1 + D3)/3"。

④ 跨工作表的单元格地址引用

单元格地址的一般引用形式:

[工作簿文件名]工作表名!单元格地址

在引用当前工作簿的各工作表中单元格地址时,"[工作簿文件名]"可以省略;在引用当前工作表中的单元格地址时,"工作表名!"可以省略。例如,某个单元格中的公式为"=(C4 + D4 + E4)* Sheet2!B1",其中"Sheet2!B1"表示当前工作簿的 Sheet2 工作表中的 B1 单元格地址,而 C4 表示当前工作表中 C4 单元格的地址。

用户可以引用当前工作簿的另一工作表中的单元格,也可以引用另一工作簿中多个工作表的单元格。例如"= SUM([Book1.xlsx]Sheet2:Sheet4!$A$5)"表示对 Book1 工作簿的 Sheet2 到 Sheet4 共 3 个工作表的 A5 单元格内容求和。这种引用同一个工作簿的多个工作表中的相同单元格或单元格区域中数据的方法称为三维引用。

5 另一种复制公式的方法

除前面介绍的复制、粘贴公式的方法之外,还可以使用拖动单元格填充句柄的方法复制公式,操作步骤如下。

步骤1 在某单元格中正确输入公式。

步骤2 拖动此单元格的填充句柄向下(右)填充其他单元格,即可完成公式的复制。

4.4.3 函数

什么是函数? 通俗地讲,函数就是常用公式的简化形式。例如求 A1、B1、C1 单元格的和,公式为"= A1 + B1 + C1"。如果使用函数,就可以表示为"= SUM(A1,B1,C1)"或"= SUM(A1:C1)"。其中"SUM( )"就是一个求和函数。

【应用】求和、求平均值函数。

在 Excel 中,这样的函数共有 11 类,每一类包括若干不同的函数,如求和函数 SUM、平均值函数 AVERAGE、最大值函数 MAX 等。

1 函数的格式

函数的一般格式如下:

$$\text{函数名}([\text{参数}1],[\text{参数}2\cdots])$$

如上面提到的:

<u>SUM</u>　(<u>A1:C1</u>)　　<u>SUM</u>　(<u>A1</u>,　<u>B1</u>,　<u>C1</u>)
函数名　参数1　　　函数名　参数1　参数2　参数3

在 Excel 中,函数的使用有以下几点要求。

- 函数必须有函数名,如 SUM。
- 函数名后面必须有一对括号。
- 参数可以是数值、单元格引用、文字、其他函数的计算结果。
- 各参数之间用逗号分隔。
- 参数可以有,也可以没有;可以有 1 个参数,也可以有多个参数。

2 常用函数

Excel 的函数有很多,有些是经常使用的,有些则不常用。表 4-2 列出了几个常用的函数及其功能说明。

表 4-2　　　　　　　　　　　　　　常用函数

函数形式	功能说明
SUM(A1,A2,…)	求各参数的和
AVERAGE(A1,A2,…)	求各参数的平均值
MAX(A1,A2,…)	求各参数中的最大值

(续表)

函数形式	功能说明
MIN(A1,A2,…)	求各参数中的最小值
COUNT(A1,A2,…)	求各参数中数值型数据的个数
ABS(A1)	求参数的绝对值

③ 函数引用

若要在某个单元格中输入公式"=AVERAGE(A2:A10)",可以采用以下方法。

方法1:直接在单元格中输入公式"=AVERAGE(A2:A10)"。

方法2:选定单元格,单击"公式"功能区的"函数库"组中的"插入函数"按钮,在弹出的"插入函数"对话框中的"选择函数"列表框中选择"AVERAGE",单击"确定"按钮,打开"函数参数"对话框,如图4-59所示。

在"函数参数"对话框的第一个参数"Number1"文本框中输入"A2:A10",单击"确定"按钮;也可以单击"切换"按钮，然后在工作表中选定A2:A10单元格区域,再次单击"切换"按钮，展开"函数参数"对话框,单击"确定"按钮。

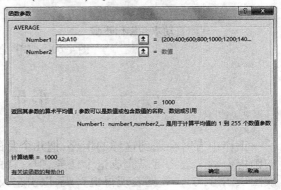

图4-59 设置函数参数

④ 函数嵌套

函数嵌套是指一个函数可以作为另一个函数的参数使用。例如:

ROUND(AVERAGE(A2:C2),1)

其中ROUND作为一级函数,AVERAGE作为二级函数。先执行AVERAGE函数,再执行ROUND函数。一定要注意:二级函数的返回值必须与一级函数的参数类型相同。

⑤ 自动求和按钮

求和是我们在Excel中常用的操作。除了用公式、函数去求多个单元格中数值的和之外,还可以使用功能区中的"自动求和"按钮 Σ 求和,操作步骤如下。

步骤1 选定存放结果的单元格。

步骤2 在"开始"功能区的"编辑"组中单击"自动求和"按钮,即可完成对单元格的求和计算。

实际上,"自动求和"按钮相当于求和函数SUM( )。

还可以使用"自动求和"按钮,一次求多组数据的和。例如,在图4-60(a)所示的工作表中,求每种电器3个月的销售总量的操作步骤如下。

步骤1 选定参加求和的单元格区域及存放结果的单元格区域,这里选定B3:E7单元格区域。

步骤2 在"开始"功能区的"编辑"组中单击"自动求和"按钮,一次完成5组数据的求和计算,求和完成后的结果如图4-60(b)所示。

(a)自动求和操作步骤

(b)求和后

图 4-60　使用"自动求和"按钮求和

4.5　图表

工作中有时会遇到这样的情况:把几个月的产品销量进行对比,或者展示产品在不同区域的销售份额。表格可以完成这个任务,但这样的表现形式还不够直观。我们可以把数据制作成图表的形式,让数据表现得更直观,以引起人们的观看兴趣。

本节就介绍如何制作和修饰图表。

4.5.1　基本概念

1　图表简介

先来看看 Excel 都能提供什么类型的图表,它们各自的特点是什么。Excel 提供了 15 类图表,每一类图表中有若干种图表类型。图 4-61 列出了 4 种常用的图表,表 4-3 对这些图表进行了简单说明。

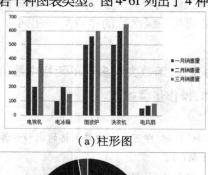

(a)柱形图　　　　　　　　　　(b)条形图

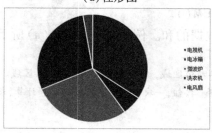

(c)饼图　　　　　　　　　　(d)折线图

图 4-61　4 种常用的图表

表 4-3 4 种常用图表及其说明

类型	说明
柱形图	此图表强调各项之间的不同
条形图	柱形图的水平表示
饼图	此图表显示整体中各部分之间的关系
折线图	此图表强调数值随时间的变化趋势

2 图表和工作表的关系

图表是工作表中全部或部分数据的另一种表现形式，它是以工作表的数据为依据创建的一种图形。没有工作表中的数据，图表就没有实际意义，所以建立图表的前提是工作表中的数据已经建立，且准确无误。

一个工作表可以有多个图表。图表既可以作为工作表的一部分插入提供数据的工作表，也可以作为一个独立的工作表插入工作簿。

数据源于工作表，图表因数据不同而形状各异；图表不是“死”的图形，它会根据工作表中的数据变化自动进行调整。

3 图表中的重要名词

(1)数据系列

数据系列是一组有关联的数据，来源于工作表中的一行或一列，如图 4-62 所示的“一月销售量”“二月销售量”“三月销售量”“电视机”“电冰箱”“微波炉”“洗衣机”“电风扇”等。在图表中，同一系列的数据用同一种形式表示。

	A	B	C	D	E	F
1	电器销售情况表					
2	名称	一月销售量	二月销售量	三月销售量	一季度销售量	
3	电视机	600	200	400	1200	
4	电冰箱	100	200	150	450	
5	微波炉	500	560	600	1660	
6	洗衣机	500	600	650	1750	
7	电风扇	50	70	85	205	
8	合计	1750	1630	1885	5265	
9						
10						

图 4-62 例表

(2)数据点

数据点是数据系列中一个独立的数据，通常源自一个单元格，如“名称”系列中的“电视机”等。

4 嵌入式图表与独立图表

(1)嵌入式图表

嵌入式图表是将图表作为一个对象，与其相关的工作表数据存在同一个工作表中。

(2)独立图表

独立图表是以一个工作表的形式插入工作簿。打印输出时，独立图表占一个页面。

4.5.2 建立图表

在 Excel 中，建立图表的方法有多种，最常用的是利用“插入”功能区的“图表”组中右下角的“查看所有图表”按钮。下面以图 4-63 中的工作表为例说明建立图表的方法。

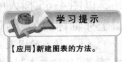

> **学习提示**
> 【应用】新建图表的方法。

步骤1 考虑工作表中哪些数据要用图表形式表现，然后选中这些数据。在本例中，选定工作表中的 A2: D7单元格区域。

步骤2 单击"插入"功能区的"图表"组中右下角的"查看所有图表"按钮 ⬛，如图4-63所示。

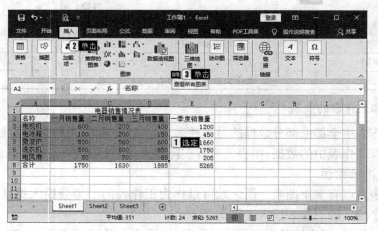

图4-63　建立图表步骤1、步骤2

步骤3 打开"插入图表"对话框，切换到"所有图表"选项卡，单击"柱形图"，在右侧的柱形图中单击"簇状柱形图"，单击"确定"按钮，如图4-64所示。

按照上述操作步骤插入的图表如图4-65所示。插入图表后会激活"图表工具"功能区。

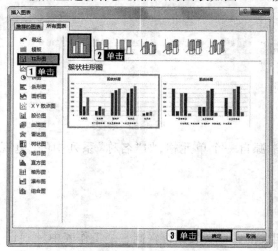

图4-64　建立图表步骤3　　　　　　　　图4-65　插入的"簇状柱形图"

一般对插入图表的要求包括以下几个方面：系列产生在行/列、标题（包括图表标题、横坐标轴标题、纵坐标轴标题）、图例、数据标签、坐标轴、网格线、模拟运算表等。这些都可在"图表工具"功能区中进行设置与修改。

以图4-65插入的簇状柱形图为例，设置系列产生在列、图表标题为"电器销售情况图"、横坐标轴标题为"名称"、纵坐标轴标题为"销量"，操作步骤如下。

步骤1 插入的图表系列默认产生在列，如果要切换成系列产生在行，可以在"图表工具"的"设计"功能区的"数据"组中单击"切换行/列"按钮。

步骤2 插入的图表的标题默认显示在图表上方，如果要设置图表标题，可以在"图表工具"的"设计"功能区的"图表布局"组中单击"添加图表元素"按钮，在打开的下拉列表中单击"图表标题"→"图表上方"命令，如图4-66所示。

步骤3 选择图表上方的"图表标题",输入"电器销售情况图",如图4-67所示。

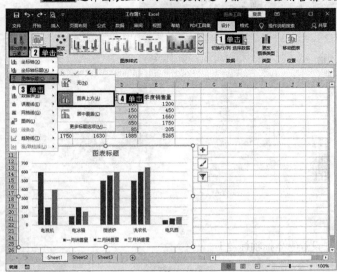

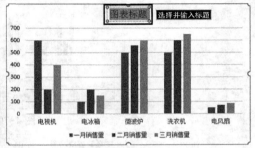

图4-66 设置图表标题1　　　　　　　　　　图4-67 设置图表标题2

步骤4 在"图表工具"的"设计"功能区中,单击"图表布局"组中的"添加图表元素"按钮,在打开的下拉列表中单击"坐标轴标题"→"主要横坐标轴"命令,如图4-68所示。

步骤5 此时在插入的图表横坐标轴下方出现了"坐标轴标题",选择"坐标轴标题",输入"名称",如图4-69所示。

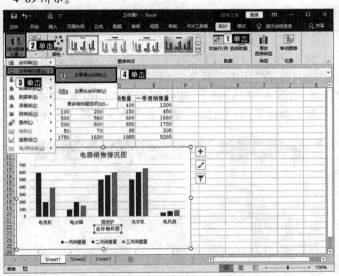

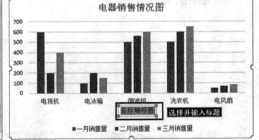

图4-68 设置横坐标轴标题1　　　　　　　　图4-69 设置横坐标轴标题2

步骤6 在"图表工具"的"设计"功能区中,单击"图表布局"组中的"添加图表元素"命令,在打开的下拉列表中单击"坐标轴标题"→"主要纵坐标轴"命令,如图4-70所示。

步骤7 此时在插入的图表纵坐标轴左侧出现了"坐标轴标题",选择"坐标轴标题",输入"销量",如图4-71所示。设置完成后的效果如图4-72所示。

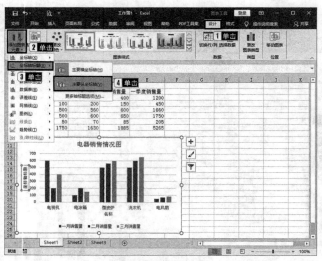

图 4-70　设置纵坐标轴标题 1

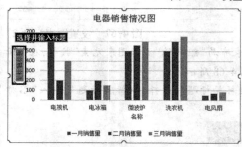

图 4-71　设置纵坐标轴标题 2　　　　　图 4-72　设置完成后的图表效果

在默认情况下，Excel 中的图表为嵌入式图表，用户不仅可以在同一个工作表中调整图表放置的位置，而且还可以将图表放置在单独的工作表中。在"图表工具"的"设计"功能区的"位置"组中单击"移动图表"按钮，弹出"移动图表"对话框，如图 4-73(a)所示，选择图表放置的位置，单击"确定"按钮即可。图 4-73(b)是图表插入原工作表中的效果，图 4-73(c)是图表作为一个新工作表插入工作簿中的效果。

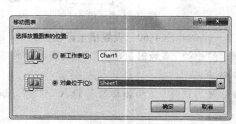

(a)"移动图表"对话框　　　　　　　　(b)插入原工作表中的效果

图 4-73　图表位置

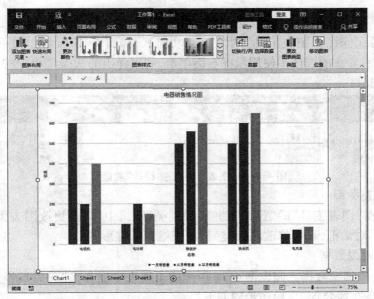

（c）作为新工作表插入的效果

图 4-73　图表位置（续）

4.5.3　图表的设置

新建的图表通常不够美观。例如图表的主体图案比较小、坐标轴的文字过大等。下面简单介绍设置图表的方法，以使其更加美观。

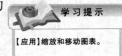

【应用】缩放和移动图表。

1　图表的组成要素

一个图表主要由以下几个要素组成，如图 4-74 所示。

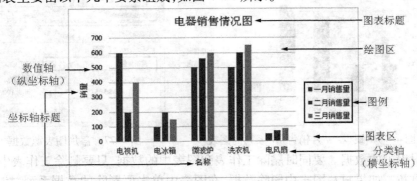

图 4-74　图表各组成要素

- 图表区——图表所在的区域，其他各个要素都放置在图表区中，相当于图表的一个"桌面"。
- 绘图区——图表的主体部分，放置表现数据的图形。
- 图例——对绘图区中的图形进行说明。
- 坐标轴标题——坐标轴标题是指横坐标轴和纵坐标轴的名称，可有可无。

2. 修改图表

选定图表后，会激活"图表工具"的"设计"功能区，如图 4-75 所示。利用"图表工具"的"设计"功能区，或者在图表区中使用鼠标右键单击，利用弹出的快捷菜单中的命令，可以对图表进行修改和编辑。

图 4-75 "图表工具"的"设计"功能区

(1) 修改图表类型

选定图表，在"图表工具"的"设计"功能区的"类型"组中单击"更改图表类型"按钮，打开"更改图表类型"对话框，从中修改图表类型为"三维簇状柱形图"。

(2) 修改图表源数据

① 向图表中添加源数据。假设图 4-76 所示的工作表中没有将"一月销售量"系列的数据添加到图表中，现在需要加上，操作步骤如下。

步骤 选定图表，在"图表工具"的"设计"功能区的"数据"组中单击"选择数据"按钮，在打开的"选择数据源"对话框中，单击"图例项（系列）"列表框中的"添加"按钮，弹出"编辑数据系列"对话框，在"系列名称"文本框中输入要添加的系列名称，在"系列值"文本框中单击"切换"按钮，选择单元格区域的地址，最后单击"确定"按钮，如图 4-77 所示，最后在"选择数据源"对话框中单击"确定"按钮。

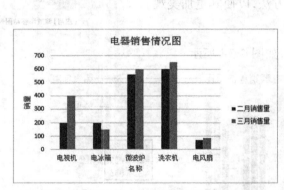

图 4-76 缺少"一月销售量"系列的图表

图 4-77 添加图表源数据

② 删除图表中的数据。要同时删除工作表和图表中的数据，只要删除工作表中的数据，图表将会自动更新。如果只从图表中删除数据，在图表中单击要删除的数据系列，按"Delete"键即可。利用"选择数据源"对话框中的"图例项（系列）"列表框中的"删除"按钮也可以删除图表数据。

3. 修饰图表

用户可以修饰图表，以更好地表现工作表。利用"图表工具"的"格式"功能区可以对图表的图表区、绘图区、坐标轴等图表要素的颜色、图案、线型、填充效果、边框等进行设置。除此之外，还可以通过图表要素的设置窗格对图表要素进行设置。

(1) 利用"设置图表区格式"窗格

选定图表的图表区,使用鼠标右键单击,在弹出的快捷菜单中选择"设置图表区域格式"命令,在右侧打开"设置图表区格式"窗格,如图4-78所示。在"填充与线条"选项卡中单击"边框",选中"实线"单选按钮,在"颜色"下拉列表框中选择浅蓝色;在"效果"选项卡中单击"阴影",在"颜色"下拉列表框中选择深蓝色。设置后的效果如图4-79所示。

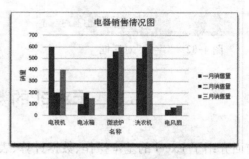

图 4-78　设置图表区的格式　　　图 4-79　设置后的效果

(2) 利用"设置绘图区格式"窗格

选定图表的绘图区,使用鼠标右键单击,在弹出的快捷菜单中选择"设置绘图区格式"命令,打开"设置绘图区格式"窗格,在其中可以设置绘图区的填充、边框、三维格式等效果。

(3) 利用"坐标轴格式"窗格

选定图表的坐标轴,使用鼠标右键单击,在弹出的快捷菜单中选择"设置坐标轴格式"命令,打开"设置坐标轴格式"窗格,在其中可设置坐标轴的填充、线条、对齐方式等。

例如,在图4-80所示的图表中,横坐标轴上的标题文字过大,不太美观,可以按以下操作步骤修改。

步骤1 使用鼠标右键单击图表的横坐标轴标题,在弹出的快捷菜单中选择"字体"命令,如图4-81所示。

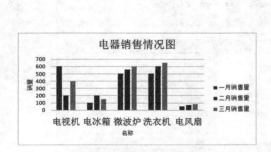
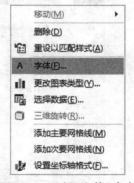

图 4-80　效果不佳的图表　　　图 4-81　选择"字体"命令

步骤2 在弹出的"字体"对话框中设置字体的大小,如图4-82所示,设置完毕后单击"确定"按钮。

设置的最终效果如图4-83所示。同理,还可以设置其他要素的格式,让整个图表变得更加美观。

图 4-82 "字体"对话框

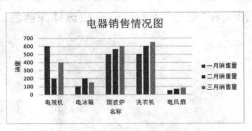

图 4-83 最终效果

4.6 Excel 的数据处理

本章前面介绍了 Excel 的基本操作、数据计算、表格修饰和图表功能,下面介绍 Excel 的数据处理功能。

4.6.1 建立数据清单

1 数据清单

数据清单是包含一组相关数据的一系列工作表数据行,Excel 允许采用数据库管理的方式管理数据清单。数据清单由标题行(表头)和数据部分组成。数据清单中的行相当于数据库中的记录,行标题相当于记录名;数据清单中的列相当于数据库中的字段,列标题相当于字段名,数据清单如图 4-84 所示。

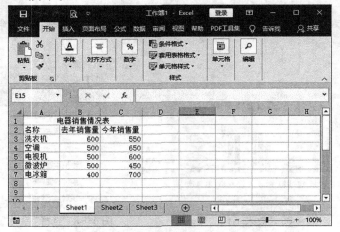

图 4-84 数据清单

2 使用记录单建立数据清单

建立数据清单时,可以采用建立工作表的方式,向行列中逐个输入数据,也可以使用记录单建立数据清单。记录单是数据清单的一种管理工具，利用记录单可以方便地在数据清单中输入、修改、删除和移动数据记录。"记录单"按钮需要自己手动添加到快速访问工具栏中，添加方法与 3.1.4 节中介绍的添加"全屏显示"按钮的方法类似，在此不再赘述。

4.6.2 排序

排序就是通常所说的"排名"，如产品排行榜、考生成绩排名等。排序以某一个或几个关键字为依据，按一定的排序原则重新排列数据。例如产品排行榜就是以"产品的销量"为关键字，按销量额由高到低排列；而考生成绩排名是以"分数"为关键字，按分数数值由高到低排列。

【应用】对数据排序。

下面以图 4-85 所示的表格为例，介绍 Excel 的排序功能。

图 4-85 例表

1 简单排序

将表中数据按照"总成绩"的高低排序，即成绩高的排在前面，成绩低的排在后面，操作步骤如下。

步骤1 单击要排序表格中的任意一个单元格，在"数据"功能区的"排序和筛选"组中单击"排序"按钮，弹出"排序"对话框。

步骤2 "主要关键字"是排序的依据，这里选择"总成绩"。根据要求，按成绩（分数）由高到低排序，故这里选择"降序"，单击"确定"按钮完成排序，如图 4-86 所示。排序后的效果如图 4-87 所示。

图 4-86 "排序"对话框

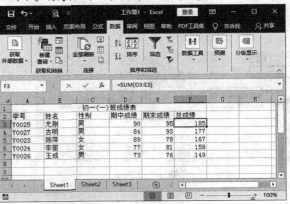

图 4-87 排序后的效果

果然，Excel 精确地列出了成绩排行榜，总成绩分数最高的"尤刚"由排序前的第 4 位上升到第 1 位，而总成绩分数最低的"王成"由原来的第 2 位下降至最后。

这里有一个细节，排序导致数据顺序发生变动，但绝不只是简单地把"尤刚""185"这两个数据调到了第 1 位，同时调动的还有和"尤刚"同一行的所有数据。Excel 的排序功能将每一行的数据（一条记录）作为一个单位，排序后一行数据整体变动。

2 高级排序

下面介绍较为复杂的排序方法——高级排序。以图 4-88 所示的表格为例，要求对各电器的去年销售量进行排序，按销售量由高至低排序；如果销售量相同，按今年销售量由高至低排序。其操作步骤如下。

图 4-88 例表

步骤1 单击要排序表格中的任意一个单元格，打开"排序"对话框。

步骤2 在"主要关键字"下拉列表框中选择"去年销售量"，在"次序"下拉列表框中选择"降序"，单击"添加条件"按钮，在"次要关键字"下拉列表框中选择"今年销售量"，在"次序"下拉列表框中选择"降序"，单击"确定"按钮，如图 4-89 所示。排序后的效果如图 4-90 所示。

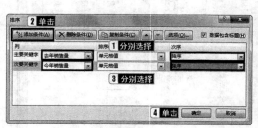

图 4-89 "排序"对话框

图 4-90 排序后的效果

请注意　如果一次排序有两个排序依据(关键字),会先按"主要关键字"排序,如果数据相同才会按"次要关键字"排序;如果数据不相同,也就是第1个关键字排序已经分出全部"名次",那第2个关键字排序就没有任何意义。

4.6.3　筛选数据

筛选数据就是把符合条件的数据集中显示出来,不符合条件的不显示。在图4-91所示的表格中,可以将"部门"为"销售部"的所有人员的记录显示出来,而其他人员的记录不显示。在Excel中,筛选有两种方法:自动筛选和高级筛选。

【应用】筛选数据。

1　自动筛选

(1) 自动筛选数据

下面以图4-91所示的工作表为例,介绍如何使用Excel的"自动筛选"功能筛选数据。

图4-91　例表

步骤1 单击工作表数据清单中的任一单元格。

步骤2 单击"数据"功能区的"排序和筛选"组中的"筛选"按钮。此时,工作表的标题行每个单元格中都会出现下拉按钮▼,单击"部门"单元格的下拉按钮▼,出现下拉列表,如图4-92所示。

步骤3 在弹出的"部门"下拉列表中仅选择"销售部"复选框,单击"确定"按钮。

这时工作表发生了变化:原来很多行的数据不见了,只显示"部门"为"销售部"的3条记录。这也证明筛选数据操作成功了,筛选效果如图4-93所示。

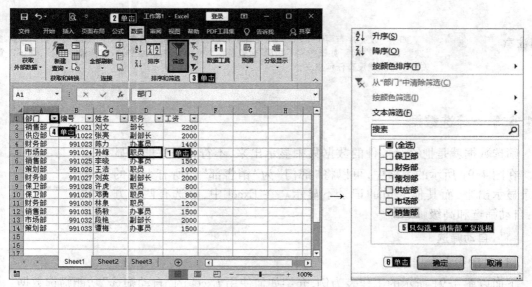

图 4-92 自动筛选

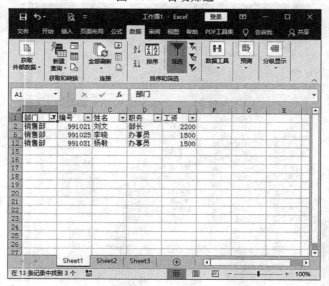

图 4-93 筛选效果

其实,其他的数据依然存在,只是没有显示出来,筛选操作只是将符合条件的数据单独显示出来。

再次单击"部门"单元格的下拉按钮▼,在弹出的下拉列表中选择"全选",再单击"确定"按钮,原来的数据又显示出来了。

(2)自定义筛选数据

如果筛选条件比较独特,在下拉列表中没有相应的命令时,就可以使用"自定义筛选"功能来筛选数据。还是以图 4-91 中的表格为例,筛选"工资"为 1500 元以上的所有人的记录,操作步骤如下。

步骤1 单击"筛选"按钮,工作表的标题行单元格中出现下拉按钮▼。

步骤2 单击"工资"单元格的下拉按钮▼,在弹出的下拉列表中单击"数字筛选"→"自定义筛选"命令,如图4-94所示。

图 4-94　自定义筛选

步骤3 在弹出的"自定义自动筛选方式"对话框中,设置"工资"为"大于或等于",值为"1500",单击"确定"按钮,完成自定义筛选,如图4-95所示。筛选效果如图4-96所示。

图 4-95　"自定义自动筛选方式"对话框　　　　图 4-96　自定义筛选效果

(3)取消筛选

取消筛选有两种方法。

方法1:单击"数据"功能区的"排序和筛选"组中的"清除"按钮。

方法2:再次单击"数据"功能区的"排序和筛选"组中的"筛选"按钮。

2　高级筛选

自动筛选可以根据一个条件或两个条件筛选数据,但只能对一个要素进行筛选(如工资),不能同时针对多个要素(如部门、工资)的综合条件进行筛选。例如要筛选"部门"为"销售部"或"工资"为大于等于1500的数据,就只有通过Excel的高级筛选功能才能做到。

(1)建立筛选条件

高级筛选要先建立一个筛选条件区域:在表格上方新建若干空白行,用于输入筛选条件。在条件区域中输入筛选条件的格式要求如下。

● 筛选条件由对应的标题和条件数据构成。

● 条件数据位于对应的标题下方。

例如，若要以“编号”“工资”为条件筛选，则建立的筛选条件如图4-97所示。

多个条件的筛选，可以使用“与”“或”关系实现。

● “与”关系的条件必须出现在同一行，如图4-97所示。

● “或”关系的条件必须不在同一行，如图4-98所示。

	A	B	C	D	E
1		编号			工资
2		>991024			>1500
3					
4	部门	编号	姓名	职务	工资
5	销售部	991021	刘文	部长	2200
6	供应部	991022	张亮	副部长	2000
7	财务部	991023	陈力	办事员	1400

图4-97 筛选条件

	A	B	C	D	E
1		编号			工资
2		>991024			
3					>1500
4	部门	编号	姓名	职务	工资
5	销售部	991021	刘文	部长	2200
6	供应部	991022	张亮	副部长	2000
7	财务部	991023	陈力	办事员	1400

图4-98 “或”关系的两个筛选条件

(2)高级筛选方法

下面以筛选条件为“编号>991024”与“工资>1500”为例，介绍如何使用Excel的高级筛选功能。

图4-99 “高级筛选”对话框

步骤1 在表格上方插入三行空白行，建立筛选条件。

步骤2 单击工作表中的任一单元格，单击“数据”功能区的“排序和筛选”组中的“高级”按钮，弹出“高级筛选”对话框，如图4-99所示。这时“列表区域”已经设置好了，而工作表中选定的区域则被虚线框包围。

步骤3 “条件区域”没有自动设置好，需要设置。单击“条件区域”右侧的“切换”按钮（这时“高级筛选”对话框会折叠起来），在工作表中选定条件区域，单击“高级筛选”对话框中的“切换”按钮或按“Enter”键确认，如图4-100所示。

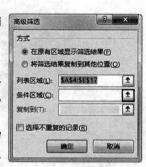

步骤4 展开“高级筛选”对话框，单击“确定”按钮完成筛选，效果如图4-101所示。

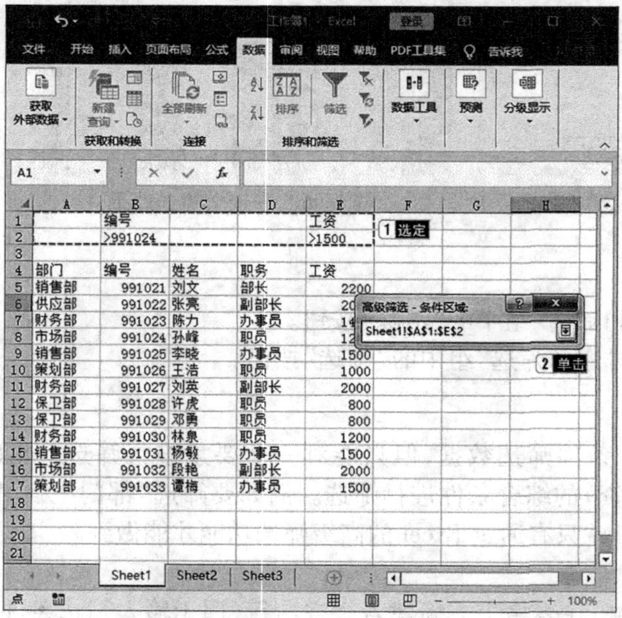

图4-100 选定条件区域

	A	B	C	D	E
1		编号			工资
2		>991024			>1500
3					
4	部门	编号	姓名	职务	工资
11	财务部	991027	刘英	副部长	2000
16	市场部	991032	段艳	副部长	2000

图4-101 高级筛选的效果

4.6.4 分类汇总

分类汇总包括两种操作：一种是分类，将相同数据分类集中；另一种是汇总，对每个类别的指定数据进行计算，如求和、求平均值等。

【应用】分类汇总数据。

在前面的例子中，我们可以把"部门"都是"销售部"的记录全部归为一类，"财务部"的记录归为一类，依次类推，然后分别计算出每个部门的工资之和。下面通过实际操作介绍 Excel 的分类汇总功能。

在汇总之前，首先要将分类数据排序。这里需要对"部门"进行分类汇总，在进行分类汇总前需要对"部门"进行排序，分类汇总操作的步骤如下。

步骤1 单击"数据"功能区的"分级显示"组中的"分类汇总"按钮，弹出"分类汇总"对话框，如图 4-102 所示。

步骤2 在"分类字段"下拉列表框中选择"部门"，为数据分类设置一个依据，这样"部门"相同的数据都会分在一起，如销售部的放在一起，保卫部的放在一起等；在"汇总方式"下拉列表框中选择"求和"，这是选择汇总的计算方式，还可以选择求平均值、计数、求最大值等；在"选定汇总项"列表框中选择参与汇总计算的数据列，可以选择多个数据列进行计算，这里选择"工资"复选框。

步骤3 单击"确定"按钮，完成分类汇总操作，效果如图 4-103 所示。

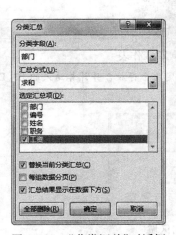

图 4-102 "分类汇总"对话框

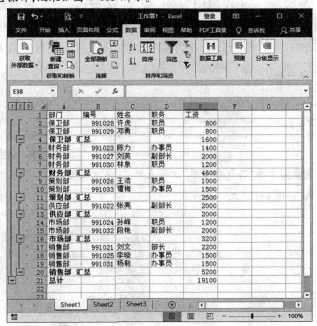

图 4-103 分类汇总的效果

请注意

"分类汇总"对话框中其他选项的含义如下。
- 替换当前分类汇总：如果此前做过分类汇总的操作，此时不勾选此选项，则原来的汇总结果还会保留。
- 每组数据分页：勾选该选项后，打印时，每类汇总数据(如销售部为一类、财务部为一类)单独为一页。
- 汇总结果显示在数据下方：勾选该选项后，汇总计算的结果放置在每个分类的下面。
- 全部删除：若要取消分类汇总，则单击此按钮。

分类汇总后的表格的左侧有一些按钮,以图 4-103 为例,这些按钮的功能如下。

■ 按钮:单击 ■ 按钮,隐藏该部门的数据记录,只留下该部门的汇总信息,此时 ■ 按钮变成 + 按钮;而单击 + 按钮时,即可将隐藏的数据记录显示出来。

123 按钮:层次按钮,分别代表 3 个层次的显示效果。

- 单击 1 按钮,只显示全部数据的汇总结果,即总计。
- 单击 2 按钮,只显示每组数据的汇总结果,即小计。
- 单击 3 按钮,显示全部数据及全部汇总结果,即初始显示效果。

4.6.5 数据合并

利用数据合并功能,可以对来自不同源数据区域的数据进行合并运算、分类汇总等操作。不同源数据区域包括同一工作表中、同一工作簿的不同工作表中、不同工作簿中的数据区域。数据合并是通过建立合并表的方式完成的,合并表可以建立在某源数据区域所在的工作表中,也可以建立在其他工作表中。

例如,同一工作簿中"1 分店"和"2 分店"的 4 种型号产品一月、二月、三月的销售数量统计数据分别位于工作表"销售单 1"和"销售单 2"中,如图 4-104 所示。现需在"合计销售单"工作表中计算两个分店 4 种型号的产品每月的销售量总和。

图 4-104　"销售单 1"工作表和"销售单 2"工作表

步骤1 单击"合计销售单"工作表标签,使之成为当前工作表,选定用于存放合并计算结果的 B3:D6 单元格区域,如图 4-105 所示。

图 4-105　选定计算结果的单元格区域

步骤2 单击"数据"功能区的"数据工具"组中的"合并计算"按钮,弹出"合并计算"对话框,在"函数"下拉列表框中选择"求和",单击"引用位置"右侧的"切换"按钮后选定"销售单 1"工作表中的 B3:D6 单元格区域,两次单击"切换"按钮后单击"添加"按钮,再选定"销售单 2"工作表中的 B3:D6 单元格区域,单击"添加"按钮,选择"创建指向源数据的链接"复选框(当源数据变化时,合并计算结果也随之变化),单击"确定"按钮,如图 4-106 所示。

步骤3 计算结果如图 4-107 所示,单击左侧的 + 按钮即可显示源数据记录信息。

Excel 2016的使用　第4章

图4-106　利用"合并计算"对话框进行合并计算　　　图4-107　合并计算结果

4.6.6　建立数据透视表

数据透视表从工作表的数据清单中提取信息,对数据清单进行布局和分类汇总。建立数据透视表前要先确定需要提取的数据信息。

例如,要对图4-108所示的工作表中的数据清单建立数据透视表,显示各分店中各型号产品的销售量和,操作步骤如下。

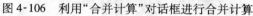

图4-108　欲建立数据透视表的数据清单

步骤1 单击工作表数据清单中的任一单元格,单击"插入"功能区的"表格"组中的"数据透视表"按钮。

步骤2 打开"创建数据透视表"对话框,如图4-109所示。在"选择一个表或区域"的"表/区域"文本框中,已经设置好了数据区域,如果没有自动设置好或设置有误,还可以进行修改。单击"表/区域"文本框右侧的"切换"按钮(这时"创建数据透视表"对话框会折叠起来),在工作表中选定表/区域,按"Enter"键确认,展开"创建数据透视表"对话框。

步骤3 在"选择放置数据透视表的位置"选项组中选中"现有工作表"单选按钮,在"位置"文本框中输入"$G$3",单击"确定"按钮,如图4-110所示。

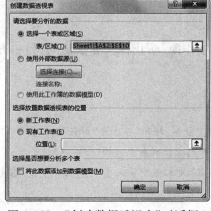　　

图4-109　"创建数据透视表"对话框1　　图4-110　"创建数据透视表"对话框2

191

步骤4 弹出“数据透视表字段”窗格，如图 4-111 所示。拖动“经销店”到“行”区域，拖动“型号”到“列”区域，拖动“销售量”到“值”区域，如图 4-112 所示。

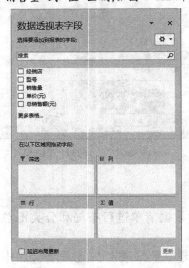

图 4-111 “数据透视表字段”窗格 1

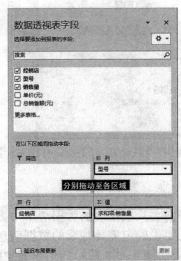

图 4-112 “数据透视表字段”窗格 2

步骤5 关闭“数据透视表字段”窗格，在工作表中建立的数据透视表效果如图 4-113 所示。

求和项:销售量	列标签				
行标签	A001	A002	A003	A004	总计
1分店	267	271	226	290	1054
2分店	273	257	232	304	1066
总计	540	528	458	594	2120

图 4-113 数据透视表

单击数据行标题和列标题的下拉按钮，在弹出的下拉列表中可以进一步选择在数据透视表中显示的数据。

4.7 保护数据

Excel 可以有效地保护工作簿中的数据，禁止无关人员访问或非法修改；还可以把工作簿、工作表、工作表某行（列）以及单元格中的重要公式隐藏起来。

4.7.1 保护工作簿和工作表

1 保护工作簿

工作簿的保护包括两个方面，一方面是保护工作簿，防止他人非法访问，另一方面是禁止他人对工作簿中的工作表或工作簿的非法操作。

（1）对工作簿的保护

限制他人打开工作簿的操作步骤如下。

步骤1 打开工作簿，执行“文件”→“另存为”→“浏览”命令，打开“另存为”对话框，如图 4-114 所示。

步骤2 单击“另存为”对话框中的“工具”按钮，在打开的下拉列表中选择“常规选项”。

步骤3 在弹出的“常规选项”对话框的“打开权限密码”文本框中输入密码，单击“确定”按钮后，要求用户再次输入密码。

步骤4 单击"确定"按钮,返回"另存为"对话框,再单击"保存"按钮即可。

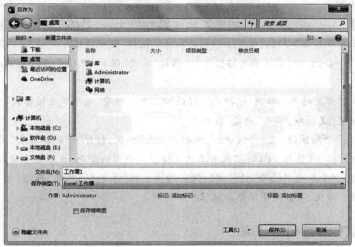

图4-114 "另存为"对话框

要打开设置了密码的工作簿,只有输入正确密码才可以。

如果在上述打开的"常规选项"对话框的"修改权限密码"文本框中设置了密码,则在打开工作簿时,要在弹出的"密码"对话框中输入正确的修改权限密码后才能对该工作簿进行修改操作。

如果工作簿已经设置了打开权限密码,用户想修改此密码,在执行"另存为"命令时,在打开的"常规选项"对话框的"打开权限密码"文本框中输入新密码并确认新密码即可;如果要取消密码,则按"Delete"键,删除打开权限密码。

(2)对工作簿的结构的保护

如果不允许他人对工作簿中的结构进行更改,如对工作表进行移动、插入、删除、隐藏、取消隐藏、重新命名等操作,则需要对工作簿的结构进行保护,操作步骤如下。

步骤1 单击"审阅"功能区的"保护"组中的"保护工作簿"按钮,打开"保护结构和窗口"对话框。

步骤2 选择"结构"复选框,则工作簿中的工作表将不能被移动、删除或插入。

步骤3 如果选择"窗口"复选框,则每次打开工作簿时保持窗口的固定位置和大小,工作簿的窗口不能被移动、缩放、隐藏或取消隐藏。注意:"窗口"复选框仅在 Excel 2016 for Mac 中可用。

步骤4 输入密码,单击"确定"按钮。在弹出的"确认密码"对话框中再次输入密码,单击"确定"按钮。

2 保护工作表

保护工作表的具体的操作步骤如下。

步骤1 选定要保护的工作表。

步骤2 单击"审阅"功能区的"保护"组中的"保护工作表"按钮,打开"保护工作表"对话框。

步骤3 选择"保护工作表及锁定的单元格内容"复选框,在"取消工作表保护时使用的密码"文本框中输入密码,在"允许此工作表的所有用户进行"列表框中勾选允许用户进行的操作。

步骤4 与保护工作簿一样,为防止他人取消工作表保护,可以输入密码,然后单击"确定"按钮。

要取消保护工作表的设置,单击"审阅"功能区的"保护"组中的"撤销工作表保护"按钮即可。

3 保护单元格

要保护存有重要内容的单元格，而允许修改其他单元格，具体的操作步骤如下。

步骤1 使工作表处于非保护状态，选定工作表的所有单元格，使用鼠标右键单击，在弹出的快捷菜单中选择"设置单元格格式"命令，打开"设置单元格格式"对话框，单击"保护"选项卡，选择"锁定"复选框，单击"确定"按钮。

步骤2 选定要取消锁定的单元格区域，按照同样的方法再次打开"设置单元格格式"对话框，单击"保护"选项卡，取消选择"锁定"复选框，单击"确定"按钮。

步骤3 单击"审阅"功能区的"保护"组中的"保护工作表"按钮，打开"保护工作表"对话框，选择"保护工作表及锁定的单元格内容"复选框，可以在"取消工作表保护时使用的密码"文本框中输入密码；在"允许此工作表的所有用户进行"列表框中只选择"选定解除锁定的单元格"复选框，单击"确定"按钮，则取消锁定的单元格区域仍然可以进行修改，而其余单元格为被保护单元格。

4.7.2 隐藏工作簿和工作表

当工作簿或工作表可以使用而公式内容不可见时，工作簿或工作表便具有了隐藏属性。隐藏工作簿或工作表，也可以使工作簿或工作表得到一定程度的保护。

1 隐藏工作簿

（1）隐藏工作簿

打开要隐藏的工作簿，单击"视图"功能区的"窗口"组中的"隐藏"按钮，退出 Excel 后，下次该文件将以隐藏的方式打开，可以使用其数据，但不可见。

（2）取消工作簿的隐藏

打开要取消隐藏的工作簿，单击"视图"功能区的"窗口"组中的"取消隐藏"按钮，打开"取消隐藏"对话框，单击对话框中要取消隐藏的工作簿文件，再单击"确定"按钮。

2 隐藏工作表

（1）隐藏工作表

在要隐藏工作表的工作表标签上，使用鼠标右键单击，在弹出的快捷菜单中选择"隐藏"命令；隐藏工作表后，屏幕上不再出现该工作表，但用户可以引用该工作表中的数据。

（2）取消工作表的隐藏

在工作簿的工作表标签上，使用鼠标右键单击，在弹出的快捷菜单中选择"取消隐藏"命令，打开"取消隐藏"对话框，单击对话框中要取消隐藏的工作表，再单击"确定"按钮。

3 隐藏单元格内容

隐藏单元格内容可以使单元格中的内容不在编辑栏显示。例如存有重要公式的单元格被隐藏后，只能在单元格中看到计算结果，在编辑栏中看不到公式本身。

（1）隐藏单元格内容

隐藏单元格内容的操作步骤如下。

步骤1 选定要隐藏的单元格区域，使用鼠标右键单击该区域，在弹出快捷菜单中选择"设置单元格格式"命令，打开"设置单元格格式"对话框，单击"保护"选项卡，选择"隐藏"复选框，单击"确定"按钮。

步骤2 单击"审阅"功能区的"保护"组中的"保护工作表"按钮，使隐藏属性起作用。单元格区域被隐藏后，编辑栏为空白，不再显示单元格的内容。

(2) 取消单元格隐藏

取消单元格隐藏的操作步骤如下。

步骤1 取消工作表的保护。

步骤2 选定要取消隐藏的单元格区域。

步骤3 打开"设置单元格格式"对话框，单击"保护"选项卡，在该选项卡中取消选择"隐藏"复选框。

步骤4 单击"确定"按钮。

4. 隐藏行(列)

(1) 隐藏行(列)

选定需要隐藏的行(列)，在"开始"功能区的"单元格"组中单击"格式"按钮，在弹出的下拉列表中选择"隐藏和取消隐藏"→"隐藏行"或"隐藏列"命令，则隐藏的行(列)将不显示，但可以引用其中单元格的数据。这里的隐藏实质上是将行高(列宽)改为 0。

(2) 取消行(列)的隐藏

选定已隐藏行(列)的相邻行(列)，在"开始"功能区的"单元格"组中单击"格式"按钮，在弹出的下拉列表中选择"隐藏和取消隐藏"→"取消隐藏行"或"取消隐藏列"命令。

4.8 打印工作表和超链接

建立好工作表和图表后，可以将其打印出来，也可以在工作表中建立超链接。

4.8.1 页面设置

单击"页面布局"功能区的"页面设置"组右下角的"页面设置"按钮，打开"页面设置"对话框，如图 4-115 所示，其中包括"页面""页边距""页眉/页脚""工作表"选项卡。

图 4-115 "页面设置"对话框

① 设置页面

单击"页面"选项卡,在打开的选项卡中设置页面的"方向""缩放""纸张大小""打印质量"等。

② 设置页边距

单击"页边距"选项卡,在打开的选项卡中设置页面中正文与页面边缘的距离,在"上""下""左""右"微调框中分别输入页边距数值。

③ 设置页眉/页脚

页眉是页面顶部显示的文字,页脚是页面底部显示的文字。通常页眉是工作簿名称,页脚是页号,也可以自定义页眉和页脚。单击"页面设置"对话框中的"页眉/页脚"选项卡,打开"页眉/页脚"选项卡,在"页眉"和"页脚"的下拉列表中分别选择页眉和页脚格式。

如果要自定义页眉或页脚,单击"自定义页眉"和"自定义页脚"按钮,在打开的对话框中完成设置。

如果要删除页眉或页脚,选定工作表,在"页眉/页脚"选项卡的"页眉"或"页脚"下拉列表中选择"无"即可。

④ 设置工作表

单击"工作表"选项卡,在打开的选项卡中可进行如下设置:在"打印区域"文本框中设置打印区域;在"打印标题"选项组中设置行标题或列标题区域,为每页设置打印行或列标题;在"打印"选项组中设置是否有网格线、行和列标题、注释等;在"打印顺序"选项组中设置打印顺序是"先列后行"或"先行后列"。

4.8.2 打印预览

打印前最好利用打印预览功能检查打印效果。

执行"文件"→"打印"命令,或者单击快速访问工具栏中的"打印预览和打印"按钮,打开"打印"界面,如图 4-116 所示。

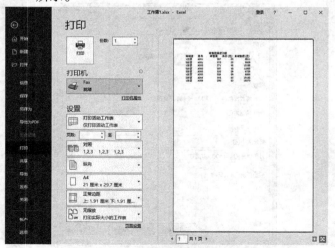

图 4-116 "打印"界面

4.8.3 打印

在"打印"界面中可以完成如下打印设置。

① 设置打印内容

● 选择"打印活动工作表":打印选定的工作表;如果在工作表中选定了打印区域,则只打印该区域。

● 选择"打印选定区域":打印工作表中选定的单元格区域和对象。

● 选择"打印整个工作簿":打印当前工作簿中含有数据的所有工作表,如果工作表中有选定或定义好的打印区域,则只打印该区域。

② 设置打印份数

● 指定"份数":指定要打印的份数。

③ 设置工作表缩放

● 选择"无缩放":打印工作表实际大小。

● 选择"将工作表调整为一页":缩减工作表使其在一页中打印出来。

● 选择"将所有列调整为一页":缩减工作表使其只有一个页面宽度。

● 选择"将所有行调整为一页":缩减工作表使其只有一个页面高度。

④ 页面设置

单击"页面设置"超链接,弹出"页面设置"对话框,在其中可设置页面、页边距、页眉/页脚、工作表。

4.8.4 创建超链接

利用超链接可实现从一个工作表或文件快速跳转到其他工作表或文件。超链接可以创建在单元格的文本或图形上。

① 创建超链接

(1)在同一个工作表中创建超链接

在同一个工作表中创建超链接的操作步骤如下。

步骤1 选定要链接的单元格或单元格区域。

步骤2 移动鼠标指针至单元格或单元格区域的右端,当指针形状变为 ✥ 时,按住鼠标右键,拖动单元格或单元格区域内容到作为超链接显示的单元格或单元格区域位置。

步骤3 放开鼠标右键,在弹出的快捷菜单中选择"在此创建超链接"命令,完成超链接的创建。此时,作为超链接显示的单元格或单元格区域中的内容显示为蓝色字体,将鼠标指针移至作为超链接显示的单元格或单元格区域,当指针形状变为手形时,单击即可链接到相关位置。

(2)在当前工作簿或其他工作簿中创建超链接

在当前工作簿或其他工作簿中创建超链接的步骤如下。

步骤1 选定作为超链接显示的含有内容的单元格或单元格区域,如果选择的是图形,可单击图形,使其出现控制点以选定图形。

步骤2 单击"插入"功能区的"链接"组中的"链接"按钮,打开"插入超链接"对话框,如图 4-117 所示。

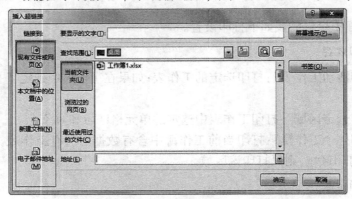

图 4-117 "插入超链接"对话框

步骤3 在"查找范围"下拉列表框中选择要链接文件所在的位置。

步骤4 选定要链接的文件,单击"确定"按钮,完成超链接的创建。此时,作为超链接显示的单元格或单元格区域中的内容显示为蓝色字体,将鼠标指针移至作为超链接显示的单元格或单元格区域,当指针形状变为手形时,单击即可跳转到被链接文件。

2 修改超链接

修改超链接的操作步骤如下。

步骤1 使用鼠标右键单击包含超链接的单元格、单元格区域或图形。

步骤2 在弹出的快捷菜单中选择"编辑超链接"命令,打开"编辑超链接"对话框,设置新的链接位置,单击"确定"按钮。

3 复制或移动超链接

复制或移动超链接的操作步骤如下。

步骤1 使用鼠标右键单击包含超链接的单元格、单元格区域或图形。

步骤2 在弹出的快捷菜单中选择"复制"或"剪切"命令。移动鼠标指针到目标位置,使用鼠标右键单击,在弹出的快捷菜单中选择"粘贴选项"下的"保留源格式"命令。

4 取消超链接

使用鼠标右键单击包含超链接的单元格、单元格区域或图形,在弹出的快捷菜单中选择"取消超链接"命令。

课后总复习

电子表格题

1．(1) 打开工作簿文件 EXCEL.xlsx,将工作表 Sheet1 的 A1:D1 单元格区域合并为一个单元格,内容水平居中;计算"金额"列的内容(金额 = 数量 × 单价),将工作表命名为"购买办公用品情况表"。

(2) 打开工作簿文件 EXC.xlsx,对工作表"选修课程成绩单"内的数据清单的内容按主要关键字"系别"的降序次序和次要关键字"课程名称"的降序次序进行排序,排序后的工作表还保存在 EXC.xlsx 工作簿文件中,工作表名不变。

2. (1) 打开工作簿文件 EXCEL.xlsx,将工作表 Sheet1 的 A1:D1 单元格区域合并为一个单元格,内容水平居中,计算"总计"行的内容,将工作表命名为"费用支出情况表"。

(2) 打开工作簿文件 EXC.xlsx,对工作表"选修课程成绩单"内的数据清单的内容进行分类汇总(提示:分类汇总前先按主要关键字"课程名称"升序排序),分类字段为"课程名称",汇总方式为"平均值",汇总项为"成绩",汇总结果显示在数据下方,将执行分类汇总后的工作表仍保存在 EXC.xlsx 工作簿文件中,工作表名不变。

学习效果自评

本章操作性的内容很多,建议考生根据使用 Excel 的流程来学习。本章涉及的考试内容比较集中,都以操作题的方式出现。下表是对本章比较重要的知识点进行的小结,考生可以用来检查自己对这些知识点的掌握情况。

掌握内容	重要程度	掌握要求	自评结果		
Excel的基本概念	★	工作簿、工作表、单元格、单元格地址的概念	□不懂	□一般	□没问题
Excel的基本操作	★★	单元格的选取、插入、删除以及行高和列宽设置	□不懂	□一般	□没问题
	★★★	工作表的命名等操作	□不懂	□一般	□没问题
	★	特殊数据、日期和时间的输入方法,智能填充的方法	□不懂	□一般	□没问题
Excel的格式设置	★★	数字格式设置	□不懂	□一般	□没问题
	★★★	单元格格式设置,如标题居中、字符格式、边框和底纹	□不懂	□一般	□没问题
Excel的公式和函数功能	★	相对地址和绝对地址的概念	□不懂	□一般	□没问题
	★★★	使用公式和复制公式的方法	□不懂	□一般	□没问题
	★	常用函数的使用	□不懂	□一般	□没问题
Excel的图表功能	★★★★	新建图表和图表移动的方法	□不懂	□一般	□没问题
Excel的数据处理功能	★★★★	排序	□不懂	□一般	□没问题
	★★★	筛选数据	□不懂	□一般	□没问题
	★★★	分类汇总	□不懂	□一般	□没问题

第5章
PowerPoint 2016的使用

章前导读
通过本章，你可以学习到：

◎ PowerPoint 2016的基础知识
◎ 幻灯片的制作、删除、移动等基本操作方法
◎ 幻灯片的字符格式、背景、版式、模板的设置方法
◎ 幻灯片的动画设置、切换效果设置等
◎ 幻灯片的播放、打包和打印的方法

本章评估	
重要度	★★★
知识类型	应用
考核类型	操作题
所占分值	15分
学习时间	3课时

学习点拨

　　本章介绍的PowerPoint是要学习的第3款Office应用软件。学习时应联系前面介绍的Word和Excel的使用方法，注意它们之间相似的操作方法以及各自的特点。
　　本章的重点有两个：一是幻灯片版式、背景、模板的设置方法，二是幻灯片的动画设置、切换效果设置和放映方法。学习本章时还应加强上机练习，做到熟练掌握。

本章学习流程图

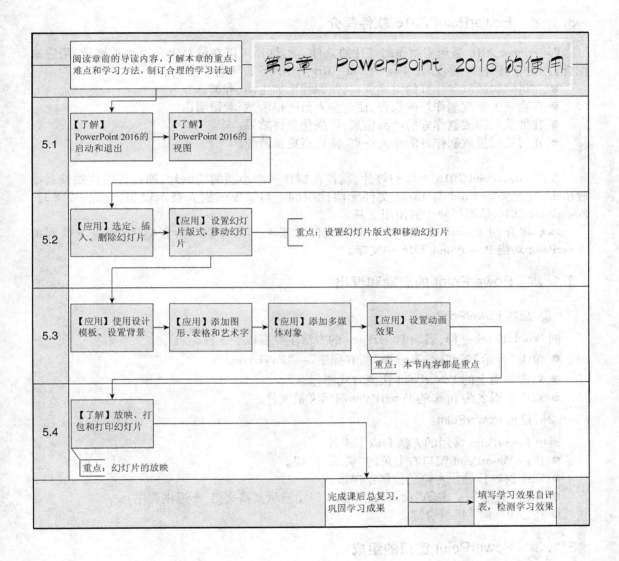

5.1 PowerPoint 2016 概述

5.1.1 PowerPoint 2016 软件简介

PowerPoint 2016 是用来制作幻灯片的软件。幻灯片可以在屏幕上一页页地播放,用它来配合讲解能达到较好的效果。PowerPoint 2016 主要用于以下各个方面。
- 在讲课时播放制作好的讲课资料,使课程更加生动、有趣。
- 在会议上播放制作好的报告,使与会人员听得清楚、看得明白。
- 在展览时播放制作好的产品信息,可强化宣传效果。
- 在讨论时播放制作好的个人论点,使论点更加清晰。
……

使用 PowerPoint 2016 制作幻灯片,就像在制作一个小型的动画片,通过各类放映设备播放出来,其效果是 Word 与 Excel 文件无法比拟的。当需要向别人展示设想、观点、成果时,PowerPoint 2016 是不可缺少的使用工具。

本章将介绍 PowerPoint 2016 中文版软件的基本操作方法。为方便讲述,以下提到的 PowerPoint 均指 PowerPoint 2016 中文版。

5.1.2 PowerPoint 的启动和退出

1 启动 PowerPoint

同 Word、Excel 一样,启动 PowerPoint 的方法主要有以下 3 种。
- 单击"开始"按钮，选择"所有程序"→"PowerPoint"。
- 双击桌面上的 PowerPoint 快捷方式图标。
- 双击扩展名为 pptx 的 PowerPoint 演示文稿文件。

2 退出 PowerPoint

退出 PowerPoint 常用的方法有以下 4 种。
- 单击 PowerPoint 窗口右上角的"关闭"按钮。
- 双击窗口标题栏左侧的控制菜单区。
- 单击"文件"→"关闭"命令(此方法只退出演示文稿文档,不退出程序)。
- 按"Alt"+"F4"组合键。

5.1.3 PowerPoint 窗口的组成

启动 PowerPoint 后,会打开"开始"界面,单击"空白演示文稿"图标,打开 PowerPoint 的窗口。与 Word、Excel 类似,PowerPoint 的窗口由标题栏、功能区标签、功能区、快速访问工具栏、状态栏、大纲窗格、幻灯片窗格、备注窗格、视图按钮等组成,如图 5-1 所示。

PowerPoint 2016 的使用 第5章

图 5-1 PowerPoint 的窗口组成

在 PowerPoint 中，每个演示文稿对应一个演示文稿窗口。演示文稿窗口显示的内容就是当前的幻灯片内容，如图 5-1 所示。

每个演示文稿窗口主要由以下几部分组成。
- 大纲窗格：显示一个演示文稿中所有幻灯片的标题，它是管理幻灯片的工具。
- 幻灯片窗格：显示当前幻灯片的全部内容。
- 备注窗格：可以在这里为当前的幻灯片添加备注信息（播放时不显示出来）。
- 视图按钮：通过单击相应的按钮，可以切换到其他视图。

5.1.4 PowerPoint 的视图

PowerPoint 提供了普通视图、大纲视图、幻灯片浏览视图、阅读视图和备注页视图 5 种视图，可帮助我们更方便地编辑、修改演示文稿。PowerPoint 中最常使用的两种视图是普通视图和幻灯片浏览视图。下面介绍视图间的切换方法及这些视图的作用。

1 视图的切换

除备注页视图和大纲视图外，其他 3 种视图都可以通过单击演示文稿窗口下方的视图按钮轻松实现切换，如图 5-2(a) 所示。

"视图"功能区的"演示文稿视图"组中也提供了 5 个视图命令——"普通""大纲视图""幻灯片浏览""备注页""阅读视图"，如图 5-2(b) 所示。通过单击这 5 个命令也可以切换到相应视图。

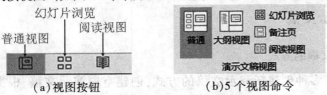

图 5-2 视图按钮与视图命令

2 各种视图及其作用

（1）普通视图

普通视图是系统默认的，也是最常用的视图。启动 PowerPoint 后，看到的就是这个视图。普通视图主体上由幻灯片浏览窗格、幻灯片窗格和备注窗格 3 部分组成。下面介绍操作方法时，如无特别说明，指的就是在普通视图下的操作。

（2）幻灯片浏览视图

在幻灯片浏览视图中，幻灯片以缩略图方式显示，如图 5-3 所示。在该视图下，我们可以很容易地复制、添加、删除和移动幻灯片，但不能对单张幻灯片的内容进行编辑、修改。

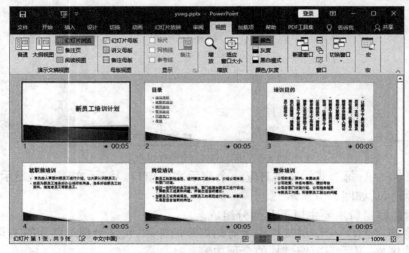

图 5-3　幻灯片浏览视图

双击某一张幻灯片的缩略图，就可以切换到此幻灯片的普通视图。

（3）备注页视图

备注页视图是供讲演者使用的，每一张幻灯片都可以有相应的备注。它的上方是幻灯片缩略图，下方是记录讲演时需要的一些提示（如帮助记忆的关键点）或为观众创建备注。打开备注页视图的方法：单击"视图"功能区的"演示文稿视图"组中的"备注页"按钮。

（4）阅读视图

阅读视图是在计算机屏幕上像幻灯机那样动态地播放演示文稿中的幻灯片，是实际播放演示文稿的视图。

（5）大纲视图

大纲视图主体上由大纲窗格、幻灯片窗格和备注窗格 3 部分组成。在大纲窗格中，可以通过从 Word 文档中将大纲内容粘贴到大纲窗格来轻松创建演示文稿。

5.1.5　创建演示文稿

1 创建新演示文稿的方式

PowerPoint 提供了多种创建新演示文稿的方式：创建空白演示文稿、根据联机模板创建、使用自定义模板。

(1) 创建空白演示文稿

在 PowerPoint 中,单击"文件"→"新建"命令,再单击"空白演示文稿"图标,如图 5-4 所示,即可创建一个空白演示文稿。

图 5-4　创建空白演示文稿

(2) 根据联机模板创建

PowerPoint 为用户提供了多种模板。单击"文件"→"新建"命令,在"新建"界面的"搜索联机模板和主题"搜索框下方的模板列表中选择需要的模板,在弹出的对话框中单击"创建"按钮,如图 5-5 所示。

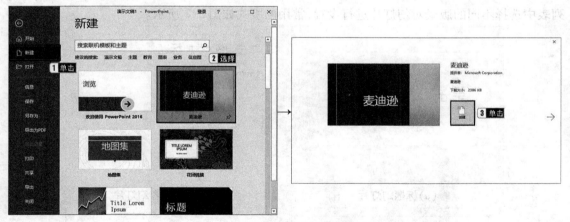

图 5-5　根据联机模板创建演示文稿

除了在模板列表中选择模板,还可以使用顶部的搜索框搜索所需模板。如果需要使用 PowerPoint 自带的主题创建演示文稿,可以在搜索框中搜索"主题",按"Enter"键,即可显示所有主题模板。

注意:使用联机模板需要计算机连接到网络,如果没有连接到网络,只能根据 PowerPoint 自带的主题模板创建演示文稿。

(3) 使用自定义模板

用户还可以使用自定义的模板来创建演示文稿,单击"文件"→"新建"命令,在"新建"界面中单击"个人"选项卡,在"个人"选项卡中选择所需自定义模板,如图5-6 所示,在弹出的对话框中单击"创建"按钮,如图 5-7 所示。

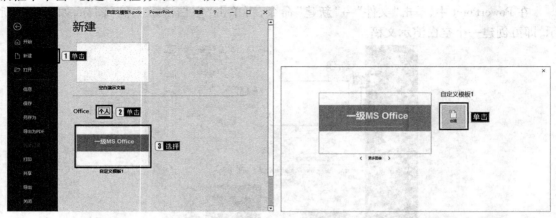

图 5-6　使用自定义模板创建步骤 1　　　　图 5-7　使用自定义模板创建步骤 2

注意:在使用自定义模板创建演示文稿之前,需要将演示文稿保存为模板,即在执行"另存为"命令时设置"保存类型"为"PowerPoint 模板(*.potx)"。如果没有保存过自定义模板,则"新建"界面中没有"个人"选项卡。

2　选择幻灯片版式

单击"空白演示文稿"图标创建演示文稿时,一开始只会生成 1 张幻灯片,该幻灯片默认是标题幻灯片。此时,可以单击"开始"功能区的"幻灯片"组中的"版式"按钮,在打开的下拉列表中选择不同的版式对幻灯片进行设置,常用的版式如图 5-8 所示。

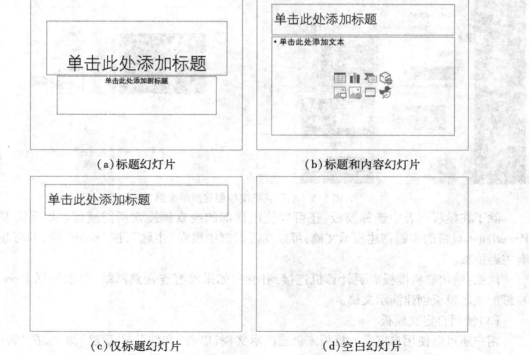

　(a)标题幻灯片　　　　　　　　　(b)标题和内容幻灯片

　(c)仅标题幻灯片　　　　　　　　(d)空白幻灯片

图 5-8　不同的幻灯片版式

(e)内容与标题幻灯片　　　　　　(f)竖排标题与文本幻灯片

图 5-8　不同的幻灯片版式(续)

3　为幻灯片添加内容

单击幻灯片上含有提示性文字的虚线框(又称为占位符,如图 5-8 所示),激活光标,输入标题或文本。

如果需要加入图片、表格、形状等,则可以通过"插入"功能区的相关命令按钮来完成。

如果要对文本设置格式,则可以在选择文本后,单击"开始"功能区的"字体"组中右下角的"字体"按钮,在弹出的"字体"对话框中设置字符格式,如图 5-9 所示。单击"段落"组中的对齐按钮可以设置文本的对齐格式。设置方法与在 Word 中设置文本格式的方法一样。

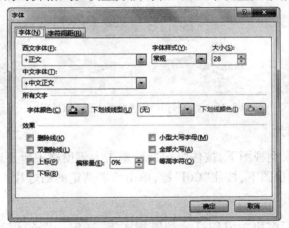

图 5-9　"字体"对话框

5.2　幻灯片的基本操作

通过前面的学习,我们已经能够新建一个演示文稿了。有时,我们还需要对幻灯片进行调整,如有的幻灯片需要删除,有的幻灯片需要移动顺序等。本节将具体介绍幻灯片的基本操作,使读者能够全面掌握幻灯片的选定、删除、插入等操作技巧。

5.2.1 选定幻灯片

在对幻灯片进行操作之前,首先要选定需要进行操作的幻灯片,选定幻灯片的操作方法如下。

1 选定单张幻灯片

(1)在普通视图、大纲视图下,单击大纲窗格中所要选定的幻灯片的图标▢,使其变为▢,此时在幻灯片窗格中将显示该幻灯片,代表该幻灯片被选定,成为当前幻灯片。

(2)在幻灯片浏览视图下,单击所要选定的幻灯片,其被粗线框包围,表示此幻灯片被选定,成为当前幻灯片,如图5-10所示。

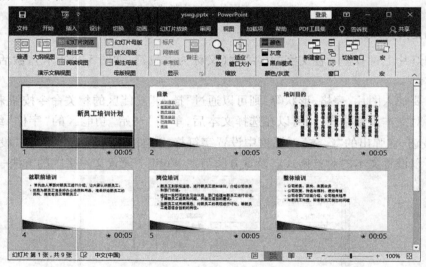

图5-10 在幻灯片浏览视图下选定幻灯片

2 选定多张幻灯片

(1)在普通视图、大纲视图下,按住"Ctrl"键,单击大纲窗格中所要选定的幻灯片图标。
(2)在幻灯片浏览视图下,按住"Ctrl"键,单击所要选定的幻灯片。

3 全选

在普通视图的大纲窗格中或幻灯片浏览视图下,选定一张幻灯片,在"开始"功能区的"编辑"组中单击"选择"按钮,在弹出的下拉列表中选择"全选"命令;或者按"Ctrl"+"A"组合键。

5.2.2 插入、删除和保存幻灯片

1 插入幻灯片

(1)插入一张新幻灯片

将新幻灯片直接插入已有的幻灯片序列的操作步骤如下。

▶步骤1 将光标定位到要插入位置的前一张幻灯片上,使其成为当前幻灯片。

【应用】插入新幻灯片。

步骤2 单击"开始"功能区的"幻灯片"组中的"新建幻灯片"下拉按钮,在弹出的下拉列表中选择需要的版式;或者按"Ctrl"+"M"组合键,此时直接插入一张幻灯片,然后通过"开始"功能区的"幻灯片"组中的"版式"命令设置需要的版式。

(2)插入来自其他演示文稿文件的幻灯片

插入来自其他演示文稿文件的幻灯片的操作步骤如下。

步骤1 打开源演示文稿文件和目标演示文稿文件,并均转换到幻灯片浏览视图。

步骤2 单击"视图"功能区的"窗口"组中的"全部重排"按钮,则两个演示文稿窗口并排排列,如图5-11所示。

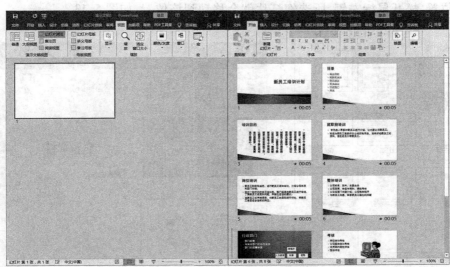

图5-11 并列显示两个演示文稿

步骤3 在源演示文稿文件中选定要插入的一张或多张幻灯片缩略图。

步骤4 按住"Crtl"键,将所选幻灯片缩略图拖动到目标演示文稿文件中要插入的位置,则在目标演示文稿文件中出现源演示文稿文件中所选的幻灯片缩略图。

2 删除幻灯片

在大纲窗格中选定要删除的幻灯片,使用鼠标右键单击该幻灯片,在弹出的快捷菜单中选择"删除幻灯片"命令。

3 保存幻灯片

执行"文件"→"保存"命令,打开"另存为"界面,单击"浏览"按钮,在弹出的"另存为"对话框中的"文件名"文本框中输入文件名,将保存类型设置为"PowerPoint 演示文稿(*.pptx)",单击"保存"按钮。

5.2.3 改变幻灯片版式

在某些情况下,我们需要通过改变幻灯片的版式来改变幻灯片的布局。当我们需要通过改变幻灯片中的文本走向,插入其他对象来改变幻灯片的版式时,可以进行如下操作。

【应用】设置幻灯片版式。

步骤1 在打开的演示文稿中,选定要改变版式的幻灯片,使其成为当前幻灯片。

步骤2 单击"开始"功能区的"幻灯片"组中的"版式"按钮,弹出下拉列表,如图5-12所示。
步骤3 选定需要应用的幻灯片版式。

5.2.4 调整幻灯片的顺序

调整幻灯片的顺序实质上就是移动幻灯片,一般在幻灯片浏览视图中进行操作,也可以在普通视图中进行操作。

在幻灯片浏览视图中,选定要移动的幻灯片,按住鼠标左键将幻灯片拖动到目标位置,松开鼠标左键,所选幻灯片就会移动到该位置,如图5-13所示。

【应用】改变幻灯片的排列顺序。

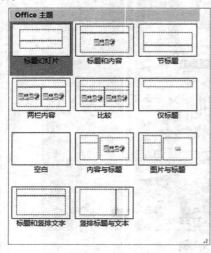

图5-12 "版式"下拉列表

图5-13 拖动幻灯片到目标位置

5.3 修饰演示文稿

现在,我们已经学会了如何制作一个演示文稿。但问题又来了:我们制作的演示文稿很不好看,而且播放出来的效果与展示一张张纸稿没什么两样。下面就介绍如何使演示文稿变得漂亮和富有动感。本节内容是历年考试的重点,建议考生牢固掌握。

5.3.1 用母版统一幻灯片的外观

PowerPoint中有一类特殊的幻灯片,称为母版。母版包括幻灯片母版、讲义母版和备注母版3种。其中幻灯片母版包括版式母版和幻灯片母版。版式母版用于控制相同版式的幻灯片属性,而幻灯片母版用于控制幻灯片中其他类别对象的共同特征,如文本格式、图片、幻灯片背景及某些特殊效果。

【应用】使用样本模板修饰演示文稿。

如果需要统一修改全部幻灯片的外观,如希望每张幻灯片都出现演示文稿的制作日期,则不必逐张对幻灯片加入日期,而只需在幻灯片母版中输入日期即可,PowerPoint将自动更新已有或新建的幻灯片,使所有的幻灯片的相同位置均出现在母版内输入的日期。

1. 为每张幻灯片增加相同的对象

下面以插入联机图片为例说明如何在幻灯片母版上增加对象,以便在每张幻灯片的相同位置均出现该对象。具体的操作步骤如下。

步骤1 单击"视图"功能区中"母版视图"组中的"幻灯片母版"按钮,出现该演示文稿的幻灯片母版,如图 5-14 所示。

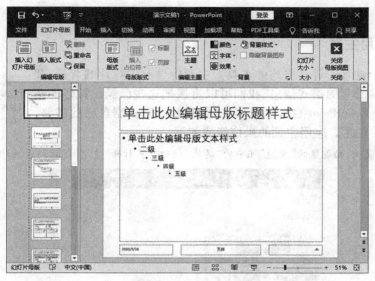

图 5-14　幻灯片母版

步骤2 选定幻灯片母版的第一张,单击"插入"功能区的"图像"组中的"联机图片"按钮,在弹出的对话框中选择"必应图像搜索",在弹出的对话框中找到要插入的图片。

步骤3 选定要插入的图片,单击"插入"按钮,则将该图片插入幻灯片母版。

步骤4 单击"幻灯片母版"功能区的"关闭"组中的"关闭母版视图"按钮,退出幻灯片母版,就可以看到所有幻灯片的相同位置均出现了刚插入的图片,如图 5-15 所示。

图 5-15　通过幻灯片母版插入图片后的效果

2 建立与母版不同的幻灯片

如果要使个别幻灯片与母版不一致，可以进行以下操作。

步骤1 选定不同于母版的目标幻灯片。

步骤2 单击"设计"功能区的"自定义"组中的"设置背景格式"按钮，在右侧打开"设置背景格式"窗格。

步骤3 在"填充"选项卡的"填充"选项组中，选择"隐藏背景图形"复选框，则当前幻灯片上的母版信息被清除。

5.3.2 应用主题

主题是用于设置幻灯片格式的工具。主题中含有幻灯片的背景、颜色、字体、版式等成套的格式信息，我们可以直接把这些已经设置好的格式用于幻灯片。PowerPoint 自带了很多主题，我们可以根据自己的需要，选择不同风格的主题。应用主题的操作步骤如下。

【应用】使用主题修饰演示文稿。

步骤1 单击"设计"功能区的"主题"组中的"其他"按钮 ▼ ，打开"主题"下拉列表，如图 5-16 所示。

图 5-16 设置幻灯片主题

步骤2 从中选择合适的主题。

下面来看看幻灯片在应用主题前后的对比效果，如图 5-17 所示。

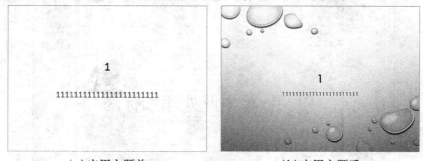

（a）应用主题前　　　　　　　　（b）应用主题后

图 5-17 应用主题的对比效果

5.3.3 设置背景

幻灯片的背景是幻灯片中一个重要的组成部分,改变幻灯片背景可以使幻灯片整体面貌发生变化,较大程度地改善放映效果。我们可以在PowerPoint中轻松改变幻灯片背景的颜色、渐变、纹理、图案及背景图像等填充效果。

【应用】设置幻灯片的各种背景。

1 改变背景颜色

改变背景颜色的操作就是为幻灯片的背景均匀地"喷"上一种颜色,快速地改变整个演示文稿的风格,操作步骤如下。

步骤1 单击"设计"功能区的"自定义"组中的"设置背景格式"按钮,在右侧打开"设置背景格式"窗格。

步骤2 单击"填充"选项卡,在"填充"选项组中选中"纯色填充"单选按钮,在"颜色"下拉列表框中选择需要使用的背景颜色。如果没有合适的颜色,可以单击"其他颜色"选项,在弹出的"颜色"对话框中设置,选定好颜色后单击"确定"按钮。

步骤3 单击"应用到全部"按钮或单击右上角的"关闭"按钮完成背景颜色设置的操作,如图5-18所示。

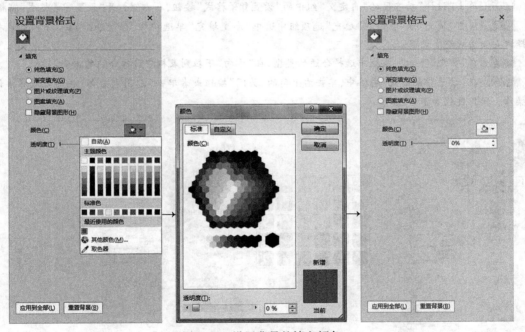

图5-18 设置背景的填充颜色

这里请大家注意"关闭"和"应用到全部"按钮的功能区别:前者是将颜色的设置用于当前幻灯片,后者是将颜色的设置用于该演示文稿的所有幻灯片。

下面看看设置背景颜色前后的幻灯片效果对比,如图5-19所示。

（a）设置背景颜色前的效果　　　　　　　（b）设置背景颜色后的效果

图 5-19　设置背景颜色的效果对比

2 改变背景的其他设置

设置背景颜色后，虽然比原来的效果好多了，但是因为颜色单一，整个幻灯片仍然显得比较单调。可能有的读者会问：我们可以把背景设置得更加美观吗？答案是肯定的，PowerPoint提供了许多个性化的设计，足以满足在制作演示文稿时的各项需求。

步骤1 单击"设计"功能区的"自定义"组中的"设置背景格式"按钮，在右侧打开"设置背景格式"窗格。

步骤2 单击"填充"选项卡，在"填充"选项组中选中"渐变填充"单选按钮，在"预设渐变"下拉列表框中选择需要使用的渐变效果。

步骤3 在"类型"下拉列表框中选择合适的类型，在"方向"下拉列表框中选择合适的方向。

步骤4 在"设置背景格式"窗格中，单击右上角的"关闭"按钮或者单击"应用到全部"按钮完成背景设置的操作。操作过程如图 5-20 所示。

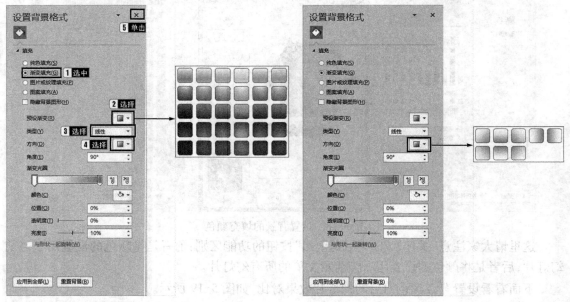

（a）背景填充效果设置　　　　　　　　　（b）选择方向

图 5-20　设置背景填充效果

在"填充"选项组中有 4 个单选按钮：纯色填充、渐变填充、图片或纹理填充、图案填充。

● 纯色填充：PowerPoint 提供了单色及自定义颜色来修改幻灯片的背景色，即幻灯片的背景色以一种颜色进行显示。

● 渐变填充:渐变填充即幻灯片的背景以多种颜色进行显示,包括预设渐变、类型、方向、角度、渐变光圈等的设置。

● 图片或纹理填充:图片或纹理填充即幻灯片的背景以图片或者纹理来显示,包括纹理、将图片平铺为纹理、透明度等的设置。"纹理"下拉列表中包括一些质感较强的背景,应用后会使幻灯片具有特殊材料的质感,如图5-21(a)所示。

● 图案填充:一系列网格状的底纹图形,由背景色和前景色构成,其形状多是线条形和点状形,如图5-21(b)所示。一般很少使用此填充效果。

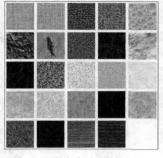
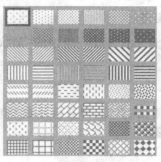

(a)图片或纹理填充　　　　(b)图案填充

图5-21　填充效果的选项

下面来试试设置不同的填充方式,其实际应用效果如图5-22所示。

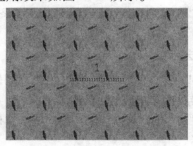

(a)渐变效果　　　　　　　(b)纹理效果

(c)图案效果　　　　　　　(d)图片效果

图5-22　应用不同的填充效果

> 在PowerPoint的背景中,"填充颜色""渐变""纹理""图案""图片"只能使用一种,也就是说,如果先选择了"纹理",而后又选择了"图片",则幻灯片只应用"图片"效果。
> 可以使用这种方法来删除背景效果:在"设置背景格式"窗口中,选中"纯色填充"单选按钮,设置填充颜色为白色,则幻灯片的背景图案就会消失。

5.3.4 添加图形、表格和艺术字

PowerPoint 演示文稿中不仅可以包含文本,还可以包含各类图形、表格等。

1 绘制基本图形

单击"插入"功能区的"插图"组中的"形状"命令,弹出"形状"下拉列表,根据需要选择图形即可。

2 插入表格

为使数据表达简洁、直观,可在演示文稿中使用表格。下面介绍创建表格的操作步骤。

步骤1 选定要插入表格的幻灯片。

步骤2 单击"插入"功能区的"表格"组中的"表格"按钮,在弹出的下拉列表中选择"插入表格"命令,打开"插入表格"对话框,在对话框中输入表格的列数和行数,如图 5-23 所示。

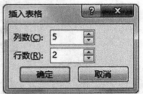

图 5-23 插入表格

步骤3 单击"确定"按钮,出现一个表格,拖动表格的控制点,可以改变表格的大小;拖动表格外边框,可以移动表格。

3 插入艺术字

用户还可以对文本进行艺术化处理,使其具有特殊的艺术效果。插入艺术字便能实现这一目的。

步骤1 单击"插入"功能区的"文本"组中的"艺术字"按钮,弹出下拉列表,如图5-24所示。

步骤2 在下拉列表中选择一种艺术字样式,弹出"请在此放置您的文字"文本框。在该文本框中输入文本内容并设置字体、字号和字形等即可,其操作方法与 Word 中类似。

图 5-24 艺术字库下拉列表

5.3.5 添加多媒体对象

在幻灯片中除了文字及图形外,还可以插入图片、音频和视频等多媒体对象。

1 插入图片

(1)插入联机图片

在普通视图下,选定要插入联机图片的幻灯片,然后进行以下操作。

步骤1 单击"插入"功能区的"图像"组中的"联机图片"按钮,在弹出的对话框中选择"必应图像搜索",弹出"联机 图片"对话框。

步骤2 在"搜索 必应"文本框中输入要插入的图片类型,然后按"Enter"键。

步骤3 在下方的列表框中选择一张或多张图片,单击"插入"按钮,则将该联机图片下载并插入幻灯片,然后对图片的大小和位置进行调整。

(2)插入来自文件的图片

用户还可以插入平时收集的精美图片,操作步骤如下。

步骤1 单击"插入"功能区的"图像"组中的"图片"按钮,弹出"插入图片"对话框。

步骤2 在上方的地址栏中选择目标图片所在位置,再选择图片,然后单击"插入"按钮,即可将该图片插入幻灯片。

2 插入与播放音频

(1)插入音频

用户可以插入自己准备的各种音频文件。向幻灯片中插入音频文件的操作步骤如下。

步骤1 选定要插入音频的幻灯片,单击"插入"功能区的"媒体"组中的"音频"按钮,在弹出的下拉列表中选择"PC上的音频"命令,弹出"插入音频"对话框。

步骤2 在对话框中选择存放音频文件的文件夹,从中选择一个音频文件,单击"插入"按钮,在激活的"音频工具"的"播放"功能区中,按自己的需要设置音频播放方式。

(2)播放音频

一般音频只播放一遍,若需要重复播放音频,则需设置循环播放。

在激活的"音频工具"的"播放"功能区中,选择"音频选项"组中的"循环播放,直到停止"复选框。这样,放映幻灯片时,就可以反复播放该音频。按"Esc"键或从当前幻灯片切换到另一张幻灯片后就可以停止播放音频。

3 插入与播放视频

(1)插入视频

向幻灯片插入已存在的视频文件的方法与插入音频文件的方法类似,具体的操作步骤如下。

步骤1 选定要插入视频的幻灯片,单击"插入"功能区的"媒体"组中的"视频"按钮,在弹出的下拉列表中选择"PC上的视频"命令,弹出"插入视频文件"对话框。

步骤2 从对话框中选择存放视频文件的文件夹,选择视频文件,单击"插入"按钮,在激活的"视频工具"→"播放"功能区中,按自己的需要设置视频播放方式。

(2)播放视频

一般视频只播放一遍,若需要重复播放视频,则需设置循环播放。

在激活的"视频工具"的"播放"功能区中,选择"视频选项"组中的"循环播放,直到停止"复选框。这样,放映幻灯片时,就可以反复播放该视频。按"Esc"键或从当前幻灯片切换到另一张幻灯片后就可以停止播放视频。

5.3.6 设置切换效果

幻灯片和普通的文本不同:文本最后是用来阅读的,用页码标记清楚顺序即可;而幻灯片是用来放映的,一张幻灯片放映完毕,则另一张幻灯片"登场"。如果它们之间没有过渡,则放映效果是非常生硬的,所以,一般要为幻灯片添加过渡效果。幻灯片之间的过渡效果在 PowerPoint 中被称为切换效果。

学习提示

【应用】设置幻灯片的切换效果。

设置切换效果的操作步骤如下。

步骤1 选定需要设置切换效果的幻灯片。

步骤2 单击"切换"功能区的"切换到此幻灯片"组中的"其他"按钮,弹出"切换效果"下拉列表,如图5-25所示。

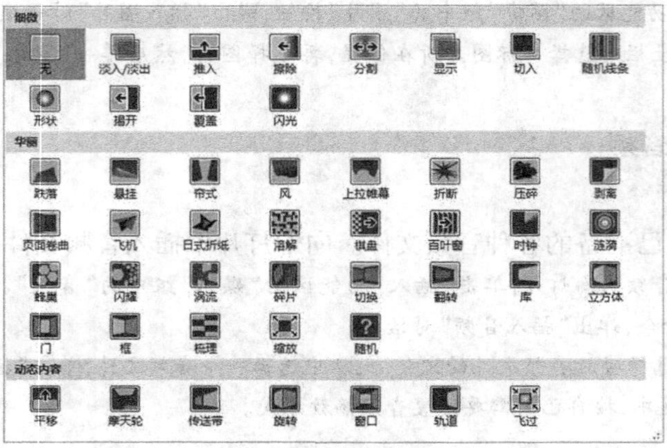

图5-25 "切换效果"下拉列表

步骤3 选择需要的切换效果即可。如果单击"计时"组中的"应用到全部"按钮,则每张幻灯片都带有这种切换效果。

下面介绍"切换"功能区中各组及其各按钮和选项的功能。

(1) "预览"组:如果需要观看设置的切换效果,可以单击"预览"按钮。

(2) "切换到此幻灯片"组:用于设置不同的切换效果,其中"效果选项"按钮可以设置切换方向等属性。

(3) 计时组:用于设置幻灯片的切换效果。

● "应用到全部"按钮:用于应用全部幻灯片的切换效果。

● "换片方式"选项组:选择"单击鼠标时"复选框,放映时,单击一次就切换到下一张幻灯片;选择"设置自动换片时间"复选框,幻灯片放映时,每隔一段时间就会自动换页。

● "声音"下拉列表:从中选择一种声音,在切换幻灯片时就会发出相应的声音。

● "持续时间"微调框:用于设置幻灯片切换的持续时间。

注意:如何取消幻灯片的切换效果呢?其方法和设置切换效果的方法相似,单击"切换"功能区的"切换到此幻灯片"组中的"其他"按钮,弹出"切换效果"下拉列表,选择"无"即可。

5.3.7 设置动画效果

前面介绍了如何设置演示文稿中幻灯片之间的切换效果,这样做的目的是让幻灯片更具动感,富有情趣。实际上,还可以为每一张幻灯片中的各要素设置动画效果,使其在播放时能够"动"起来,以吸引观众的注意力。

【应用】设置幻灯片的动画效果。

幻灯片的内容是由文本、图片、表格等要素组成的,设置动画效果实际上就是为这些要素分别设置动画,组合使用就会让幻灯片变得生动。

图5-26所示的幻灯片由标题、文本和图片3个要素组成。下面就以该幻灯片为例,介绍让幻灯片"动"起来的操作方法。

步骤1 在普通视图中,选定一张幻灯片,选定幻灯片中的某一要素。

步骤2 单击"动画"功能区的"动画"组中的"其他"按钮,弹出"动画"下拉列表,如图5-27所示。

图 5-26 幻灯片示例

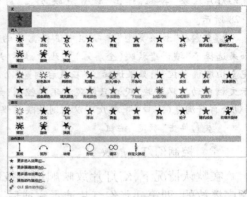

图 5-27 "动画"下拉列表

步骤3 选择"更多进入效果"命令,弹出"更改进入效果"对话框,在"基本"选项组中选择"飞入",单击"确定"按钮。这时"动画"功能区的"动画"组中的"效果选项"按钮和"计时"组变为可用状态。

步骤4 在"计时"组的"开始"下拉列表中设置开始动画的方式;单击"效果选项"按钮,在弹出的下拉列表中设置飞入方向;在"持续时间"微调框中设置动画持续的时间。

步骤5 设置完成后,再设置下一个要素的动画效果,直到所有的要素都设置完毕。

设置动画效果后,可以播放幻灯片来看一看设置的效果。如果还需要调整,则在"动画"功能区中按照上述步骤重新设置即可。

5.4 输出演示文稿

前面内容都是围绕如何制作和修饰演示文稿进行的,本节将介绍如何输出演示文稿。输出演示文稿时,可以选择放映,也可以选择打包、打印,无论哪种方式,都可以把辛勤工作的成果展示出来。

5.4.1 放映演示文稿

演示文稿创建完毕之后,就可以在屏幕上演示输出了。使用计算机的屏幕(或者连接到计算机上的投影仪及其他输出设备)放映是演示文稿输出最常用的方式。

1 开始放映

单击"幻灯片放映"功能区的"开始放映幻灯片"组中的"从头开始"按钮,或者按"F5"键,则演示文稿从第一张幻灯片开始以全屏方式出现在屏幕上,单击或按"Space"键切换到下一张幻灯片。按"Esc"键可以中断放映并返回PowerPoint窗口。

2 设置自动放映模式

由于演示文稿的作用不同,要选择的放映方式也不尽相同。演示文稿的放映方式有3种:演讲者放映(全屏幕)、观众自行浏览(窗口)和在展台浏览(全屏幕)。设置放映方式的操作步骤如下。

步骤1 单击"幻灯片放映"功能区的"设置"组中的"设置幻灯片放映"按钮,弹出"设置放映方式"对话框,如图5-28所示。

步骤2 在"放映类型"选项组中选择需要的放映类型。如果选择了"演讲者放映(全屏幕)",此时,幻灯片放映过程完全由演讲者控制;如果选择了"在展台浏览(全屏幕)",演示文稿自动循环放映,观众只能观看不能控制;如果选择了"观众自行浏览(窗口)",观众可以控制放映过程。

步骤3 单击"确定"按钮。

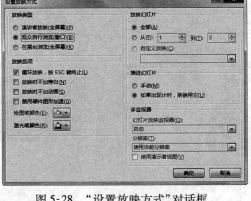

图5-28 "设置放映方式"对话框

3 控制幻灯片放映

在默认情况下,幻灯片放映顺序是按制作时的顺序播放的,即第一张幻灯片演示完成后,继续第二张幻灯片的演示。如果在放映幻灯片时,某张幻灯片未看清楚,或者要在放映的过程中直接切换到某张幻灯片时,可以根据需要在放映幻灯片时控制幻灯片的放映顺序。一般来说,控制幻灯片的放映顺序有以下几种方式。

(1)返回上一张幻灯片

如果要在放映幻灯片时返回上一张幻灯片,可以使用下面的方法。

● 移动鼠标指针,在屏幕左下方会出现控制幻灯片放映的图标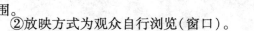,单击 ◁ 图标可返回上一张幻灯片。

● 在放映幻灯片时单击鼠标右键,在弹出的快捷菜单中选择"上一张"命令,如图5-29所示。

(2)切换到演示文稿中的任意一张幻灯片

幻灯片放映时,切换到演示文稿中的任意一张幻灯片有两种情况。

① 放映方式为演讲者放映(全屏幕)。

在当前幻灯片上单击鼠标右键,弹出的快捷菜单如图5-30所示,单击"查看所有幻灯片"命令,此时显示出演示文稿中的所有幻灯片,选择要切换到的幻灯片。使用这种方法时,可以看到当前演示的幻灯片被粗线框包围。

图5-29 返回上一张幻灯片

② 放映方式为观众自行浏览(窗口)。

在当前幻灯片上单击鼠标右键,在弹出的快捷菜单中单击"定位至幻灯片"命令,在子菜单中选择要切换到的幻灯片,如图5-30所示。使用这种方法时可以看到,在当前演示的幻灯片标题前面有一个选中符号。

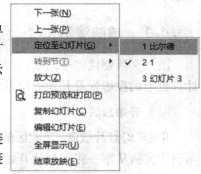

4 交互式放映文稿

演示文稿一般按原来的顺序依次放映,但是借助于超链接的方法可以改变放映顺序。既可以在动作按钮上设置超链接,也可以在文本上设置超链接。

图5-30 切换到任意幻灯片

(1)通过动作按钮设置超链接

PowerPoint 提供了一组动作按钮,可以选择某个动作按钮,并为其设置超链接。放映时单击它,就可以激活超链接。

步骤1 单击"插入"功能区的"插图"组中的"形状"按钮,在弹出的下拉列表中选择"动作按钮"下的形状,即可在幻灯片上插入该形状。

步骤2 弹出"操作设置"对话框,在"单击鼠标"选项卡的"单击鼠标时的动作"选项组中,选中"超链接到"单选按钮,在其下拉列表框中选择要链接的对象(如"上一张幻灯片"),如图5-31所示。

放映幻灯片时,当出现设置的动作按钮时,单击该按钮,就会自动转向所链接的幻灯片。也可以链接到另一演示文稿,操作方法基本相同。

图 5-31 "操作设置"对话框

(2)通过文本设置超链接

为文本设置超链接的操作步骤如下。

步骤1 选择要设置超链接的文本,使用鼠标右键单击该文本,在弹出的快捷菜单中单击"超链接"命令,弹出"插入超链接"对话框,如图5-32所示。

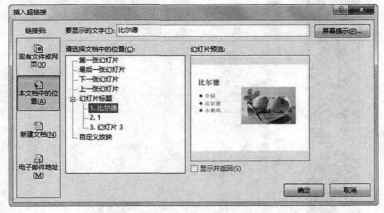

图 5-32 "插入超链接"对话框

步骤2 选择"本文档中的位置"选项卡,在"请选择文档中的位置"列表框中选择幻灯片,单击"确定"按钮。

设置超链接后的文本下面将出现下划线,同时文本的颜色也会改变。放映幻灯片时,当鼠标指针移至该文本上时,指针形状变成小手形,若单击该文本,则跳转到被链接的对象。

5.4.2 将演示文稿打包成CD

有时候,需要将所创建的演示文稿在其他计算机上放映。PowerPoint 提供了"打包"工具,可以帮助我们解决放映问题。

PowerPoint 的"打包"工具可以把制作好的演示文稿和与此相关的文件打包成CD,并直接在其他计算机上(甚至没有安装 PowerPoint 的计算机上)放映。"打包"工具可以将演示文稿和相应链接的文件、TrueType 字体等和一个 PowerPoint 播放器一起打包成一个完整的文件,到其他计算机上再解包、放映。

执行"文件"→"导出"→"将演示文稿打包成CD"→"打包成CD"按钮,弹出"打包成CD"对话框。在该对话框中可以选择添加更多的文件一起打包,也可以删除不需要打包的文件。单击"复制到文件夹"按钮,在弹出的"复制到文件夹"对话框中设置保存的文件夹位置,设置完成后,单击"确定"按钮,就可以完成演示文稿的打包操作。

5.4.3 打印演示文稿

演示文稿制作完毕,除了放映演示文稿之外,还可以将演示文稿打印出来。虽然这样就无法反映我们为演示文稿精心设计的背景、效果和动画,但有时为配合演讲,需要将演示文稿打印出来作为演讲提要发给大家。

PowerPoint的打印设置和Word的打印设置基本相同。可以将演示文稿设置为"讲义"打印,这样一页纸上可以容纳1~9张幻灯片的内容。

执行"文件"→"打印"命令,打开"打印"界面,如图5-33所示。可以在此界面中设置各类打印参数。

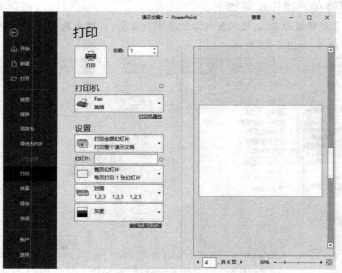

图5-33 "打印"界面

课后总复习

演示文稿题

1. 打开素材文件夹下的演示文稿yswg1.pptx,按照下列要求完成对此演示文稿的修饰并保存。

   (1)使用"切片"主题修饰所有幻灯片,放映方式为"观众自行浏览(窗口)"。

   (2)在第一张幻灯片之前插入版式为"两栏内容"的新幻灯片,标题输入"山区巡视,确保用电安全可靠",将第二张幻灯片的文本移入第一张幻灯片左侧,将考生文件夹下的图片文件ppt1.jpg插入第一张幻灯片右侧,文本动画进入效果设置为"擦除",效果选项为"自左侧",图片动画进入效果设置为"飞入",效果选项为"自右侧"。

将第二张幻灯片版式改为"比较",将第三张幻灯片的第二段文本移入第二张幻灯片左侧,将考生文件夹下的图片文件 ppt2.jpg 插入第二张幻灯片右侧。

将第三张幻灯片的文本全部删除,并将版式改为"图片与标题",标题为"巡线班员工清晨 6 时带着干粮进山巡视",将考生文件夹下的图片文件 ppt3.jpg 插入第三张幻灯片。

第四张幻灯片在水平为 1.3 厘米、从左上角,垂直为 8.24 厘米、从左上角的位置插入样式为"填充:白色;轮廓:橙色,主题色 5;阴影"的艺术字"山区巡视,确保用电安全可靠",艺术字宽度为 23 厘米,高度为 5 厘米,文字效果为"转换 – 跟随路径 – 拱形",并使第四张幻灯片成为第一张幻灯片。

移动第四张幻灯片使之成为第三张幻灯片。

2. 打开素材文件夹下的演示文稿 yswg2.pptx,按照下列要求完成对此演示文稿的修饰并保存。

(1) 在演示文稿的开始处插入一张"仅标题"幻灯片,作为文稿的第一张幻灯片,标题输入"吃亏就是占便宜",并设置其大小为 72 磅;在第二张幻灯片的主标题中输入"我想做一个美丽女人",并设置其字符格式为 60 磅、加粗、红色(请用"自定义"选项卡中的红色 230,绿色 1,蓝色 1);将第三张幻灯片版式改变为"竖排标题与文本"。

(2) 全部幻灯片的切换效果设置为"覆盖",使用"回顾"演示文稿设计模板修饰所有幻灯片。

学习效果自评

本章操作性的内容很多,建议大家根据 PowerPoint 的工作流程来学习。本章涉及考试的内容比较集中,都以操作题的方式出现。下表是对本章比较重要的知识点进行的小结,大家可以用来检查自己的掌握情况。

掌握内容	重要程度	掌握要求	自评结果
PowerPoint的基本概念	★	演示文稿和幻灯片的关系,PowerPoint的几种视图	□不懂 □一般 □没问题
PowerPoint的基础设置	★★	创建演示文稿的方法、设置幻灯片版式的方法	□不懂 □一般 □没问题
幻灯片的基本操作	★★	浏览、选定、插入、删除、移动幻灯片的方法	□不懂 □一般 □没问题
	★★	设置幻灯片中字符格式的方法	□不懂 □一般 □没问题
修饰演示文稿	★★★★	应用设计模板的方法	□不懂 □一般 □没问题
	★★★★	添加图形、表格和艺术字的方法	□不懂 □一般 □没问题
	★★★★	设置背景的方法	□不懂 □一般 □没问题
	★★★★	设置幻灯片切换效果的方法	□不懂 □一般 □没问题
	★★★★	设置动画效果的方法	□不懂 □一般 □没问题
输出演示文稿	★★	设置幻灯片放映的方法	□不懂 □一般 □没问题

第6章
因特网基础与简单应用

章前导读
通过本章，你可以学习到：
- ◎ 计算机网络的基本概念
- ◎ 因特网的基础知识
- ◎ 使用浏览器（IE）漫游网络的方法
- ◎ 使用Outlook收发电子邮件的方法
- ◎ 流媒体的基础知识

本章评估		学习点拨
重要度	★★	本章的内容较为独立，与前几章并无太多联系。内容分为两大类：一是理论知识，包括网络及因特网的基本概念，此部分内容分值较少，且知识点多而散，一般不容易掌握；二是具体应用部分，如使用IE浏览网页、使用Outlook收发电子邮件等，这是需关注的重点内容。
知识类型	理论+应用	
考核类型	选择题+操作题	
所占分值	选择题：约1分　操作题：10分	
学习时间	2课时	

本章学习流程图

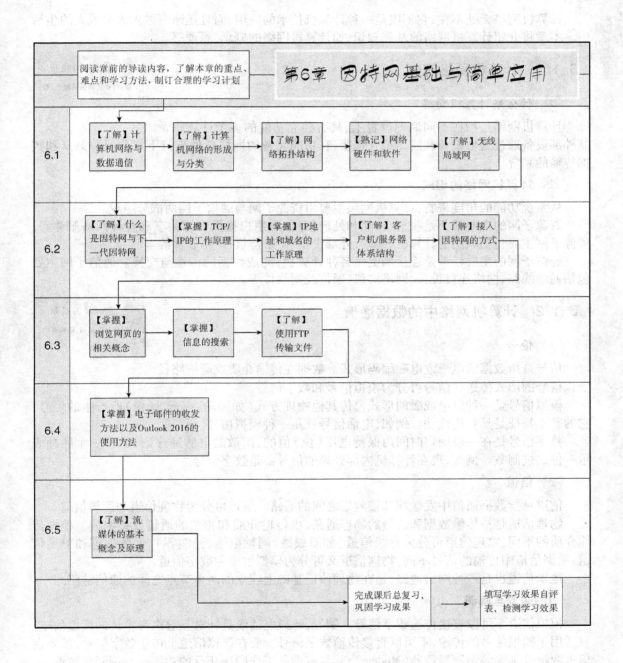

6.1 计算机网络的基本概念

计算机网络无处不在，它不仅是一种计算机技术的应用，而且还渐渐融入大多数人的生活中。本章将介绍计算机网络的基础知识，如计算机网络的概念、原理等。

6.1.1 计算机网络简介

> **学习提示**
> 【了解】计算机网络的概念、组成。

1 什么是计算机网络

计算机网络是指在不同地理位置上，具有独立功能的多个计算机及其外部设备通过通信设备和线路相互连接，在功能完备的网络软件支持下实现资源共享和数据传输的系统。

2 计算机网络的组成

从系统功能的角度来看，计算机网络主要由资源子网与通信子网两部分组成。

资源子网的主要任务是收集、存储和处理信息，为用户提供资源共享和各种网络服务等。资源子网主要包括联网的计算机、终端、外部设备、网络协议、网络软件等。

通信子网的主要任务是连接网上的各种计算机，完成数据的传输与交换。通信子网主要包括通信线路、网络连接设备、网络协议、通信控制软件等。

6.1.2 计算机网络中的数据通信

> **学习提示**
> 【了解】调制与解调、误码率的概念。

1 信号

信号是指数据的电子或电磁编码形式。数据在传输介质或通信路径上以信号的形式传送。信号可分为模拟信号和数字信号。

模拟信号是一种以电或磁的形式模仿其他物理方式（如振动、声音、图像）所产生的信号，它的基本特征是具有连续性。例如，电话信号就是一种模拟信号。

数字信号是在一段固定时间内保持电压（位）值的、离散的电脉冲序列，通常一个脉冲表示一位二进制数。例如，现在计算机内部处理的信号都是数字信号。

2 信道

信道是指数据通信中发送端和接收端之间的通路。信道可分为物理信道和逻辑信道。

物理信道是指传输数据和信号的物理通路，由传输介质和相关的通信设备组成。根据传输介质的不同，物理信道可分为有线信道（如双绞线、同轴电缆、光缆等）、无线信道和卫星信道；根据信道中传输的信号不同，物理信道又可分为模拟信道和数字信道。

逻辑信道也是一种网络通路，是在物理信道基础上建立的两个节点之间的通信链路。

3 调制与解调

模拟信道不可以直接传输数字信号。例如，普通电话线是针对互通声音设计的模拟信道，只适用于模拟信号的传输，不可以直接传输数字信号。要在模拟信道上传输数字信号，就要在信道两端分别安装调制解调器（Modem），其具有两种工作顺序相反的功能——调制和解调。

调制	在发送端，将数字信号转换为模拟信号，这个过程称为调制
解调	在接收端，将模拟信号还原为数字信号，这个过程称为解调

4 数据传输率、带宽与误码率

数据传输速率(比特率)表示每秒传送二进制数位的数目,简写为 bit/s(位/秒)。在数字信号中,通常用数据传输速率表示信道的传输能力,常用单位有 bit/s、kbit/s、Mbit/s、Gbit/s、Tbit/s。其中,1kbit/s = 1×10^3 bit/s,1Mbit/s = 1×10^6 bit/s,1Gbit/s = 1×10^9 bit/s,1Tbit/s = 1×10^{12} bit/s。

带宽(Band Width)用传送信号的高频率与低频率之差来表示。在模拟信道中,一般采用带宽表示信道的传输能力,常用单位有 Hz、kHz、MHz、GHz。

误码率是指在信息传输过程中的出错率,用来衡量通信系统的可靠性。在计算机网络系统中,一般要求误码率低于 10^{-6}。

6.1.3 网络的形成与分类

1 网络的形成

计算机网络技术自诞生之日起,就以惊人的发展速度和广泛的应用而受到关注。纵观计算机网络的形成与发展历史,大致可以分为 4 个阶段。

(1)第一阶段是 20 世纪 60 年代,面向终端的具有通信功能的单机系统形成。人们用通信线路将多个终端连接到一台中心计算机上,由该计算机以集中方式处理不同地理位置用户的数据。

(2)第二阶段从美国的 ARPANET 与分组交换技术的诞生开始。ARPANET 的诞生是计算机网络技术发展过程中的里程碑,它使网络中的用户能够通过本地终端使用网络中其他计算机的软件、硬件与数据资源,达到资源共享的目的。

(3)第三阶段从 20 世纪 70 年代开始。国际上各种广域网、局域网与公用分组交换网发展十分迅速,各个计算机厂商和研究机构纷纷发展自己的计算机网络系统,随之而来的就是网络体系结构与网络协议的标准化工作。国际标准化组织(International Organization for Standardization,ISO)提出了 ISO/OSI 参考模型,对网络体系的形成与网络技术的发展起到了重要的作用。

(4)第四阶段从 20 世纪 90 年代开始,信息时代全面到来。因特网作为国际性的网际网与大型信息系统,在当今经济、文化、科学研究、教育与社会生活等方面发挥越来越重要的作用。宽带网络技术的发展为社会信息化提供了技术基础,网络安全技术为网络应用提供了重要安全保障。

2 网络的分类

计算机网络有多种分类方法,不同的分类原则可以定义不同类型的计算机网络。

【了解】局域网、城域网和广域网的适用范围。

(1)局域网(Local Area Network,LAN)

局域网又称局部地区网,通信距离通常为几百米到几千米,是目前大多数计算机组网的主要形式。例如,机关网、企业网、校园网均属于局域网。

(2)广域网(Wide Area Network,WAN)

广域网又称远程网,通信距离为几十千米到几千千米,可跨越城市和地区,覆盖全国甚至全世界。广域网常常借用现有的公共传输信道进行计算机之间的信息传递,如电话线、微波、卫星或者它们的组合信道。例如,因特网就是一种广域网。

(3)城域网(Metropolitan Area Network,MAN)

城域网是一种介于局域网与广域网之间的高速网络,通信距离一般为几千米到几十千米,传输速率一般在 50Mbit/s 左右,使用者多为需要在城市内进行高速通信的较大单位与公司等。

6.1.4 网络拓扑结构

网络拓扑结构是指构成网络的节点(如工作站)和连接各节点的链路(如传输线路)组成图形的共同特征。网络拓扑结构主要有以下几种,如图6-1所示。

1 星形拓扑结构

星形拓扑结构是最早的通用网络拓扑结构,如图6-1(a)所示。在星形拓扑结构中,节点通过点到点通信链路与中心节点连接。中心节点控制全网的通信,任何两节点之间的通信都要经过中心节点。星形拓扑结构简单,易于实现,便于管理。但需要注意的是,网络的中心节点是全网可靠性的关键,一旦发生故障就有可能造成全网瘫痪。

2 环形拓扑结构

在环形拓扑结构中,节点通过点到点通信线路循环连接成一个闭合环路,如图6-1(b)所示。环中数据将沿一个方向逐站传送。环形拓扑结构简单,传输延时确定,但环中点与点的通信线路会成为网络可靠性的"瓶颈",任何一个节点出现故障都可能造成网络瘫痪。

3 总线型拓扑结构

总线型拓扑结构采用单根传输线作为传输介质,所有的站点都通过相应的硬件接口直接连到传输介质——总线上,如图6-1(c)所示。任何一个站点发送的信号都可以沿着介质传播,并且能被所有其他站点接收。总线型拓扑结构简单,易于实现和扩展,且可靠性较好。

4 树形拓扑结构

树形拓扑结构的节点按层次进行连接,像树一样,有分支、根节点、叶子节点等,如图6-1(d)所示,信息交换主要在上、下节点之间进行,该结构适用于汇集信息的应用要求。

5 网状拓扑结构

网状拓扑结构没有上述4种拓扑结构那么明显的规则,节点的连接是任意的,没有规律,如图6-1(e)所示。网状拓扑结构的可靠性高,但结构复杂。广域网中基本都采用网状拓扑结构。

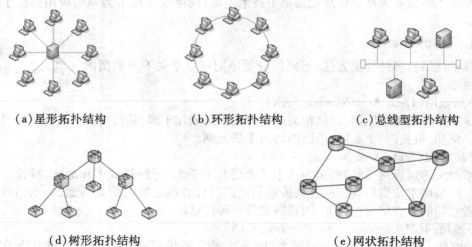

(a)星形拓扑结构　(b)环形拓扑结构　(c)总线型拓扑结构
(d)树形拓扑结构　(e)网状拓扑结构

图6-1　网络拓扑结构

6.1.5 网络的硬件设备

要把若干台计算机组成局域网且与其他网络连接,需要一些特殊的网络硬件设备。

学习提示
【熟记】组网和联网的硬件设备。

1 局域网的组网设备

● 传输介质(Trans mission Medium):常用的传输介质有双绞线、同轴电缆、光缆、无线电波等。

● 网络接口卡(NIC):也叫网络适配器(简称网卡),通常安装在计算机的扩展槽上,用于计算机和通信电缆的连接,使计算机之间能进行高速数据传输。

● 集线器(Hub):是局域网的基本连接设备。目前市场上的集线器主要有独立式、堆叠式、智能型等类型。

● 交换机(Switch):交换概念的提出是对共享工作模式的改进,共享式局域网在每个时间段上只允许一个节点占用公用的通信信道,而交换机支持端口连接节点之间的多个并发连接,从而增大网络带宽,改善局域网的性能和服务质量。

● 无线AP(Access Point):无线AP也称为无线接入点或无线桥接器,任何一台装有无线网卡的主机通过无线AP都可以连接有线局域网络。无线AP不仅提供单纯性的无线接入点,也是无线路由器等设备的统称,兼具路由、网管等功能。单纯性的无线AP就是一个无线交换机,其工作原理是将网络信号通过双绞线传送过来,转换为无线电信号发送出去,形成无线网的覆盖。无线AP按型号的不同具有不同的功率,可以实现不同程度、不同范围的网络覆盖。一般无线AP的最大覆盖距离可达300m。

2 网络互联设备

● 路由器(Router):负责不同广域网中各局域网之间的地址查找(建立路由)、信息包翻译和交换,实现计算机网络设备与通信设备的连接和信息传递,是实现局域网与广域网互联的主要设备。

● 网桥(Bridge):网桥用于实现相同类型局域网之间的互联,达到扩大局域网覆盖范围和保证各局域子网安全的目的。

● 调制解调器(Modem):是PC通过电话线接入因特网的必备设备,具有调制和解调两种功能。调制解调器分为外置与内置两种。

请注意

①由于Modem的发音类似汉语的"猫",因此调制解调器俗称为"猫"。
②内置式Modem称为Modem卡,其价格便宜,使用起来也方便,不需另外的电源,但是它需要插到计算机主板的扩展槽中,且抗干扰性差。外置式Modem是一个独立的盒子,需要接到计算机的串口上,使用灵活方便,质量较好,抗干扰性强,但价格比内置式Modem高。

6.1.6 网络软件

学习提示
【熟记】TCP/IP参考模型的分层结构。

通信协议就是通信双方都必须要遵守的通信规则,是一种约定。计算机网络中的协议是非常复杂的,因此网络协议通常都按照结构化的层次方式进行组织。TCP/IP(传输控制协议/互联网协议)是当前最流行的商业化协议,被公认为是当前的工业标准或事实标准。1974年出现了TCP/IP参考模型,图6-2给出了TCP/IP参考模型的分层结构,它将计算机网络划分为4个层次。

- 应用层(Application Layer)。
- 传输层(Transport Layer)。
- 互联层(Internet Layer)。
- 主机至网络层(Host – to – Network Layer)。

| 应用层 |
| 传输层 |
| 互联层 |
| 主机至网络层 |

图 6-2　TCP/IP 参考模型的分层结构

6.1.7　无线局域网

有线网络维护困难且不便于携带,由此便产生了无线网络。早期的无线网络从红外线技术发展到蓝牙(Bluetooth),可以无线传输数据,多用于系统互联,但不能组建局域网。相比之下,新一代的无线网络不仅能将计算机相连,还可以建立无须布线且使用非常自由的无线局域网 WLAN(Wireless LAN)。WLAN 中有许多台计算机,每台计算机都有一个无线调制解调器和一个天线,通过该天线,与其他系统通信。另外,在室内的墙壁或天花板上也有一个天线,所有计算机通过它进行相互通信,如图 6-3 所示。

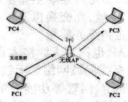

图 6-3　无线局域网

在无线局域网中,Wi – Fi(Wireless Fidelity)具有传输速度快、覆盖范围大等优点。针对无线局域网,电气和电子工程师协会(Institute of Electrical and Electronics Engineers, IEEE)制定了一系列无线局域网标准,即 IEEE 802.11 家族,包括 IEEE 802.11a、IEEE 802.11b、IEEE 802.11g 等。IEEE 802.11 现在已经非常普及了。

6.2　因特网的基础知识

6.2.1　因特网概述

1　什么是因特网

因特网(Internet)是一个全球性的计算机网络系统,它连接了成千上万、各种各样的计算机系统和网络,包括个人计算机、各种局域网和广域网以及大型系统工作站。这些计算机系统和网络可以位于世界任何角落,不管是家庭、学校或企业,也不管在我国、美国或加拿大,只要连入因特网,就可以享用网上所有的信息资源和网络服务(如网络电话、网上聊天、网上购物等),也可以将自己的信息资源放在因特网上,与其他人共享和交流。

2　下一代因特网

因特网影响着人类生产生活的方方面面,因特网在其高速发展的过程中,涌现出无数的优秀技术。但是,因特网还存在着很多问题未能解决,如安全性差、带宽低、地址短缺、无法适应新应用的要求等,于是,人们不得不考虑改进现有网络,采用新的地址方案、新的技术,尽早过渡到下一代因特网(Next-Generation Internet,NGI)。

什么是 NGI? 简单地说,就是地址空间更大、更安全、更快、更方便的因特网。NGI 涉及多项技术,其中最核心的就是 IPv6(IP version 6)协议,它在扩展网络的地址容量、安全性、移动性、服务质量(QoS)以及对流的支持方面都具有明显的优势。

目前,各国网络都在积极向 IPv6 网络迁移。专门负责制定网络标准及政策的 Internet Society 在 2012 年 6 月 6 日宣布,全球主要互联网服务提供商、网络设备厂商以及大型网站公司,于当日正式启用 IPv6 服务及产品。这意味着全球正式开展 IPv6 的部署,同时也促使广大因特网用户逐渐适应新的变化。

6.2.2 因特网的基本概念

> **学习提示**
> 【掌握】TCP/IP 的工作原理。
> 【掌握】IP 地址、域名、DNS 原理。

1 TCP/IP

因特网中不同类型的物理网是通过路由器互联在一起的,各网络之间的数据传输采用 TCP/IP 控制。TCP/IP 是一个由众多协议按层次组成的协议族,它们规范了网络上的所有通信设备,尤其是一个主机与另一个主机之间的数据往来格式及传送方式。可以说,TCP/IP 是因特网赖以工作的基础。

IP(Internet Protocol)是 TCP/IP 体系中的网络层协议,其主要功能是将不同类型的物理网络互联在一起。也就是说,它需要将不同格式的物理地址转换为统一的 IP 地址,将不同格式的帧(即物理网络传输的数据单元)转换为"IP 数据报",从而屏蔽下层物理网络的差异,向上层传输层提供 IP 数据报,实现无连接数据报传送服务。另外,IP 还能从网上选择两节点之间的传输路径,将数据从一个节点按路径传输到另一个节点。

TCP(Transmission Control Protocol)即传输控制协议,位于传输层。TCP 向应用层提供面向连接的服务,确保网上所发送的数据报可以完整地被接收,一旦某个数据报丢失或损坏,TCP 发送端可以通过协议机制重新发送这个数据报,以确保发送端到接收端的可靠传输。

2 IP 地址和域名

如同我们住在哪里都会有一个地址,方便别人找到一样,为了使信息能准确地传送到网络的指定地点,每一台与因特网相连的计算机都有一个永久的或临时分配的地址。因特网上计算机的地址有两种类型:一种是以阿拉伯数字表示的,称为 IP 地址;另一种是以英文单词和数字表示的,称为域名。

(1) IP 地址

IP 地址是 Internet 协议所规定的一种数字型标志,它是由 0、1 组成的二进制数字串,一共有 32bit。

一个 IP 地址包含了两部分信息,即网络号和主机号。其中,网络号长度将决定整个 Internet 中能包含多少个网络,主机号长度则决定每个网络能容纳多少台主机。

为了便于管理、方便书写和记忆,每个 IP 地址分为 4 段,段与段之间用小数点隔开,每段再用一个十进制整数表示,每个十进制整数的取值范围是 0~255。例如,202.112.128.50 和 202.204.86.1 都是合法的 IP 地址。

按第 1 段的取值范围,IP 地址可分为 A、B、C、D、E 等 5 类。
- A 类 IP 地址:IP 地址第 1 段为 0~127。
- B 类 IP 地址:IP 地址第 1 段为 128~191。
- C 类 IP 地址:IP 地址第 1 段为 192~223。
- D 类和 E 类 IP 地址留作特殊用途。

请思考 107.0.0.1、208.233.1.5 与 189.2.0.256 都是合法的 IP 地址吗?若是合法的地址,又分别属于哪一类 IP 地址?

(2) 域名

使用数字的 IP 地址很难让人记住,而且从 IP 地址本身也得不到更多信息。于是人们用"域名"——一组有含义的英文简写名来代替 IP 地址。

每个域名对应一个 IP 地址,且在全球是唯一的。为了避免重名,主机的域名采用层次结构,各层次之间用"."隔开,从右向左分别为第一级域名(最高级域名)、第二级域名……直至主机名(最低级域名)。其结构如下。

主机名……第二级域名.第一级域名

←————————————— 从右向左级别递减

在国际上,第一级域名采用通用的标准代码,分为组织机构和地址模式两类。除美国以外的国家都用主机所在的国家或地区名称作为第一级域名,例如:cn(中国)、jp(日本)、kr(韩国)、uk(英国)。

我国的第一级域名是 cn,第二级域名也分为地区域名和类别域名。其中,地区域名如 bj(北京)、sh(上海)等,而常用的类别域名如表 6-1 所示。

表 6-1　　　　　　　　　　　　常用的类别域名

域名代码	说明	域名代码	说明
com	商业机构	edu	教育机构
net	网络机构	gov	政府机构
org	非营利性机构	mil	国防机构

下面通过一个例子说明域名的组成。人民邮电出版社有限公司的域名是 ptpress.com.cn,其组成结构如下。

- cn:第一级域名,我国的第一级域名是 cn。
- com:第二级域名,采用的是类别域名,代表商业机构。
- ptpress:主机名,采用的是人民邮电出版社有限公司的英文缩写。

关于域名,还需要注意以下几点。

- 因特网的域名不区分大小写。
- 整个域名的长度不可超过 255 个字符。
- 一台计算机一般只能拥有一个 IP 地址,但可以拥有多个域名。
- IP 地址与域名间的转换由域名服务器 DNS 完成。

3　DNS 原理

域名和 IP 地址都表示主机的地址,实际上是一件事物的不同表示。当用域名访问网络上某个资源地址时,必须获得与这个域名相匹配的真正的 IP 地址,域名服务器(Domain Name Server,DNS)可以实现 IP 地址与域名的相互转换。用户可以将希望转换的域名放在一个 DNS 请求信息中,并将这个请求发送给 DNS,DNS 从请求中取出域名,将它转换为对应的 IP 地址,然后在应答中将结果地址返回给用户。

4　因特网中的客户机/服务器体系结构

计算机网络中的每台计算机既要为本地用户提供服务,也要为网络中其他用户提供服务,因此每台联网计算机的本地资源都可以作为共享资源提供给其他主机用户使用。

在因特网的 TCP/IP 环境中,联网计算机之间相互通信的模式采用客户机/服务器(Client/Server)模式,简称 C/S 结构,如图 6-4 所示。图中,客户机向服务器发出服务请求,服务器响应客户机的请求,提供客户机所要求的网络服务。提出请求,发起本次通信的计算机进程叫作客户机进程,响应、处理请求,提供服务的计算机进程叫作服务器进程。

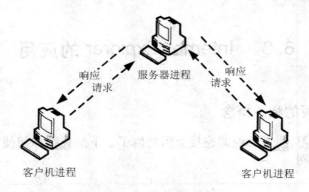

图 6-4　C/S 结构的进程通信

因特网中常见的 C/S 结构应用有 Telnet 远程登录、FTP 文件传送服务、HTTP 超文本传送服务、DNS 域名服务等。

6.2.3　接入因特网

【了解】接入因特网的 3 种技术：ADSL、ISP、无线连接。

因特网接入方式通常有专线连接、局域网连接、无线连接和电话拨号 4 种。对众多个人用户和小单位来说，使用 ADSL 方式拨号连接是最经济、简单、采用最多的一种接入方式。而无线连接也成为当前流行的一种接入方式，给网络用户提供了极大便利。

下面介绍接入因特网的 3 种技术。

（1）ADSL

ADSL（非对称数字用户线）是目前用电话线接入因特网的主流技术，这种接入技术的非对称性体现在上、下行速率的不同，高速下行信道速率一般在 1.5～8 Mbit/s，低速上行速率一般在 16～640 kbit/s。

采用 ADSL 接入因特网，除了需要一台带有网卡的计算机和一条直拨电话线外，还需向电信部门申请 ADSL 业务，由相关服务部门负责安装话音分离器、ADSL 调制解调器和拨号软件。

（2）ISP

要接入因特网，需要寻找一个合适的因特网服务提供方（Internet Service Provider，ISP）。ISP 一般提供分配 IP 地址、网关、DNS、联网软件、各种因特网服务、接入服务等。

（3）无线连接

架设无线网需要一台无线 AP。通过无线 AP，装有无线网卡的计算机或无线设备就可以快速、方便地接入因特网。普通的小型办公室、家庭，有一个无线 AP 就已经足够，几个邻居之间也可以共享一个无线 AP，共同上网。

几乎所有的无线网络都在某一个点上连接到有线网络中，以便访问 Internet。无线 AP 就像一个简单的有线交换机一样，将计算机和 ADSL 或有线局域网连接起来，达到接入因特网的目的。例如，无线 ADSL 调制解调器兼具无线局域网和 ADSL 的功能，只要将电话线接入无线 ADSL 调制解调器，即可享受无线网络和因特网的各种服务。

6.3 Internet Explorer 的应用

6.3.1 浏览网页的相关概念

学习提示
【应用】识别合法的 URL。

通过上一节的学习，我们已经能连接上因特网了。下面介绍如何使用浏览器来漫游因特网。

1. 万维网

万维网(World Wide Web,WWW)能把各种各样的信息(图像、文本、声音和影像)有机地结合起来，方便用户阅读和查找。

例如，我们在网上浏览一部电影的介绍，首先看到的是有关这部电影内容的文字介绍(称为文本格式)。如果想进一步了解其他内容，如演员的情况及照片，可以试一下能否单击这个演员的名字。如果可以单击(通常是鼠标指针形状变为 ♨)，就说明这里包含一个有关这个演员信息的"链接"，单击后便可以浏览一些该演员的信息。我们称这个链接为"超链接"(Hyperlink)。

不仅如此，我们还可以收听这部电影的主题音乐并观看部分片段，这样就可以全方位、多角度地浏览包括文本格式在内的各种信息。这种不仅包含文本信息，而且包含声音、图像、视频等多媒体信息及超链接的文件称之为超文本(Hypertext)，它的浏览过程如图 6-5 所示。图中的黑点表示超链接的源文件，箭头所指为超链接的目标文件。单击源文件，即可载入超链接的目标文件。

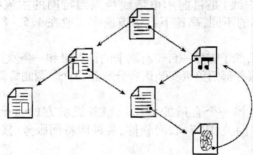

图 6-5 超文本文件的浏览信息

简单地说，浏览 WWW 就是浏览存放在 WWW 服务器上的超文本文件——网页(Web 页)。它们一般由超文本标记语言(HTML)编写而成，并在超文本传送协议(HTTP)的支持下运行。一个网站通常包含许多网页，其中网站的第一个网页称为首页(或称为主页)，它主要体现该网站的特点和服务项目，起到目录的作用。WWW 中的每一个网页都对应唯一的地址，由 URL 来表示。

 请注意　　超链接是指向其他网页的链接，它将原本不连续的两段文字或两个文件(或主页)联系起来。HTML 是用来创建超文本文档的简单标记语言。由 HTML 创建的文件是简单的 ASCII 文本文件，其中嵌入的代码(由标记表示)表示格式和超文本链接，这些文档可以从一个操作平台移植到另一个操作平台。
HTTP 的主要功能是在网络上传输各种各样的超文本文件。

2 统一资源定位器

统一资源定位器（Uniform Resource Locater，URL）是把 Internet 中的每个资源文件统一命名的机制，又称为网页地址（或网址），用来描述 Web 页的地址和访问它时所用的协议。URL 包括所使用的传输协议、服务器名称和完整的文件路径名。例如，我们在浏览器中输入以下 URL。

https://www.ptpress.com.cn/p/z/1523255307009.html

浏览器就会明白需要使用 HTTP，从域名为 ptpress.com.cn（人民邮电出版社有限公司）的 WWW 服务器中寻找"p/z"子目录下的"1523255307009.html"超文本文件。这个网址的 URL 结构如下。

https://	www.ptpress.com.cn	/ p/z /	1523255307009.html
协议名	IP 地址或域名	文件路径	文件名

3 浏览器

浏览器是用于实现包括 WWW 浏览功能在内的多种网络功能的应用软件，是用来浏览 WWW 上丰富信息资源的工具。它能够把超文本标记语言描述的信息转换为便于理解的形式，还可以把用户对信息的请求转换为网络计算机能够识别的命令。

要浏览 Web 页，就必须在计算机上安装一个浏览器。浏览器有许多种，常见的有 Microsoft 公司的 Internet Explorer（IE）、Netscape 公司的 Navigator 和 360 浏览器等。

4 文件传送协议（FTP）

FTP 是因特网提供的基本服务。FTP 在 TCP/IP 体系结构中位于应用层。FTP 使用 C/S 模式工作，一般在本地计算机上运行 FTP 客户机软件，由这个客户机软件实现与因特网上 FTP 服务器之间的通信。在 FTP 服务器程序允许用户进入 FTP 站点并下载文件之前，必须使用 FTP 账号和密码进行登录。一般专有的 FTP 站点只允许使用特许的账号和密码登录。

6.3.2 初识 IE

Internet Explorer 一般缩写为 IE，是最常用的 Web 网页浏览器之一，下面以 IE 9.0 为例学习 IE 的基本操作。

1 IE 的启动和关闭

（1）IE 的启动

方法 1：单击"开始"按钮 ![] ，选择"所有程序"→"Internet Explorer"命令。

方法 2：单击任务栏中的"Internet Explorer"按钮 ![] 。

方法 3：双击桌面上的 IE 快捷方式图标 ![] 。

（2）IE 的关闭

方法 1：单击窗口右上角的"关闭"按钮 ![] 。

方法 2：在窗口左上角单击鼠标右键，在弹出的快捷菜单中选择"关闭"命令。

方法 3：按"Alt"+"F4"组合键。

方法 4：单击"文件"→"退出"命令。

方法 5：使用鼠标右键单击任务栏中的 IE 图标 ![] ，在弹出的快捷菜单中选择"关闭窗口"命令。

2 熟悉 IE 的窗口

IE 窗口的组成与 Windows 应用程序窗口组成类似。下面以百度主页为例，介绍 IE 9.0 窗口的独特之处，如图 6-6 所示。

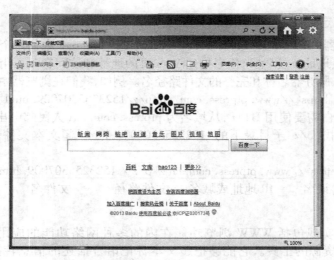

图 6-6　IE 9.0 的窗口

(1) 窗口控制按钮

在窗口的右上角,有 3 个 IE 窗口控制按钮,分别为"最小化"按钮、"最大化"按钮（或"还原"按钮）和"关闭"按钮。

(2) 地址栏与搜索栏

在地址栏输入是与 IE 进行交流的直接途径。用户可以在地址栏输入网址（URL）、文档路径访问网页,或者在地址栏输入关键字进行搜索。

(3) 选项卡

IE 9.0 是一个选项卡式的浏览器,可以在一个窗口中同时打开多个网页。如果有多个选项卡,关闭窗口时会提示"关闭所有选项卡"或"关闭当前的选项卡",如图 6-7 所示。

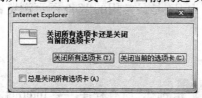

图 6-7　IE 9.0 的窗口关闭提示

(4) 页面浏览界面

页面浏览界面是浏览器的核心部分,用来显示网页内容。启动 IE 后,系统会在这里自动打开一个页面,该页面就是我们所说的主页。

与旧版本 IE 6、IE 7 不同的是,IE 9.0 界面上不直接显示菜单栏、收藏夹栏、命令栏、状态栏等,若要显示这些工具栏,用户可以在浏览窗口上方空白区域单击鼠标右键或在窗口左上角单击鼠标左键,弹出图 6-8 所示的快捷菜单。在其中选择需要显示的工具栏即可。

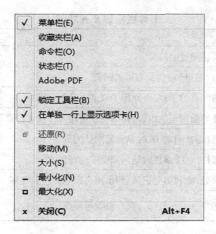

图 6-8　IE 9.0 显示工具栏菜单

请注意　主页是可以通过"Internet 选项"对话框更改的。

6.3.3　浏览页面

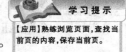

【应用】熟练浏览页面,查找当前页的内容,保存当前页。

在 Internet 上的操作主要是浏览页面。浏览页面是没有固定顺序的。浏览网页的基本操作如下。

① 输入 Web 地址

将光标移到地址栏内,输入 Web 地址即可。IE 为地址输入提供了许多方便。

● 不必输入像 "http://" "ftp://" 这样的开始部分,IE 会自动补上。

● 只要输入一次网址,IE 就会记忆它,再次输入时,只需输入前几个字符,IE 就会搜索保存过的地址,并把前几个字符与输入字符吻合的地址罗列出来,用户只需从中选定并单击,不必输入完整的 URL。

● 单击地址栏右侧的下拉按钮 ,弹出曾经浏览过的 Web 页地址表。选择所需的地址相当于输入了地址。

输入 Web 地址后,按 "Enter" 键或单击地址栏右侧的→按钮,就可转到相应的网站页面。

② 浏览页面

网页中有链接的文字或图片或许显现不同的颜色,或许有下划线,把鼠标指针放在其上,指针形状会变成 。单击该链接,IE 就会转到链接的内容上。

IE 工具栏为用户快速浏览网页和执行相关操作提供了诸多便利,熟悉工具栏中的按钮能使"网上冲浪"更加得心应手。工具栏按钮及其功能如表 6-2 所示。

表 6-2　　　　　　　　　　　　　　　工具栏按钮及其功能

工具栏按钮	名称	功能
	后退	返回上次访问过的网页
	前进	返回单击"后退"按钮前看过的网页
	停止	停止当前网页的下载，一般用于取消查看某一网页
	刷新	用于更新当前网页的内容，相当于重新输入一次该网页的 URL
	主页	返回主页（每次启动 IE 时显示的默认网页）
	搜索	打开搜索栏，在搜索栏内输入关键字进行搜索
	收藏中心	显示收藏夹、源和历史记录，列出用户收藏的网页链接
	工具	对打开的网页进行打印、缩放、查找等操作

3　查找页面内容

Web 页的内容非常丰富，但当内容（尤其是文本内容）多到眼花（如一般网站的首页）时，要浏览某特定内容就成为一个大问题。这时就要用到 IE 提供的在当前页查找的功能。

单击"编辑"→"在此页上查找"命令，或者按"Ctrl"+"F"组合键，打开查找栏，如图 6-9 所示。在"查找"文本框中输入要查找的关键字（如"迪士尼"），单击"下一个"按钮。IE 窗口会自动滚到与关键字匹配的部分，并高亮显示关键字。若此部分内容不是想浏览的内容，可再次单击"下一个"按钮。

图 6-9　查找栏

请注意　　如果没有菜单栏，可以使用鼠标右键单击浏览窗口上方空白处，在弹出的快捷菜单中选择"菜单栏"。

4　Web 页面的保存和阅读

浏览过程中可以将一些精彩或有价值的页面保存下来，以便慢慢阅读或复制到其他地方。

（1）保存 Web 页

保存全部 Web 页的操作步骤如下。

步骤1　打开要保存的 Web 页面。

步骤2　单击"文件"→"另存为"命令，打开"保存网页"对话框。

步骤3　选择要保存文件的路径。

步骤4　在"文件名"文本框内输入文件名。

步骤5　根据需要从"网页，全部""Web 档案，单个文件""网页，仅 HTML""文本文件"4 类中选择一种保存类型。

步骤6　单击"保存"按钮。

（2）打开已保存的 Web 页

对已经保存的 Web 页，可以直接在本机上浏览，操作步骤如下。

步骤1　单击"文件"→"打开"命令，打开"打开"对话框。

步骤2　在"打开"对话框的"打开"文本框中输入已保存的 Web 页的路径，也可以单击"浏览"按钮，直接从文件夹目录中指定所要打开的 Web 页文件。

步骤3　指定了要打开的 Web 页文件后，单击"打开"按钮，打开指定的 Web 页。

（3）保存部分 Web 页内容

如果要保存 Web 页上的部分信息,可以运用"Ctrl"+"C"(复制)和"Ctrl"+"V"(粘贴)组合键进行保存,具体的操作步骤如下。

步骤1 选定想要保存的页面内容。
步骤2 按"Ctrl"+"C"组合键,将选定的内容复制到剪贴板。
步骤3 打开一个空白的 Word 文档,按"Ctrl"+"V"组合键,将剪贴板中的内容粘贴到文档中。
步骤4 保存文档。

请注意 不使用记事本,是因为记事本不会保存 Web 页面上的字体、样式和超链接。

（4）保存图片、音频等文件

WWW 网页内容非常丰富,用户还可以保存一些图片,操作步骤如下。

步骤1 在图片上单击鼠标右键。
步骤2 在弹出的快捷菜单上选择"图片另存为"命令,打开"保存图片"对话框。
步骤3 选择要保存图片的路径,并输入图片的名称。
步骤4 单击"保存"按钮。

因特网上的超链接都指向一个资源,这个资源可以是一个 Web 页面,也可以是声音文件、视频文件、压缩文件等。下载并保存这些资源的具体操作步骤如下。

步骤1 在超链接上单击鼠标右键。
步骤2 在弹出的快捷菜单上选择"目标另存为"命令,打开"另存为"对话框。
步骤3 选择要保存文件的路径,输入文件名称。
步骤4 单击"保存"按钮。

此时,IE 窗口底部会出现一个下载传输状态对话框,其中包括下载完成百分比、估计剩余时间、暂停、取消等信息,如图 6-10(a)所示。若同时下载了多个文件,可以单击"查看下载"按钮查看所有下载文件的状态,如图 6-10(b)所示。

(a)下载状态

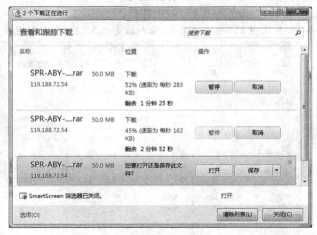

(b)查看下载任务

图 6-10 IE 9.0 文件下载窗口

5 更改主页

主页是指每次启动 IE 后最先显示的某个页面。更改主页的操作步骤如下。

步骤1 打开 IE 窗口。

步骤2 单击"工具"→"Internet 选项"命令，打开"Internet 选项"对话框。

步骤3 系统默认打开"常规"选项卡，如图6-11所示。

步骤4 在"主页"选项组中单击"使用当前页"按钮，上方的文本框中就会显示当前 IE 浏览的 Web 页地址。还可以在文本框中输入想设置为主页的页面地址。

步骤5 设置好主页地址后，要单击"确定"或"应用"按钮，如图 6-11 所示。单击"确定"按钮会关闭"Internet 选项"对话框，而单击"应用"按钮会使之前所做的更改生效，但是不会关闭"Internet 选项"对话框，以便用户继续更改其他选项。

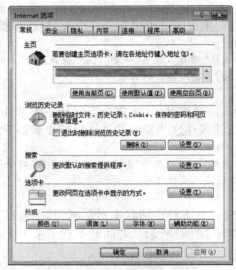

图 6-11　"Internet 选项"对话框

6 收藏夹的使用

(1) 将 Web 页面地址添加到收藏夹

将 Web 页面地址添加到收藏夹的操作步骤如下。

步骤1 打开 Web 页面，单击 IE 中的"查看收藏夹、源和历史记录"按钮★，如图 6-12 所示。

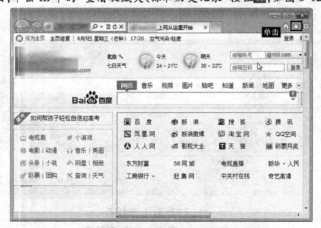

图 6-12　单击"查看收藏夹、源和历史记录"按钮

步骤2 在弹出的下拉列表中单击"添加到收藏夹"按钮,如图6-13所示。

步骤3 弹出"添加收藏"对话框,单击"添加"按钮,即可将Web页面地址添加到收藏夹,如图6-14所示。

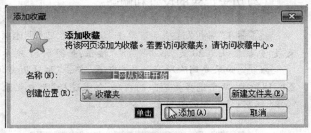

图6-13 单击"添加到收藏夹"按钮　　　　　图6-14 "添加收藏"对话框

(2)使用收藏夹中的地址

收藏地址是为了方便使用。单击IE上的"查看收藏夹、源和历史记录"按钮★,在打开的下拉列表中单击"收藏夹"选项卡,选择所需要的Web页名称并单击,即可转向相应的Web页面,如图6-15所示。

(3)整理收藏夹

当收藏夹中的网页地址越来越多时,为了便于查找和使用,需要对其进行整理。在"收藏夹"选项卡中,使用鼠标右键单击文件夹或Web页,在弹出的快捷菜单中可以进行相应操作(如单击"删除"命令),使收藏夹中的网页地址存放得更有条理,如图6-16所示。

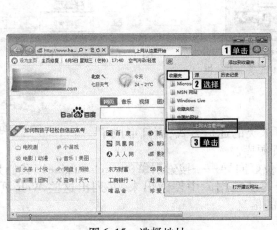

图6-15 选择地址　　　　　　　图6-16 整理收藏夹

7 "历史记录"的使用

IE会自动将浏览过的网页地址按日期先后保留在历史记录中,以备查用。用户可以设置历史记录保留期限(天数)的长短,也可以随时删除历史记录。

(1)历史记录的浏览

步骤1 在IE窗口上单击★按钮,打开下拉列表。

241

步骤2 在下拉列表中单击"历史记录"选项卡。历史记录的排列方式包括按日期查看、按站点查看、按访问次数查看、按今天的访问顺序查看以及搜索历史记录。

步骤3 在默认的"按日期查看"方式下,单击指定日期,进入下一级文件夹。

步骤4 单击希望选择的网页文件夹图标。

步骤5 单击访问过的网页地址图标,就可以打开此网页进行浏览。

(2)历史记录的设置和删除

步骤1 在IE窗口上单击"工具"→"Internet选项"命令,打开"Internet选项"对话框。

步骤2 在"常规"选项卡下单击"浏览历史记录"选项组中的"设置"按钮,打开设置对话框,在下方输入天数,系统默认为20天,单击"确定"按钮,如图6-17所示。

步骤3 如果要删除所有的历史记录,单击"浏览历史记录"选项组中的"删除"按钮,打开确认对话框,如图6-18所示,从中选择要删除的内容,如果选择"历史记录"复选框,单击"删除"按钮,就可以清除所有的历史记录(注意:这个删除操作会立刻生效)。

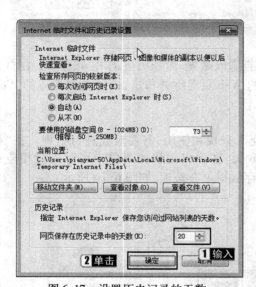

图 6-17 设置历史记录的天数

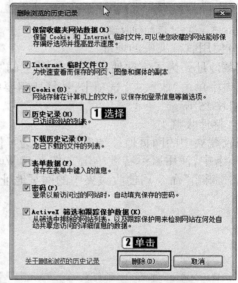

图 6-18 删除历史记录

步骤4 单击"确定"按钮,关闭"Internet选项"对话框。

6.3.4 信息的搜索

【掌握】信息的搜索方式。

Internet发展到今天,不但改变了人类的通信方式,而且形成了一个上知天文、下知地理、无所不包的信息资源库。

本小节简单介绍Internet上的一位好向导——搜索引擎(Search Engine),我们只要给出查询条件,它就能把符合查询条件的资料从数据库中搜索出来,并列出这些Web页的地址表。只要链接这些地址,就可以找到所需的信息。

1 IE中的搜索引擎

IE窗口的上方为搜索引擎,在文本框中输入要搜索的文本,单击 🔍 按钮开始搜索。搜索完成后,窗口就会显示搜索结果,如图6-19所示。

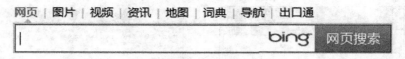

图 6-19　IE 搜索引擎

② 常用的搜索引擎

　　Internet 上有许多搜索引擎站点，如众所周知的谷歌、雅虎等。同样，Internet 在我国发展到今天，也产生了许多有影响的中文搜索引擎站点，如百度等。它们的搜索方法与 IE 的搜索方法类似，且各搜索引擎还有高级搜索功能，可缩小检索范围。图 6-20 和图 6-21 所示分别为百度和 360 搜索的网站首页。

图 6-20　百度网站　　　　　　　　　图 6-21　360 搜索网站

6.3.5　使用 FTP 传输文件

学习提示

【了解】使用 FTP 传输文件。

　　IE 除可以用于浏览网页之外，还可以用于以 Web 方式访问 FTP 站点。如果访问的是匿名 FTP 站点，则可以自动匿名登录。
　　使用 IE 访问 FTP 站点并下载文件的操作步骤如下。
　　步骤1 打开 IE，在地址栏中输入要访问的 FTP 站点地址，按"Enter"键。

　　请注意　　因为要浏览的是 FTP 站点，所以 URL 的协议部分应该输入 ftp。

　　步骤2 如果该站点不是匿名站点，则 IE 会提示输入用户名和密码，然后登录；如果是匿名站点，IE 会自动匿名登录，登录成功后的界面如图 6-22 所示。
　　另外，也可以在 Windows 资源管理器中查看 FTP 站点，操作步骤如下。
　　步骤1 在"开始"按钮上单击鼠标右键，在弹出的快捷菜单中选择"打开 Windows 资源管理器"命令，或在桌面上找到"计算机"图标并双击。
　　步骤2 在地址栏中输入 FTP 站点地址，按"Enter"键，如图 6-23 所示，就和访问本机的资源管理器一样。

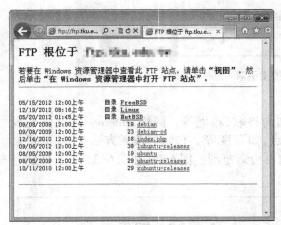
图 6-22 浏览 FTP 站点

图 6-23 用 Windows 资源管理器访问 FTP 站点

步骤3 当有文件或文件夹需要下载时,可以在该文件或文件夹的图标上单击鼠标右键,在弹出的快捷菜单中选择"复制到文件夹"命令,如图 6-24 所示。

步骤4 弹出"浏览文件夹"对话框,在该对话框中选择要复制到的目的文件夹(如"公用"文件夹),然后单击"确定"按钮,关闭对话框,如图 6-25 所示。

图 6-24 选择"复制到文件夹"命令

图 6-25 选择目的文件夹

步骤5 IE 会弹出"正在处理"对话框,如图 6-26 所示,在这个对话框中,可以看到复制的文件名称、复制到的文件夹名称以及下载进度条和估算的剩余时间。

图 6-26 "正在处理"对话框

步骤6 复制完成后,"正在处理"对话框会自动关闭,然后打开目的文件夹,就可以看到文件已经被下载到本地磁盘中了,如图6-27所示。

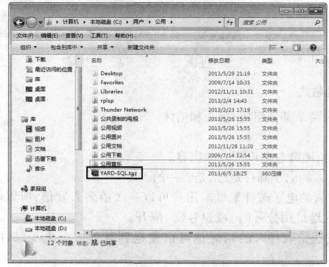

图6-27 复制完成

6.4 电子邮件

我们常常会听到"伊妹儿"这一新词汇,它是电子邮件的英文E-mail的谐音。电子邮件是一种用电子手段提供信息交换的通信方式,是Internet应用最广的服务之一,本节将对其进行简单介绍。

【熟记】如何创建Outlook账户以及发送、接收、阅读和转发邮件。

6.4.1 E-mail 概述

在Internet上,电子邮件(E-mail)是一种通过计算机网络与其他用户联系的电子式邮政服务,也是当今使用最广泛而且最受欢迎的网络通信方式之一。通过Internet的电子邮件系统,我们可以向世界任何一个角落的朋友写信,不仅可以发送文字信息,还可以发送各种声音、图像、影像等多媒体信息。许多人对网络的认识都是从发送和接收电子邮件开始的。

1 电子邮件地址

E-mail要在浩瀚无边的Internet上传递,并能准确无误地到达收件人手中,对方必须有一个全世界唯一的地址,这个地址就是电子邮件地址,电子邮箱就是用该地址标识的。Internet的电子邮件地址是一串英文字母和特殊符号的组合,由"@"分成两部分,中间不能有空格和逗号。它的一般形式如下。

Username@ hostname

其中,"Username"是用户申请的账号,即用户名,通常由用户的姓名或其他具有用户特征的标识命名。符号"@"读作"at",翻译成中文是"在"的意思。"hostname"是邮件服务器的域名,即主机名,用来标识服务器在Internet中的位置,简单地说就是用户在邮件服务器上的邮箱所在。因此,用公式表示电子邮件地址的格式如下。

$$电子邮件地址=用户名+@+邮件服务器名.域名$$

请思考 "em.hxing.com@wang"、"wang At em.hxing.com"和"wang@em.hxing.com"都是合法的电子邮件地址吗?

2 电子邮件的格式

电子邮件一般由两个部分组成:信头和信体。

(1)信头

信头相当于信封,通常包括以下几项内容。

- 发送人:发送人的电子邮件地址,是唯一的。
- 收件人:收件人的电子邮件地址。用户可以一次给多人发信,所以收件人的地址可以有多个。多个收件人地址用分号(;)或逗号(,)隔开。
- 抄送:表示发送给收件人的同时也可以发送到其他人的电子邮件地址,可以是多个地址。
- 主题:电子邮件的标题。

作为可以被发送的电子邮件,必须包括"发送人""收件人""主题"3个部分。

(2)信体

信体相当于电子邮件的内容,可以是单纯的文字,也可以是超文本,还可以包含附件。

3 电子邮箱

电子邮箱是我们在网络上保存邮件的存储空间,一个电子邮箱对应一个电子邮件地址,有了电子邮箱才能收发邮件。现在许多网站提供了电子邮箱服务,有的需要付费,有的是免费的,我们可以通过申请获得个人免费邮箱。

6.4.2 Outlook 2016 的基本设置

1 启动 Outlook 2016

用户可以通过两种方法启动 Outlook 2016,下面将介绍如何启动 Outlook 2016。

(1)利用"开始"菜单启动 Outlook 2016

单击 Windows 任务栏上的"开始"→"所有程序"→"Outlook"命令,即可启动 Outlook 2016。

(2)利用快捷方式图标启动 Outlook 2016

单击 Windows 任务栏上的"开始"→"所有程序",使用鼠标右键单击"Outlook"图标,在弹出的快捷菜单中选择"发送到"命令,在弹出的子菜单中选择"桌面快捷方式"命令。然后双击桌面上的快捷方式图标,即可启动 Outlook 2016。

2 创建 Outlook 账户

启动 Outlook 2016 时,用户需要先创建账户,下面介绍如何创建 Outlook 账户(这里以添加 QQ 邮箱账户为例),其具体的操作步骤如下。

步骤1 启动 Outlook 2016，单击"文件"，在"文件"菜单中单击"信息"命令，单击"账户信息"界面中的"添加账户"按钮，如图 6-28 所示。

步骤2 在弹出的对话框中输入要添加的电子邮件地址，单击"高级选项"，选择"让我手动设置我的账户"复选框，单击"连接"按钮，如图 6-29 所示。

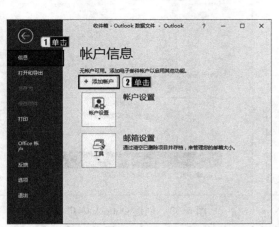 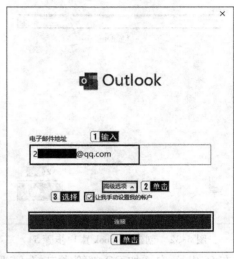

图 6-28　创建 Outlook 账户步骤 1　　　图 6-29　创建 Outlook 账户步骤 2

步骤3 在弹出的对话框中单击"pop"按钮，选择 pop 协议邮箱，如图 6-30 所示。

步骤4 在弹出的对话框中分别输入"接收邮件"和"待发邮件"服务器的地址及端口，并选择"接收邮件"选项组中的"此服务器要求加密连接(SSL/TLS)"复选框，设置"待发邮件"选项组中的"加密方法"为"SSL/TLS"，单击"下一步"按钮，如图 6-31 所示。

图 6-30　创建 Outlook 账户步骤 3　　　图 6-31　创建 Outlook 账户步骤 4

步骤5 在弹出的对话框中输入邮箱的密码，单击"连接"按钮，如图 6-32 所示，Outlook 会使用创建的账户向用户发送一封测试邮件。

步骤6 在弹出的对话框中单击"已完成"按钮,如图6-33所示。

图6-32 创建Outlook账户步骤5　　　图6-33 创建Outlook账户步骤6

在Outlook中添加QQ邮箱账户前,需要开启"POP3/SMTP服务",操作步骤:登录网页版QQ邮箱,单击"设置",打开"邮箱设置"界面,切换到"账户"选项卡,找到"POP3/SMTP服务",单击右侧的"开启",按照弹出的提示发送信息。开启后如图6-34所示。

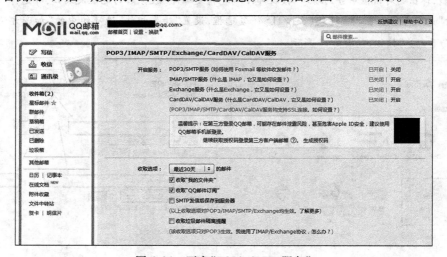

图6-34 开启"POP3/SMTP服务"

③ 发送邮件

在发送邮件之前,必须要先建立邮件,编辑好要发送的邮件之后,就可以发送邮件了,其具体的操作步骤如下。

步骤1 启动Outlook 2016,单击"开始"功能区标签,在"新建"组中单击"新建电子邮件"按钮,如图6-35所示。

步骤2 执行该命令后，将会弹出一个邮件编辑界面，如图6-36所示。

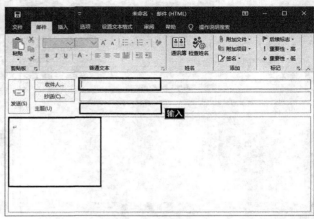

图6-35 单击"新建电子邮件"按钮　　　　　　图6-36 邮件编辑界面

步骤3 在邮件编辑界面中的"收件人"文本框中输入收件人的电子邮件地址，在"主题"文本框中输入邮件的主题，在邮件正文区中输入邮件的内容，效果如图6-37所示。

步骤4 创建好邮件后，在邮件编辑界面中单击"发送"按钮，如图6-38所示。

图6-37 创建邮件　　　　　　　　　　　　　图6-38 单击"发送"按钮

4 接收邮件

如果想接收邮件，其具体的操作步骤如下。

连接Internet，在Outlook 2016中切换到"发送/接收"功能区，在"发送和接收"组中单击"发送/接收所有文件夹"按钮，如图6-39所示。

如果用户有多个账号，则在单击"发送/接收所有文件夹"按钮之后，Outlook会依次接收各个账号下的邮件。如果只想接收某一个账号下的邮件，可切换到"发送/接收"功能区，在"发送和接收"组中单击"发送/接收组"按钮，在弹出的下拉列表中选择相应的账号（如选择"定义发送/接收组"选项），如图6-40所示。

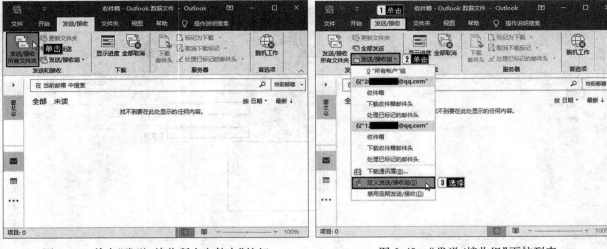

图 6-39　单击"发送/接收所有文件夹"按钮　　　　图 6-40　"发送/接收组"下拉列表

5. 阅读邮件

在 Outlook 2016 中单击"收件箱"文件夹,打开"收件箱"界面,其中显示了邮件的发送人、发送时间和邮件主题,在其右侧将会显示邮件的内容,如图 6-41 所示。如果用户觉得显示的内容不够直观,可以双击邮件主题,即可打开一个界面,用户可以在该界面中查看邮件,如图 6-41 和图 6-42 所示。

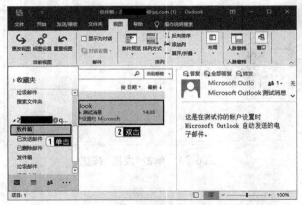

图 6-41　收件箱　　　　　　　　　　　　图 6-42　查看邮件

6. 答复邮件

如果用户阅读完邮件后需要答复邮件,可以在邮件窗口中切换到"邮件"功能区,在"响应"组中单击"答复"按钮,如图 6-43 所示。在答复邮件界面中,在"收件人"文本框中显示答复人的地址,在"主题"文本框中输入答复的主题,然后输入邮件答复的内容,如图 6-44 所示。

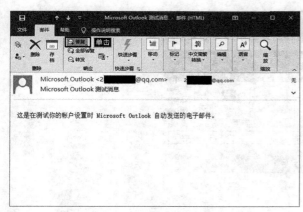
　　图 6-43　单击"答复"按钮

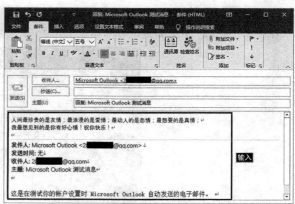
　　图 6-44　答复邮件

 请注意　　如果要答复全部邮件,可以在"邮件"功能区中单击"响应"组中的"全部答复"按钮。

7 转发邮件

用户可将收到的邮件转发给其他人,其具体的操作步骤如下。

步骤1 在收件箱中选择要转发的邮件。

步骤2 切换到"开始"功能区,在"响应"组中单击"转发"按钮,此时会在右侧的邮件编辑界面中打开该邮件。

步骤3 在"收件人"文本框中输入转发到的地址,然后单击"发送"按钮即可转发该邮件。

8 创建联系人

在 Outlook 2016 中,为了使用户可以轻松地找到特定的联系人,可以在 Outlook 2016 中添加经常联系的电子邮件地址,下面将介绍如何添加联系人,具体的操作步骤如下。

步骤1 启动 Outlook 2016,在导航窗格中单击"人员"按钮,在"开始"功能区中的"新建"组中单击"新建联系人"按钮,如图 6-45 所示。

步骤2 在弹出的界面中输入联系人的相关信息,输入后的效果如图 6-46 所示。

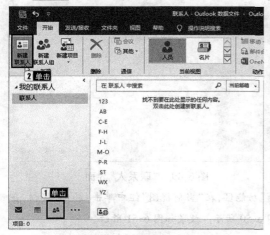
　　图 6-45　单击"新建联系人"按钮

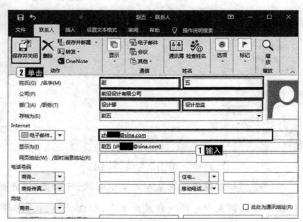
　　图 6-46　输入联系人的信息

步骤3 输入完成后，在"联系人"功能区中的"动作"组中单击"保存并关闭"按钮，单击该按钮后，即可保存联系人的信息，效果如图 6-47 所示。用户可以使用同样的方法添加其他联系人。

图 6-47 创建联系人后的效果

9 查看联系人信息

在 Outlook 2016 中，用户可以查看联系人的信息，下面将介绍如何查看联系人的信息，具体的操作的步骤如下。

步骤1 打开 Outlook 2016，在导航窗格中单击"人员"按钮，如图 6-48 所示。

步骤2 单击该按钮后，会切换到"联系人"界面中，其默认以"人员"布局显示出所有联系人的信息，如图 6-49 所示。

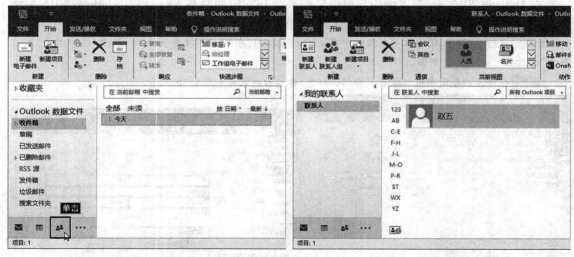

图 6-48 单击"人员"按钮　　　　　图 6-49 "联系人"界面

步骤3 如果要修改联系人的显示形式，可切换到"开始"功能区，在"当前视图"组中单击"其他"按钮，在弹出的下拉列表中选择一种显示方式，如选择"列表"，如图 6-50 所示。效果如图 6-51 所示。

步骤4 如果需要查看联系人的信息，可在联系人所在的位置双击，结果如图 6-52 所示。

因特网基础与简单应用 第6章

图 6-50 选择"列表"

图 6-51 以列表的形式显示

图 6-52 查看联系人的信息

10 插入附件

下面将介绍如何插入附件,其具体的操作步骤如下。

步骤1 启动 Outlook 2016,切换到"开始"功能区,在"新建"组中单击"新建电子邮件"按钮,如图 6-53 所示。

步骤2 在弹出的界面中切换到"邮件"功能区,在"添加"组中单击"附加文件"按钮,如图 6-54 所示,在弹出的下拉列表中选择"浏览此电脑"命令。

图 6-53 单击"新建电子邮件"按钮

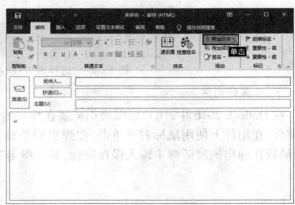

图 6-54 单击"附加文件"按钮

253

步骤3 在弹出的对话框中选择插入的文件,单击"打开"按钮,如图6-55所示。

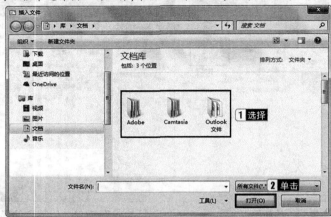

图6-55 "插入文件"对话框

步骤4 在返回的界面中输入"收件人"和"主题",单击"发送"按钮即可。

11 抄送与密件抄送

抄送是指用户在发送给收件人邮件的同时,再向另一人(或几个人)同时发送该邮件,收件人从邮件中知道用户都把邮件抄送给了谁。

密件抄送与抄送的传送过程基本相同,但是,邮件会按照密件的原则,将传送给收件人的邮件信息中的"抄送"隐藏。收件人无法知道用户都把邮件发给了谁,收件人只知道用户将邮件发给了他一个人,也就是把抄送对象保密起来。

用户可以在写好邮件后,单击"抄送"按钮,在弹出的对话框中选择联系人,然后单击"抄送"或"密件抄送"按钮,如图6-56所示,添加完成后,单击"确定"按钮即可。

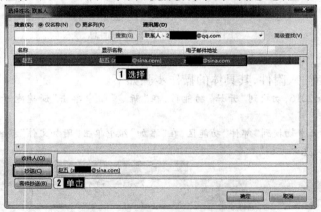

图6-56 "选择姓名:联系人"对话框

12 保存附件

在Outlook 2016中,用户可以根据需要在接收的邮件中将附件保存下来,如打开带有附件的邮件,在附件上使用鼠标右键单击,在弹出的快捷菜单中选择"另存为"命令,如图6-57所示,最后在弹出的对话框中输入保存路径,最后单击"保存"按钮即可,如图6-58所示。

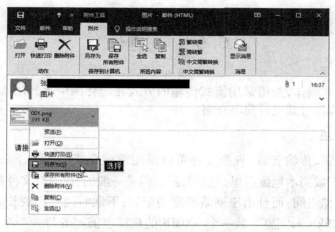

图 6-57　选择"另存为"命令

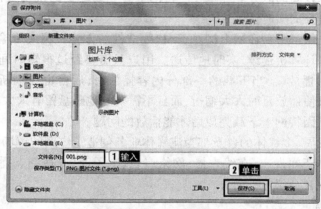

图 6-58　指定保存路径

除此之外，用户还可以在要保存的附件上使用鼠标右键单击，在弹出的快捷菜单中选择"保存所有附件"命令，如图 6-59 所示，然后在弹出的对话框中选择要保存的多个附件，如图 6-60 所示，单击"确定"按钮，再在弹出的对话框中指定保存路径，然后单击"确定"按钮即可。

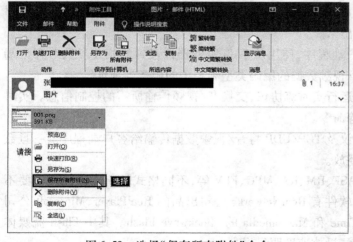

图 6-59　选择"保存所有附件"命令

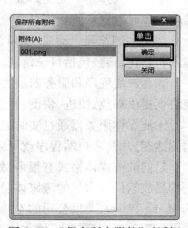

图 6-60　"保存所有附件"对话框

6.5 流媒体

流媒体又称流式媒体,是指采用流式传输的方式在因特网中播放的一种媒体格式,本节将对其进行简单介绍。

学习提示
【了解】流媒体的基本概念以及原理。

1 流媒体概述

在因特网上浏览、传输音频、视频文件可以采用前面介绍的 FTP 下载方式,先把文件下载到本地磁盘里,然后播放。但是一般的音/视频文件都比较大,需要本地硬盘留有一定的存储空间,而且由于网络带宽的限制,下载时间也比较长。用 ADSL 上网,即使下载速率达到 120kb/s,完整下载一个 500MB 的视频也需要等待一个多小时。所以这种方式不适用实时性要求较高的服务。如果在因特网上看一场球赛的现场直播,等全部下载完成后再观看就失去了直播的实时性。

流媒体为人们提供了一种在网上浏览音/视频文件的方式。流式传输时,音/视频文件由流媒体服务器向用户计算机连续、实时地传送。用户只需要经过很短时间的启动延时即可进行观看,即"边下载边播放"。当下载的一部分内容播放时,后台也在不断下载文件的剩余部分。流媒体方式不仅使播放延时大大缩短,而且不需要本地磁盘留有太大的缓存容量,避免了必须等待整个文件从因特网上下载完成后才能播放的问题。

因特网的迅猛发展、多媒体的普及都为流媒体业务创造了广阔的市场。如今,流媒体技术已广泛应用于多媒体新闻发布、在线直播、网络广告、电子商务、视频点播、远程教育、远程医疗、网络电台、实时视频会议等方面。

2 流媒体原理

实现流媒体需要两个条件:合适的传输协议和缓存。使用缓存的目的是消除延时和抖动的影响,保证数据包顺序正确,使流媒体数据按顺序输出。

流式传输的大致过程如下。

①用户选择一个流媒体服务器后,Web 浏览器与 Web 服务器之间交换控制信息,把需要传输的实时数据从原始信息中检索出来。

②Web 浏览器启动音/视频客户端程序,使用从 Web 服务器检索到的相关参数对客户端程序初始化,参数包括目录信息、音/视频数据的编码类型和相关的服务器地址等。

③客户端程序和服务器端之间运行实时流协议,交换音/视频传输所需的控制信息。实时流协议提供播放、快进、快倒、暂停等命令。

④流媒体服务器通过实时流协议及 TCP/UDP 将音/视频数据传输给客户端程序。一旦数据到达客户端,客户端程序就可以播放。

目前的流媒体格式有很多,如 ASF、RM、RA、MPG、FLV 等,不同格式的流媒体文件需要不同的播放软件。常见的流媒体播放软件有 RealNetworks 公司出品的 RealPlayer、Microsoft 公司的 Media Player、苹果公司的 QuickTime 和 Macromedia 的 Shockwave Flash。其中 Flash 流媒体技术使用矢量图形技术,使文件下载、播放速度明显提高。

3 在因特网上播放流媒体

越来越多的网站都提供了在线播放音/视频的服务，如新浪播客、优酷、56视频、酷6网等。下面以优酷为例介绍在因特网上播放流媒体的操作步骤。

步骤1 打开 IE，在地栏址中输入优酷网址。

步骤2 按"Enter"键进入优酷主页，用户在主页中可以看到一些推荐视频，也可以在搜索栏中输入关键字，单击"搜全网"按钮，搜索想观看的节目，如图6-61所示。

图6-61 输入要搜索的内容

步骤3 进入搜索结果页面，用户可以看到一个节目列表，每个节目包括视频的截图、标题、时长等信息，单击一个视频，进入视频播放页面。

步骤4 在视频播放页面，用户可以看到一个视频播放界面，其中包括视频画面、进度条、控制按钮（播放/暂停、快进、快退）、时间、音量调节等部分。视频从一开始就播放，一边下载，一边播放。

优酷之类的视频共享网站不仅提供了播放的功能，还提供了上传视频、收藏、评论、建立排行榜等多种互动功能。

课后总复习

一、选择题

1. 下列表示计算机局域网的是（　　）。
   A）LAN　　　　　　　　　　　　B）MAN
   C）WWW　　　　　　　　　　　D）WAN

2. 计算机网络的拓扑结构主要有星形、环形和（　　）。
   A）集中型　　　　　　　　　　　B）点状型
   C）分散型　　　　　　　　　　　D）总线型

3. 因特网上一台主机的域名由（　　）部分组成。
   A）2　　　　　　B）3　　　　　　C）4　　　　　　D）5

4. 以下符合 IP 地址命名规则的是（　　）。
   A）111.10.1　　　　　　　　　　B）189.126.0.1
   C）201.266.151.221　　　　　　D）126.46.26.71.125

5. 在域名中，edu 表示（　　）。
   A）商业机构　　　　　　　　　　B）国防机构
   C）政府机构　　　　　　　　　　D）教育机构

6. 156.0.123.11 是（　　）IP 地址。
   A）A 类　　　　　B）B 类　　　　C）C 类　　　　D）D 类

7. Internet 中不同类型的物理网是通过路由器互联在一起的，各网络之间的数据传输采用（　　）控制。
   A）IP 地址　　　　　　　　　　　B）路由器
   C）调制解调器　　　　　　　　　D）TCP/IP

8. 使用最多的上网方式是（　　）。
   A）电话拨号　　　　　　　　　　　B）无线连接
   C）专线连接　　　　　　　　　　　D）局域网连接
9. 无线网络相对于有线网络的优点是（　　）。
   A）传输速度快　　　　　　　　　　B）设备费用低廉
   C）网络安全性好，可靠性高　　　　D）组网安装简单，维护方便
10. 关于流媒体技术，下列说法中错误的是（　　）。
    A）实现流媒体需要适当的存储空间
    B）媒体文件全部下载完成才可以播放
    C）流媒体可用于远程教育、在线直播等方面
    D）流媒体格式包括 asf、rm、ra 等

二、上网题

1. 启动 Internet Explorer，访问网站 https://www.ptpress.com.cn，并收藏网站主页面。
2. 向学校后勤部门发一封 E-mail，反映窗户损坏的问题。
   具体内容如下。
   【收件人】ncre@houqin.bjdx.edu（虚拟邮箱地址，如有雷同，纯属巧合）。
   【主题】窗户损坏。
   【邮件内容】后勤负责同志：学校 11 号宿舍楼有多处窗户损坏，请及时修理。
   【注意】"格式"菜单中的"编码"命令中用"黑体"项。
3. 在 IE 的收藏夹中新建一个目录，命名为"常用搜索"，将搜索的网址（www.ptpress.com.cn）添加至该目录下。

学习效果自评

　　本章在考试中选择题所占分值不大，但是涉及的考点多、范围广；操作题部分的考点集中在两方面：IE 的简单使用、电子邮件收发的操作。下表是对本章比较重要的知识点进行的小结，考生可以用来检查自己对这些知识点的掌握情况。

掌握内容	重要程度	掌握要求	自评结果
计算机网络的基础概念	★	了解计算机网络的基础概念	□不懂　□一般　□没问题
因特网的基础知识	★★	熟记因特网的基础知识	□不懂　□一般　□没问题
使用IE漫游网络	★★★	掌握IE的使用方法	□不懂　□一般　□没问题
电子邮件的收发	★★★	掌握使用Outlook收发电子邮件的方法	□不懂　□一般　□没问题
流媒体基础知识	★★	了解流媒体的概念及原理	□不懂　□一般　□没问题

附　　录

附录 A　无纸化上机指导

一、考试环境简介

1 硬件环境

考试系统所需要的硬件环境如表 1 所示。

表 1　硬件环境

硬件	配置
CPU	主频 3GHz 或以上
内存	2GB 或以上
显卡	SVGA 彩显
硬盘空间	10GB 以上可供考试使用的空间

2 软件环境

考试系统所需要的软件环境如表 2 所示。

表 2　软件环境

软件	配置
操作系统	中文版 Windows 7
字处理系统	中文版 Microsoft Word 2016
电子表格系统	中文版 Microsoft Excel 2016
演示文稿系统	中文版 Microsoft PowerPoint 2016
输入法系统	微软输入法、智能 ABC 输入法、五笔字型输入法等
互联网浏览器	Internet Explorer 仿真
电子邮件管理	Outlook 仿真

3 软件适用环境

本书配套的软件在教育部考试中心规定的新硬件环境及软件环境下进行了严格的测试,适用于中文版 Windows 7、Windows 8、Windows 10 操作系统和 Office 2016 软件环境。

4 题型及分值

全国计算机等级考试一级计算机基础及 MS Office 应用考试满分为 100 分,共有 6 种考查题型,即选择题(20 小题,每小题 1 分,共 20 分)、基本操作题(5 小题,共 10 分)、上网题(共 10 分)、字处理题(共 25 分)、电子表格题(共 20 分)和演示文稿题(共 15 分)。

5 考试时间

全国计算机等级考试一级计算机基础及 MS Office 应用考试时间为 90 分钟,考试时间由考试系统自动计时,考试结束前 5 分钟系统自动报警,以提醒考生及时存盘。考试时间结束后,考试系统自动将计算机锁定,考生不能继续进行考试。

二、考试流程演示

考生考试过程分为登录、答题、交卷等阶段。

1 登录

在实际答题之前,需要进行考试系统的登录。一方面,这是考生姓名的记录凭据,系统要验证考生的"合法"身份;另一方面,考试系统也需要为每一位考生随机抽题,生成一份一级计算机基础及 MS Office 应用考试的试题。

(1)启动考试系统。双击桌面上的"NCRE 考试系统"快捷方式图标,或从"开始"菜单的"所有程序"中选择"第××(××为考次号)次 NCRE"命令,启动"NCRE 考试系统"。

(2)考号验证。在"考生登录"界面中输入准考证号,单击图 1 中的"下一步"按钮,可能会出现两种情况的提示信息。

- 如果输入的准考证号存在,将弹出"考生信息确认"界面,要求考生对准考证号、姓名及证件号进行验证,如图 2 所示。如果准考证号错误,则单击"重输准考证号"按钮重新输入;如果准考证号正确,则单击"下一步"按钮继续操作。

图 1 输入准考证号

图 2 考生信息确认

- 如果输入的准考证号不存在,考试系统会显示图 3 所示的提示信息并要求考生重新输入准考证号。

(3)登录成功。当考试系统抽取试题成功后,屏幕上会显示一级计算机基础及 MS Office 应用的考试须知,考生须选择"已阅读"复选框,并单击"开始考试并计时"按钮,如图 4 所示。

图 3 准考证号无效

图 4 考试须知

附 录

2 答题

(1)试题内容查阅窗口。登录成功后,考试系统将自动在屏幕中间生成试题内容查阅窗口,至此,系统已为考生抽取了一套完整的试题,如图5所示。单击其中的"选择题""基本操作""上网题""字处理""电子表格""演示文档"等按钮,可以分别查看各题型的题目要求。

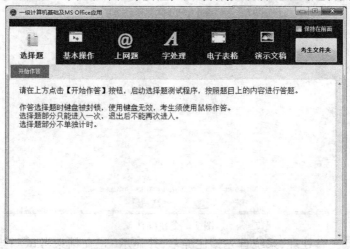

图5 试题内容查阅窗口

当试题内容查阅窗口中显示上下或左右滚动条时,表示该窗口中的试题尚未完全显示,此时,考生可拖动滚动条显示余下的试题内容,防止因漏做试题而影响考试成绩。

(2)考试状态信息条。屏幕中出现试题内容查阅窗口的同时,屏幕顶部显示考试状态信息条,其中包括:①考生的准考证号、姓名、考试剩余时间;②可以随时显示或隐藏试题内容查阅窗口的按钮;③退出考试系统进行交卷的按钮。"隐藏试题"字符表示屏幕中间的考试窗口正在显示,当单击"隐藏试题"字符时,屏幕中间的考试窗口就被隐藏,且"隐藏试题"字符变成"显示试题",如图6所示。

图6 考试状态信息条

(3)启动考试环境。在试题内容查阅窗口中,单击"选择题"按钮,再单击"开始作答"按钮,系统将自动进入作答选择题的界面,可根据要求进行答题。注意:选择题作答界面只能进入一次,退出后不能再次进入。对于基本操作题、字处理题、电子表格题、演示文档题,可单击"考生文件夹"按钮后,在打开的文件夹中对相应文件进行操作;对于上网题,单击"工具箱"按钮,选择打开 Outlook 仿真器或 IE 仿真器按题目要求进行操作。

(4)考生文件夹。考生文件夹是考生存放答题结果的唯一位置。考生在考试过程中所操作的文件和文件夹绝对不能脱离考生文件夹,同时绝对不能随意删除此文件夹中的任何与考试要求无关的文件及文件夹,否则会影响考试成绩。考生文件夹的命名是系统默认的,一般为准考证号的前2位和后6位。假设某考生登录的准考证号为"1528999999000001",则考生文件夹为"K:\考试机机号\1528999999000001"。

3 交卷

考试过程中,系统会为考生计算剩余考试时间。在剩余5分钟时,系统会显示一个提示信息,提示考生注意存盘并准备交卷。时间用完,系统自动结束考试,强制收卷。

如果考生要提前结束考试并交卷,则在屏幕顶部考试状态信息条中单击"交卷"按钮,考试系统将弹出图7所示的"作答进度"对话框,其中会显示已作答题量和未作答题量。此时考生如果单击"确定"按钮,系统会再次显示确认对话框;如果仍单击"确定"按钮,则退出考试系统进行交卷处理考生如果单击"取消"按钮,则返回考试界面,继续进行考试。

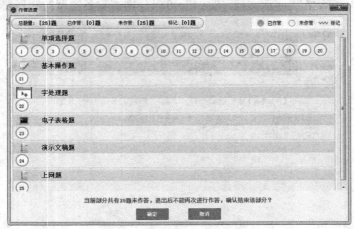

图7 交卷确认

如果确定进行交卷处理,系统首先锁住屏幕,并显示"正在结束考试";当系统完成交卷处理时,在屏幕上显示"考试结束,请监考老师输入结束密码:",这时只要监考人员输入正确的结束密码,就可结束考试(注意:只有监考人员才能输入结束密码)。

附录 B 全国计算机等级考试一级 计算机基础及 MS Office 应用考试大纲专家解读

一、基本要求

(1)掌握算法的基本概念。
(2)具有微型计算机的基础知识(包括计算机病毒的防治常识)。
(3)了解微型计算机系统的组成和各组成部分的功能。
(4)了解操作系统的基本功能和作用,掌握 Windows 7 的基本操作和应用。
(5)了解计算机网络的基本概念和因特网(Internet)的初步知识,掌握 IE 浏览器软件和 Outlook 软件的基本操作和使用。
(6)了解文字处理的基本知识,掌握文字处理软件 Word 2016 的基本操作和应用,熟练掌握一种汉字(键盘)输入方法。
(7)了解电子表格软件的基本知识,掌握电子表格软件 Excel 2016 的基本操作和应用。
(8)了解多媒体演示软件的基本知识,掌握演示文稿制作软件 PowerPoint 2016 的基本操作和应用。

二、考试内容

1 计算机基础知识

大纲要求	专家解读
(1)计算机的发展、类型及其应用领域 (2)计算机中数据的表示与存储 (3)多媒体技术的概念与应用 (4)计算机病毒的概念、特征、分类与防治 (5)计算机网络的概念、组成和分类;计算机与网络信息安全的概念和防控	**考查题型**:选择题 选择题主要考查考生对计算机基础知识的了解程度,此部分出题范围广,在选择题中所占的比重较大,需要考生全面复习常用的计算机知识

2 操作系统的功能和使用

大纲要求	专家解读
(1)计算机软、硬件系统的组成及主要技术指标	**考查题型**:选择题、Windows基本操作题和上网题 选择题主要考查计算机软、硬件系统和操作系统的相关知识,计算机网络的概念和分类,因特网的概念及接入方式、TCP/IP 的工作原理、域名、IP 地址、DNS 的概念等;Windows 基本操作题主要考查文件和文件夹的创建、移动、复制、删除、更名、查找及属性的设置;上网题主要考查网页的浏览、保存,电子邮件的发送、接收、回复、转发,以及附件的收发和保存
(2)操作系统的基本概念、功能、组成及分类	
(3)Windows 7 操作系统的基本概念和常用术语,如文件、文件夹、库等	
(4)Windows 7 操作系统的基本操作和应用 • 桌面外观的设置,基本的网络配置 • 熟练掌握资源管理器的操作与应用 • 掌握文件、磁盘、显示属性的查看、设置等操作 • 中文输入法的安装、删除和选用 • 掌握对文件、文件夹和关键字的搜索 • 了解软、硬件的基本系统工具	
(5)了解计算机网络的基本概念和因特网的基础知识,主要包括网络硬件和软件。TCP/IP 的工作原理,以及网络应用中常见的概念,如域名、IP 地址、DNS 服务等	
(6)能够熟练掌握浏览器、电子邮件的使用和操作	

3 文字处理软件的功能和使用

大纲要求	专家解读
(1)Word 2016 的基本概念,Word 2016 的基本功能、运行环境、启动和退出 (2)文档的创建、打开、输入、保存等基本操作 (3)文本的选定、插入与删除、复制与移动、查找与替换等基本编辑技术;多窗口和多文档的编辑 (4)字符格式设置、文本效果修饰、段落格式设置、文档页面设置、文档背景设置和文档分栏等基本排版技术 (5)表格的创建、修改;表格的修饰;表格中数据的输入与编辑;数据的排序和计算 (6)图形和图片的插入;图形的建立和编辑;文本框、艺术字的使用和编辑 (7)文档的保护和打印	**考查题型**:字处理题 字处理题主要考查文档格式及表格格式的设置。表格的设置包括表格的建立,行列的添加、删除,单元格的拆分、合并,表格属性的设置。表格数据的处理包括输入数据、数据格式的设置、排序及计算

4　电子表格软件的功能和使用

大纲要求	专家解读
(1) 电子表格的基本概念和基本功能，Excel 2016 的基本功能、运行环境、启动和退出 (2) 工作簿和工作表的基本概念及基本操作，包括工作簿和工作表的建立、保存、退出；数据输入和编辑；工作表和单元格的选定、插入、删除、复制、移动；工作表的重命名；工作表窗口的拆分和冻结 (3) 工作表的格式化，包括设置单元格格式、设置列宽和行高、设置条件格式、使用样式、自动套用模式和使用模板等 (4) 单元格绝对地址和相对地址的概念，工作表中公式的输入和复制，常用函数的使用 (5) 图表的建立、编辑、修改和修饰 (6) 数据清单的概念，数据清单的建立，数据清单内容的排序、筛选、分类汇总，数据合并，数据透视表的建立 (7) 工作表的页面设置、打印预览和打印，工作表中链接的建立 (8) 保护和隐藏工作簿及工作表	**考查题型**：电子表格题 电子表格题主要考查工作表和单元格的插入、复制、移动、更名、保存，单元格格式的设置，在工作表中插入公式，常用函数的使用，数据的排序、筛选、分类汇总，图表的创建和格式的设置

5　PowerPoint 的功能和使用

大纲要求	专家解读
(1) PowerPoint 2016 的基本功能、运行环境、启动和退出 (2) 演示文稿的创建、打开、关闭和保存 (3) 演示文稿视图的使用，幻灯片的基本操作（编辑版式、插入、移动、复制和删除） (4) 幻灯片的基本制作（文本、图片、艺术字、形状、表格等的插入及格式化） (5) 演示文稿主题选用与幻灯片背景设置 (6) 演示文稿放映设计（动画设计、放映方式设计、切换效果设计） (7) 演示文稿的打包和打印	**考查题型**：演示文稿题 演示文稿题主要考查幻灯片的创建、插入、移动和删除，幻灯片字符格式的设置，文字、图片、艺术字、表格及图表的插入，超链接的设置，幻灯片主题选用及背景设置，幻灯片版式、应用设计模板的设置，幻灯片切换、动画效果及放映方式的设置

三、考试方式

(1) 采用无纸化考试，上机操作。考试时间为 90 分钟，满分为 100 分。
(2) 软件环境：Windows 7 操作系统，Microsoft Office 2016 办公软件。
(3) 考试题型及分值。

- 单项选择题（计算机基础知识和网络的基本知识），共 20 分。
- Windows 7 操作系统的使用，共 10 分。
- 浏览器（IE）的简单使用和电子邮件收发，共 10 分。
- Word 2016 操作，共 25 分。
- Excel 2016 操作，共 20 分。
- PowerPoint 2016 操作，共 15 分。

附录 C　课后总复习参考答案

第 1 章
选择题

1	A	2	C	3	B	4	A	5	A
6	B	7	C	8	A	9	A	10	A

第 2 章
一、选择题

1	B	2	D	3	D	4	A	5	A
6	D	7	B						

二、基本操作题

　　操作提示：先设置文件夹选项，使系统显示隐藏文件与文件夹，显示所有文件的扩展名，具体操作方法参照本章内容介绍。

第 6 章
一、选择题

1	A	2	D	3	C	4	B	5	D
6	B	7	D	8	A	9	D	10	B

二、上网题（略）

注意：其他章的课后总复习参考答案详见本书的配书资源"课后总复习参考答案"文件夹。